組込みソフトの安全設計

基礎から二足歩行ロボットによる実践まで

杉山 肇 [著]

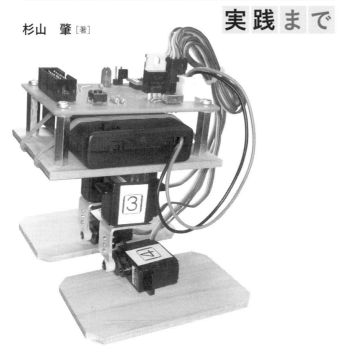

本書に掲載されている会社名，製品名は一般に各社の商標または登録商標です．

※本書のソースコードや記述内容を利用する行為やその結果に関しては，著作者および
　出版社は一切の責任を持ちません．

※本書の理解には，非常に多岐にわたる知識が必要ですが，到底1冊でまとまるもので
　はなく，読者の方々の知識量も千差万別のことでしょう．お手数ですが，他の専門書・
　専門記事等も，必要に応じてご参照ください．

本書を発行するにあたって，内容に誤りのないようできる限りの注意を払いましたが，
本書の内容を適用した結果生じたこと，また，適用できなかった結果について，著者，
出版社とも一切の責任を負いませんのでご了承ください．

　本書は，「著作権法」によって，著作権等の権利が保護されている著作物です．本書の
複製権・翻訳権・上映権・譲渡権・公衆送信権（送信可能化権を含む）は著作権者が保
有しています．本書の全部または一部につき，無断で転載，複写複製，電子的装置への
入力等をされると，著作権等の権利侵害となる場合があります．また，代行業者等の第
三者によるスキャンやデジタル化は，たとえ個人や家庭内での利用であっても著作権法
上認められておりませんので，ご注意ください．
　本書の無断複写は，著作権法上の制限事項を除き，禁じられています．本書の複写複
製を希望される場合は，そのつど事前に下記へ連絡して許諾を得てください．

出版者著作権管理機構
（電話 03-5244-5088, FAX 03-5244-5089, e-mail：info@jcopy.or.jp）

JCOPY ＜出版者著作権管理機構 委託出版物＞

まえがき

　本書は，組込みシステムのソフトウェア設計における安全性の確保（セーフティ・バイ・デザイン）を，OS を用いないワンチップマイコンのソフトウェアで具体的に解説する本です．

　安全性をソフトウェアの設計に盛り込むという手法は，安全性以外の仕様も設計に盛り込むということにも適用できます．つまり，本書はワンチップマイコンのソフトウェアを設計する一つの方法を解説する本でもあります．

　2000 年に安全性の確保を必要とするすべてのコンピュータ搭載機器の機能安全を規定した基本となる規格 IEC 61508（JIS C 0508）が制定されました．その後，各分野の製品ごとに安全規格が整備されつつあります．

　ソフトウェアに関して，個別の製品分野の機器の安全性を確保するための規格として早い時期に制定されたものに，医療機器ソフトウェア―ソフトウェアライフサイクルプロセス（IEC 62304：JIS T 2304），自動車―機能安全（ISO 26262）があります．それらに続き，家電製品や生活支援ロボットなどその他の分野でも，ソフトウェアに関する安全性の規格が整備されつつあります．

　規格は様々なソフトウェアに対応するため，表現が非常に抽象的になっており，具体的な取組みの方法が分かりづらいという問題があります．大量の情報を処理するパソコンなどのソフトウェア開発と電子機器を制御する組込みシステムのソフトウェア開発では，開発体制やプログラミングスタイルが大きく異なります．組込みシステムのソフトウェア開発でも，OS を用いた比較的大規模なソフトウェア開発と OS を用いない比較的小規模なソフトウェア開発でプログラミングスタイルが異なります．そのため，規格ではそれらを網羅するために表現が非常に抽象的になっています．

　本書では IEC 62304 の考え方を参考に，ワンチップマイコンのソフトウェアの設計で安全性を確保していく方法を具体的に解説していきます．ただし，本書は IEC 62304 の規格の文章を厳格に解釈するというものではありませんし，規格全般を解説する本でもありません．

　IEC 62304 はソフトウェアのプロセス面から医療機器の安全性をどのように確保するのかを定めた規格です．ソフトウェア開発プロセス，ソフトウェア保守プロセス，ソフトウェアリスクマネジメントプロセス，ソフトウェア構成管理プロセスの 4 つのプロセスを規定して

います．本書が参考とするのはソフトウェア開発プロセスです．ソフトウェア開発プロセスを規定した部分では，安全性のリスクが，ソフトウェア設計のどの部分に関わっているのかを特定し，管理することを要求しています．また，システムの安全性のリスクが，ソフトウェア要求仕様から，ソフトウェアアーキテクチャ設計，ソースコード，試験に至るまでの各設計要素のどの部分と関係しているのか追跡できること（トレーサビリティ）も要求しています．つまり，設計で安全性を確保すること（セーフティ・バイ・デザイン）を要求しています．

　安全性のリスクがソフトウェアのどの部分に関わっているのか特定でき，設計項目との関係が追跡できるということは，他の仕様に関しても関連する設計項目の特定や追跡が可能だということになります．安全性のリスクからソフトウェア要求仕様，ソフトウェアアーキテクチャ設計，詳細設計，ソースコードへと追跡する過程は，設計をブレークダウンする過程と同じになります．そのため，本書ではソフトウェア要求仕様をどのようにソースコードにするのかも解説していきます．

　ワンチップマイコンのプログラミングを解説した良書は多く出版されていますが，マイコンのハードウェアやC言語の解説を扱ったものがほとんどです．もちろん，マイコンのプログラミングにはマイコンのハードウェアの知識やC言語の知識は必須となります．しかしこれまで，どのように安全性をソフトウェアに盛り込んでいくのかの過程や，このようなものが欲しいという商品企画からソフトウェアにブレークダウンしていく過程を解説した本はあまり見受けられませんでした．本書では，その過程を，おもちゃの二足歩行のロボットを例として具体的に解説していきます．これからマイコンのプログラミングを始めようとする方への参考になれば幸いです．

　本書の執筆に当たり，寺嶋乙彦氏には，製品の安全性や関連規格に関して適切なご指導をいただきました．中森 勝氏には，ソフトウェア開発プロセスやソフトウェア構造設計などについて適切な助言とご指摘をいただきました．服部順一氏には，設計者の視点でソフトウェア設計のレビューとサンプルソフトウェアの検証にご協力いただきました．オーム社のご担当の方には，本書の企画においてとても有効なご助言，ご尽力いただき出版にこぎつけることができました．ここに改めて深く感謝し，御礼申し上げます．

　2019 年 4 月

杉山　肇

目　　次

まえがき　　　　　　　　　　　　　　　　　　　　　　　　　　　　　　　　　iii

本書の読み方　　　　　　　　　　　　　　　　　　　　　　　　　　　　　　　ix

第1章　　導　入　　　　　　　　　　　　　　　　　　　　　　　　　　　1

1.1　ワンチップマイコンの現状と将来……………………………………………　1

1.2　ワンチップマイコンとそのプログラミングの特徴…………………………　2

1.3　開発環境の整備………………………………………………………………　4

1.4　プログラムの作成とマイコンへの実行形式プログラムの転送……………　7

1.5　プログラミングの肩慣らし…………………………………………………　10

第2章　　ソフトウェアの安全性確保の考え方　　　　　　　　　　　　15

2.1　ソフトウェアの安全性確保について………………………………………　15

2.2　リスク管理について…………………………………………………………　18

2.3　リスク分析について…………………………………………………………　18

2.4　リスクの評価について………………………………………………………　22

2.5　リスク低減を意図した開発プロセスについて……………………………　24

2.6　安全規格が要求するソフトウェアアーキテクチャ設計と設計のトレーサビリティ………　27

第3章　　ソフトウェア開発の効率化と信頼性向上　　　　　　　　　　31

3.1　ソフトウェア開発における課題……………………………………………　31

3.2　ソフトウェアアーキテクチャ設計および設計のトレーサビリティの効果…………　37

3.3　設計現場でのソフトウェア設計……………………………………………　38

3.4　ソフトウェアアーキテクチャ設計による設計の効率化…………………　43

3.5　トレーサビリティによる品質リスクの低減………………………………　47

v

目　次

第4章　　ソフトウェアアーキテクチャ　　51

4.1	ソフトウェアアーキテクチャの概要 …………………………………………… 51
4.2	ソフトウェアへの要求事項の明確化 …………………………………………… 57
4.3	ソフトウェアの分割 …………………………………………………………… 68
4.4	インタフェースの抽出 ………………………………………………………… 72
4.5	ソフトウェアアーキテクチャの構築 ………………………………………… 74

第5章　　トレーサビリティ　　77

5.1	トレーサビリティ確保の必要性とメリット ………………………………… 77
5.2	規格が要求するソフトウェアの設計に関するトレーサビリティ ………… 79
5.3	ハザードからリスクコントロール手段の検証までのトレーサビリティ … 80
5.4	安全要求事項，仕様，設計，実装，試験の間のトレーサビリティ ……… 82
5.5	トレーサビリティを活用した変更における影響範囲の特定と試験項目抽出の例……… 95
5.6	実使用を想定した非機能試験 ………………………………………………… 100

第6章　　C言語が備えるモジュール化のしくみ　　103

6.1	関数・変数の有効範囲 ………………………………………………………… 103
6.2	ヘッダファイル ………………………………………………………………… 105
6.3	Cソースファイル ……………………………………………………………… 107
6.4	関　数 …………………………………………………………………………… 107
6.5	モジュール化のしくみの利用の仕方の例 …………………………………… 109
6.6	モジュール化のサンプルプログラム ………………………………………… 115

第7章　　具体例によるワンチップマイコンソフトウェア設計プロセスの解説　　127

7.1	設計プロセスの背景 …………………………………………………………… 127
7.2	顧客要求の明確化 ……………………………………………………………… 129
7.3	主要機能と達成手段の検討 …………………………………………………… 130
7.4	システムの明確化 ……………………………………………………………… 136
7.5	リスクの抽出 …………………………………………………………………… 137
7.6	ソフトウェア要求仕様の明確化 ……………………………………………… 142
7.7	ソフトウェアアーキテクチャ設計 …………………………………………… 154
	7.7.1　全体設計 ……………………………………………………………… 154
	7.7.2　機能別設計 …………………………………………………………… 169

7.8	リスクコントロール手段の検討	192
7.9	ソフトウェア詳細設計	197
7.10	トレーサビリティ	212
7.11	設計の文書化について	219
7.11	おもちゃの二足歩行ロボットのパソコンの通信プログラム概要	219

付録　おもちゃの二足歩行ロボットメカの作成について　　221

部品・工具リスト ……………………………………………… 227

索　引　　229

【本書ご利用の際の留意事項】

- 本書のメニュー表示などは，プログラムのバージョン，モニターの解像度などにより，お使いの PC とは異なる場合があります．
- 本書の第 7 章の補足，及び第 7 章で題材としている，おもちゃの二足歩行ロボットに係る解説につきましては，オーム社ホームページ（https://www.ohmsha.co.jp）の書籍詳細ページにて PDF ファイルにて提供しています．ダウンロードしてご利用ください．
- これらの PDF ファイルは，本書をお買い求めになった方のみご利用いただけます．これらの PDF ファイルの内容に係る著作権は，本書の執筆者である杉山 肇氏に帰属します．
- これらの PDF ファイルを利用したことによる直接あるいは間接的な損害に関して，著作者およびオーム社はいっさいの責任を負いかねます．利用は利用者個人の責任において行ってください．

本書の読み方

本書の対象は，企業の製品開発部門，品質保証部門の技術者，大学の電気・電子工学，情報工学の研究者などです．安全性の確保が重要視される分野で，OS を用いないワンチップマイコンのソフトウェアの開発，品質保証に取り組もうとされていて，ソフトウェアの設計で安全性を確保することに興味をお持ちの方を対象としています．

それに加えて，これからワンチップマイコンのプログラミングに挑戦しようとしていて，どのようにシステムを構築し，プログラミングしたらよいかを模索している方も対象にしています．

本書では，C 言語の基礎知識や電子回路，マイコンの基礎知識があることを前提としますが，不慣れな方は，本項末に掲載した参考書籍などを参照したり，オーム社の Web サイトに掲載した，本書のサンプルプログラムを理解するための基礎的な C 言語の文法の解説などを参考にしたりして補ってください．

本書の後半ではおもちゃの二足歩行ロボットを題材に，顧客要求やリスク，仕様から C 言語のプログラムにブレークダウンする過程も具体的に説明します．読者は実際におもちゃのロボットを作成し，リスク抽出，ソフトウェア要求事項分析，ソフトウェアアーキテクチャ設計，ソフトウェアユニットの実装を追体験してみてください．おもちゃの二足歩行ロボットの製作に必要な情報もオーム社の Web サイトに掲載しています．実際に動作するもののプログラミングを体験することで，ソフトウェア開発の仕方の理解がより深まるでしょう．本書が紹介する二足歩行ロボットを拡張し，方位センサや距離センサ，人感センサなどを追加することで，読者独自のオリジナリティあふれたロボットの創作にチャレンジしてみてください．そのとき，アーキテクチャ設計の有効性を感じることができるでしょう．それができるころには，ワンチップマイコンで制御する家電製品や医療機器，実験機器などのソフトウェアを意のままに設計することが可能になっているでしょう．

また，適切にソフトウェアアーキテクチャを設計し，トレーサビリティを確保することで，ソフトウェアを効率的に開発し，バグを抑え，顧客要求や次の新商品の機能アップに迅速に対応し，複数の開発者による設計を円滑に進めることができるようになるでしょう．

本書は，ワンチップマイコンのプログラミングの入り口を提供するものです．プログラミングの入り口ですが，医療機器のプログラミングにも対応できるようになります[†1]．

[†1]　ただし，実際に医療機器や車載機器を開発する場合は，プログラミング以外にも規格に従った様々な管理が必要になりますので，充分に規格を理解して進めてください．

読者の皆さんには，箸を使うのと同じ感覚でワンチップマイコンのプログラミングができるようになっていただきたいと考えています．そうして，ワンチップマイコンのプログラミングスキルをベースに，パターン認識や強化学習，自己位置推定などの新しい技術を吸収し，駆使して，ワンチップマイコンを活用し，今世の中にないものを創造していかれることを期待しています．

ソフトウェア開発における安全性確保の動向

2000 年に国際電気標準会議（International Electrotechnical Commission）が広範囲の機械類に適用できるグループ安全規格として IEC 61508「電気・電子・プログラマブル電子安全関連系の機能安全」を発行しました．この規格の第 3 部：ソフトウェア要求事項（IEC 61508-3）でソフトウェアの開発プロセスに関する規定が設けられました．

2006 年に医療機器について IEC 62304「医療機器ソフトウェア―ソフトウェアライフサイクルプロセス」が発行されました．

2011 年に自動車搭載機器について ISO 26262「自動車―機能安全」が発行されました．この規格の第 6 部：ソフトウェアレベルにおける製品開発（ISO 26262-6）でソフトウェアの開発プロセスに関する規定が設けられました．

これらの規格に共通するのは，ソフトウェアに関して安全性を確保するためには開発プロセスを管理するということです．ハードウェアにおける安全規格は各危険源（電源や熱源，機構など）に対する個別の設計要素の対策が主となっていますが，ソフトウェアにおける安全規格は開発の管理に重きが置かれています．

これは，次のような理由からだと考えられます．

ソフトウェアの故障[1] は，一般的にバグと言われるソフトウェアの不具合によって引き起こされます．バグは経年変化による劣化などによって引き起こされるものではありません．バグは条件が揃えばすべての製品で発生します．そのため，ソフトウェアの故障は確率論的故障ではなく決定論的故障と言われます．バグの存在は製品回収などの致命的なダメージを製造業者に及ぼす可能性が高くなります．

また，ソフトウェアはハードウェアと異なり，形状や材質などの物理的な実体を把握することが困難です．ハードウェアのように空間や材質などへの防護対策を直感的には思い浮かべにくくなります．

一方，製品の安全性は製品に由来する特殊性があります．それは，危険源に対する対策が主となるためです．ハードウェアにおける安全規格は製品分野ごとに規定されています．ソ

---

[1] ディペンダビリティ（信頼性）用語（JIS Z 8115：2000）では，故障について「アイテムが要求機能達成能力を失うこと」と定義しています．また，アイテムは，ハードウェア，ソフトウェアの構成要素であるとしています．

そこで本書では，ソフトウェアの故障は，ソフトウェア要求仕様，設計，ソースコードの不具合によって，ソフトウェアの構成要素が要求機能達成能力を失うこととします．

■図1　バグはどこに？

フトウェアは製品固有の技術よりも，多くの製品に共通する技術が多いため，安全性をソフトウェアでどのように確保するかは難しい課題です．

それではどのようにソフトウェアに起因する安全性に関わるリスクを低減したらよいでしょうか．ソフトウェアにおける安全規格は，次の方針のもとに規定されています．すなわち，ソフトウェアに起因する危害はソフトウェアの各部位の故障（バグ）により引き起こされます．製品の安全性に関わるリスクを抽出，特定し，それが関わるソフトウェアの各部位を重点的に管理するという開発プロセスを適用することで，安全性に関わるリスクが低減されます．

つまり，以下のような手順で安全性に関わるリスクを低減することを意図しています．

- ソフトウェアが関連する安全性に関わるリスクを評価，特定し，すべて列挙する．
- ソフトウェアを部分に分割したものを，ソフトウェアアイテムとする．各ソフトウェアアイテムはソフトウェアアイテム相互間の影響が可能な限り少ないように分割する．列挙した安全性に関わるリスクが，どのソフトウェアアイテムの故障により発生するか特定する．
- 安全性に関わるソフトウェアアイテムの故障を，レビューや試験で重点的に検証し，管理する．

また，ソフトウェアは各部位の設計の変更により，思いもよらない他の部位へ悪影響を及ぼすことがあります．ソフトウェアにおける安全規格は，各設計要素の変更が他の設計要素に影響を及ぼさないかを確認するため，関係がある他の設計要素や設計検証（試験）との追跡性（設計のトレーサビリティ）も重視しています．

これらの規格が共通に規定しているソフトウェア開発プロセスは次のようなプロセスです．ただし，規格により若干表現が異なります．表現は IEC 62304 に従いました．

ソフトウェア開発計画

　　ソフトウェア要求事項分析

　　ソフトウェアアーキテクチャの設計

　　ソフトウェア詳細設計

　　ソフトウェアユニットの実装及び検証

　　ソフトウェア結合及び結合試験

　　ソフトウェアシステム試験

　IEC 62304 ではソフトウェア開発プロセス意外にも以下の 4 つのプロセスを規定しています．

　　ソフトウェア保守プロセス

　　ソフトウェアリスクマネジメントプロセス

　　ソフトウェア構成管理プロセス

　　ソフトウェア問題解決プロセス

　一方，生活支援ロボットの分野では，掃除ロボットが既に家庭に普及し始めていますが，現在，移動作業型ロボット，身体アシストロボット，搭乗型ロボットなどの生活支援ロボットの開発が盛んに行われています．

　2014 年に生活支援ロボットについて ISO 13482：2014（JIS B 8445）「ロボット及びロボティックデバイス—生活支援ロボットの安全要求事項」が発行されました．

　生活支援ロボットの安全規格には，今はまだソフトウェアに関する規定があまり盛り込まれていません．工場の生産機械などと違って，一般家庭では安全教育を受けた人がロボットを使用するとは限りません．赤ちゃんからお年寄りまで使用する可能性があります．そのような生活支援ロボットには高度な安全性が要求されるでしょう．今後，生活支援ロボットにも医療機器や車載機器のようにソフトウェアに対する安全性確保の要求が強まることが予想されます．

　ソフトウェアに関する安全性確保で先行している医療機器や自動車搭載機器の規格の知識を得ておくことは，そのような分野でも役に立つでしょう．

　本書では，医療機器のソフトウェアに関する規格がソフトウェアの安全性を確保するために規定しているソフトウェアアーキテクチャと設計のトレーサビリティを主に説明します．

　これらはソフトウェアに対しての安全性，信頼性要求からきていますので，ソフトウェアの安全性確保や開発の効率化，信頼性向上の考え方について最初に説明します．アーキテクチャ設計を実現するためには，C 言語が備えるモジュール化のしくみの理解も必要ですので，それも説明します．

　そして，ソフトウェア開発プロセスのソフトウェア要求事項分析からソフトウェアユニットの実装までをおもちゃの二足歩行ロボットの設計で追体験します．オーム社の Web サイ

トに，今回紹介したおもちゃの二足歩行ロボットのサンプルプログラムも掲載しますので，皆さんも実際のプログラミングにチャレンジしてみてください．ただし，おもちゃの二足歩行ロボットは医療機器ではないので，本文では，安全性に関わるリスクをモータの故障リスクに読み替えて説明します．

以下各章の概要を説明します．

第1章　導　入

ワンチップマイコンの現状やそのプログラミングの特徴，オーム社の Web サイトに掲載するサンプルプログラミングの開発環境やプログラミングの流れなどを説明します．

第2章　ソフトウェアの安全性確保の考え方

医療機器の規格が規定しているソフトウェアの安全性確保の考え方と手順などの概要を説明します．ただし，本書は規格の解説書ではないので，ソフトウェア開発プロセスに関してのみ説明します．

第3章　ソフトウェア開発の効率化と信頼性向上

医療機器の規格が規定しているソフトウェアアーキテクチャとトレーサビリティが，開発の効率化と信頼性向上にどのように寄与するのかを説明します．

第4章　ソフトウェアアーキテクチャ

ソフトウェアアーキテクチャがどのようなものであるか，どのようにソフトウェアアーキテクチャを設計するのかの例を説明します．

第5章　トレーサビリティ

どのようにトレーサビリティを確保するのかを説明します．また，仕様変更において，トレーサビリティを活用し，影響範囲を特定し，試験項目を抽出する例も説明します．

第6章　C言語が備えるモジュール化のしくみ

C 言語が備えるモジュール化のしくみと，それを活用してソフトウェアアーキテクチャを構築していくルールの例を説明します．

第7章　具体例によるワンチップマイコンソフトウェア設計プロセスの解説

おもちゃの二足歩行ロボットを題材に，ソフトウェアアーキテクチャとトレーサビリティを活用し，要求仕様からソースコードまでブレークダウンしていく例を説明します．

おもちゃの二足歩行ロボットは RC サーボモータ（4個）とニッケル水素電池（単4型：4本）と安価なワンチップマイコンが搭載された制御基板からなります．とても簡素な造りですが，内蔵プログラムによる歩行動作と，パソコンから転送したデータに基づく歩行動作と，パソコンからのリモコン操作による歩行動作の3つの動作モードに対応します（**図2**）．

本書の読み方

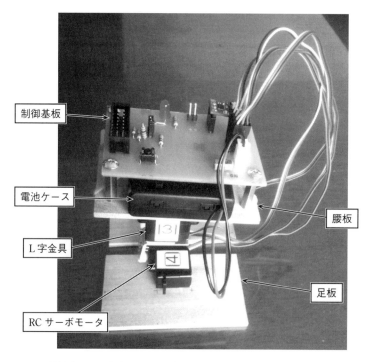

■図2　おもちゃの二足歩行ロボット

オーム社のWebサイトで，おもちゃの二足歩行ロボットを作成するために必要な情報を提供します．

❖参考書籍
　C言語の参考書籍
　　（1）柴田望洋：新・明解C言語（入門編），SBクリエイティブ．【初心者向け】
　　（2）河西朝雄：C言語 標準文法 ポケットリファレンス［ANSI C，ISO C99対応］，技術評論社．【中・上級者向け】
　ワンチップマイコンプログラミングの参考書籍
　　（3）鹿取祐二・白阪一郎・永原柊・藤澤幸穂・宮崎仁：絵解き マイコンCプログラミング教科書，CQ出版社．【初心者向け】
　　（4）楠田達文：装置制御のプログラミング―物を動かす技術…接点信号の入出力からシーケンス制御まで―，CQ出版社．【初心者・中級者向け】
　二足歩行ロボットの参考書籍
　　（5）浅草ギ研：RoboBooks 二足歩行ロボット製作超入門 ―バッテリーからRCサーボまで―，オーム社．【初心者向け】
　　（6）吉野耕司：60日でできる！二足歩行ロボット自作入門，マイナビ出版．（電子版：

オンラインストア限定販売）【中級者向け】

Visual Basic の参考書籍

(7) 朝井 淳：3 ステップでしっかり学ぶ Visual Basic 入門（改訂 2 版），技術評論社．【初心者向け】

状態遷移図（ステートマシン図）の参考書籍

(8) 竹政昭利：はじめて学ぶ UML（第 2 版），ナツメ社．【初心者向け】

(9) 竹政昭利・林田幸司・大西洋平・三村治朗・藤本陽啓・伊藤宏幸：プログラミングの教科書シリーズ かんたん UML 入門（改訂 2 版），技術評論社．【初心者向け】

CHAPTER 1 導　入

　この章では，導入としてワンチップマイコンの現状やそのプログラミングにおける特徴を説明します．また，第 7 章で紹介するおもちゃの二足歩行ロボットのプログラミングを行うための準備として，開発環境とその利用方法の概要も説明します．最後に，開発環境の動作確認の意味も含めて，10 行程度の簡単なプログラムもプログラミングの肩慣らしとして掲載しました．

1.1　ワンチップマイコンの現状と将来

　現在，ワンチップマイコンは，自動車搭載機器，産業機械，家電製品などに多く使われています．

　自動車搭載機器に使われるマイコンは ECU（Electronic Control Unit）と呼ばれます．エンジン，ブレーキ，走行の制御やエアバッグ，ワイパー，パワーウィンドウ，ドアロックの制御など，様々なところにマイコンが使われています．自動車 1 台当たりの ECU 搭載数は 2016 年に平均 22 個でしたが，2025 年には平均 30 個になると予測されています．1 台の自動車に 100 個以上の ECU が使われているものもあります．世界で 2016 年に生産された ECU 総数は約 19.7 億個，2025 年には 36.4 億個になると予測されています（図 1.1）．

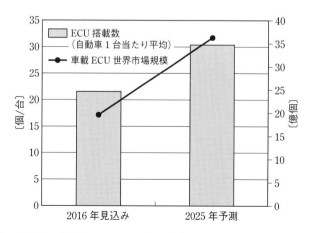

■ 図 1.1　自動車に使われている ECU の個数

［出典］富士キメラ総研：車載電装デバイス＆コンポーネンツ総調査 2017，下巻 ECU 関連デバイス編，三栄書房 Web ページよりデータ参照．https://clicccar.com/2017/06/06/477039/

第 1 章　導　入

家電製品にもマイコンが使われています．充電器やヘアドライヤーから多数のモータを制御するマッサージチェアに至るまで，ほとんどの家電製品がマイコンで制御されています．

1 ワンチップマイコンが使われている理由

ワンチップマイコンは，パソコンなどに使われているマイクロプロセッサに比べて処理速度が遅くメモリが少ないのです．それにも関わらず，ワンチップマイコンが世の中で多く使われている理由は，機器の制御に特化しているためコントローラをコンパクトにかつ安くできるからです．将来，自動車だけでなく，セキュリティや快適性の向上のために，家でも今より多くのワンチップマイコンが使われるようになるでしょう．

2 分散型システムでの普及

自動車において，エンジンやブレーキなどのパワートレイン系の ECU は CAN（Controller Area Network）と呼ばれる通信システムで連携し，パワーウィンドウ，ドアロックなどのボディ系は LIN（Local Interconnect Network）と呼ばれる通信システムで連携し，既に分散型システムとなっています．

複雑な機能を持つ人間の体は，各臓器が情報を交換しながら役割を果たすという，分散型システムとなっていることが分かってきました[†1].

ロボット掃除機などの生活支援ロボットも普及し始めています．生活支援ロボットにおいても，ワンチップマイコンが使われています．将来，生活支援，社会支援，医療，福祉，災害対応，防災などにもロボットが活躍するようになるでしょう．ロボットは今後多機能になることが予想されます．そのようなロボットでは，高機能化に対応するため，安価で小型な分散型システムのデバイスとして，ワンチップマイコンが多く使われるようになることが想定されます．

分散型システムと言えば，IoT（Internet of Things）も一つの分散型システムです．インターネット自身は情報を流通させるシステムです．しかし，その末端に接続される「もの（Things）」が人に物理的影響を及ぼすために，センサやアクチュエータなどを検知・制御することが必要です．そこにもワンチップマイコンが多く使われるようになるでしょう．

将来に向けて，ワンチップマイコンのプログラミング技術を習得しておくことは，一つの強みになるでしょう．

1.2　ワンチップマイコンとそのプログラミングの特徴

パソコンやサーバのように情報を処理する機器に使われているマイクロプロセッサ（MPU）

---

†1　（参考）NHK スペシャル「人体」(http://www.nhk.or.jp/kenko/jintai/)

と異なり，ワンチップマイコンは次に示すような特徴があります．そのため，プログラミングもワンチップマイコン独特のスタイルとなります．

1 ワンチップマイコンの特徴

ワンチップマイコンはパソコンやスマートフォンなどの情報機器に使われるマイクロプロセッサと比較すると以下のような違いがあります．

① 機器制御のための周辺回路がワンチップマイコンの中に備えられているので外付け回路を少なくできる．

- 入力電圧を取り込む回路（A/D 変換器）
- 他の機器や IC と通信するための回路（UART，I²C など）
- スイッチ入力を受け付けたり，リレーや LED などを ON，OFF したりする回路（I/O ポート）
- その他

② 消費電流が少なく，電池でも長時間連続動作が可能である．

- ボタン電池で数カ月以上動作する機器もあります（万歩計や腕時計など）．
- 家庭用ガスマイコンメータは法令により 10 年周期で交換されますが，この間乾電池で駆動しています．

③ 外形寸法が小さい（縦横 1 cm 程度以下）ので機器を小型化できる．

④ マイコンが安い（数十円から数百円）ので，機器のコストを抑えられる．

⑤ ROM，RAM が極めて少ない（ROM：数 kB 〜数十 kB，RAM：数 kB）．

⑥ クロックが遅い（数十 kHz 〜数十 MHz）．

2 ワンチップマイコンのプログラミングの特徴

ワンチップマイコン用の OS として μITRON や AUTOSAR の仕様に準拠したリアルタイム OS もありますが，本書では OS を使わないワンチップマイコンのプログラミングを紹介します．OS を用いないワンチップマイコンのプログラミングの規模は実行数 1 万行（ROM 64 kB）以内程度と考えられます．ちなみに，本書で紹介するおもちゃのロボットで 1200 行（ROM 約 6 KB）です．

OS を用いたプログラミングと比較すると OS を使わないワンチップマイコンのプログラミングには以下の特徴があります．これらの特徴は，ROM，RAM が少なくクロックが遅いワンチップマイコンの特徴に由来します．

① プログラムはほとんどすべて自作とする傾向がある．

ライブラリ関数などはあまり使いません．その理由は以下のようなものです．

- 汎用ライブラリは汎用化するため様々な場合に対応できるよう一般的に冗長となっていますので，メモリの消費が多く，実行時間がかかることがあります．

第 1 章　導　入

- ワンチップマイコンの制御ではタイミングや実行順序が重視されます．ライブラリは内部がブラックボックスであることが多く，実行順序やタイミングなどで問題が発生した場合に原因究明が難しいことがあります．
- 自作したほうがハードウェアの機能を最大限に活用し実行効率を上げることができます．

② 状態の制御が重要になる．

ハードウェアの制御が主体となりますので，センサなどの入力によりハードウェアの状態を変化させることがマイコンの主な仕事になるためです．

③ グローバル変数がよく使われる．

ROM，RAM が極めて少なく，クロックが遅いことが理由です．ただし，バグが発生しないようにグローバル変数をしっかり管理する必要があります．

パソコンのプログラミングなどを経験された方は，OS を含め標準的な関数やクラスライブラリなどはあらかじめ準備されていますから，プログラムをほとんどすべて自作しないといけないとなるととても大変ではないかと思うでしょう．しかし，ワンチップマイコンのプログラミングでは，一人で作るプログラムでも，ある程度のものができます．小型家電製品のプログラムはほとんど一人でプログラミングしています．もちろん，これから紹介する二足歩行のおもちゃのロボットも一人でプログラミングできます．

状態の制御やグローバル変数の管理はどうしたらよいだろうと思われる方もいると思います．状態の制御については，第 4 章 4.2 節 4「状態遷移について」を参考にしてください．グローバル変数の管理については，第 6 章を参考にしてください．

1.3　開発環境の整備

1　ワンチップマイコンのソフトウェア開発環境の導入[†1]

今回は，ルネサス エレクトロニクス株式会社の RL78-G12 というマイコンを使います．採用の理由の概要は以下の通りです．

- センサ，アクチュエータ，通信などを検知，制御するのに必要な端子数があること．
- 必要なマイコン内蔵のタイマや通信回路があること．
- 必要な RAM，ROM 容量があること．
- 低価格であること．

詳細は第 7 章 7.3 節「主要機能と達成手段の検討」の 3「システムの制御機能」を参考にしてください．

パソコンにマイコンのソフトウェア統合開発環境としてルネサス エレクトロニクス株式

---

†1　開発環境の利用には Windows 7，8.1，10 が稼働するパーソナルコンピュータが必要です．

会社の無償評価版の「統合開発環境 CS+ for CC」をインストールします. 下記 URL のページの「ダウンロード」をクリックしてダウンロードしてください[1].

https://www.renesas.com/jp/ja/software/D4000733.html

My Renesas への登録が必要ですが, 上記 URL の下部にあるダウンロードリンクのダウンロードをクリックするとログイン画面がでます. その画面に登録方法がありますので, 登録してからダウンロードしてください.

実行ファイル (CSPlus_CC_Package_V … .EXE) がダウンロードされたら, ダブルクリックでインストールします. 統合開発環境 CS+ をインストールする方法が分からない場合は, 下記 URL にあるマニュアルを参考にしてください. 統合開発環境の名前が CubeSuite+ となっていますが, インストール方法はほぼ同じです.

CubeSuite+ V2.02.00　統合開発環境　ユーザーズマニュアル　起動編

https://www.renesas.com/jp/ja/doc/products/tool/doc/003/r20ut2865jj0100_qsst.pdf

2 ワンチップマイコンのソフトウェア開発環境の操作方法

パソコンでのプロジェクトの作成から, ワンチップマイコンでのプログラムの実行までの基本操作は CS+ の操作手順（オーム社の Web サイトに掲載）を参考にしてください. 詳細はルネサス エレクトロニクス株式会社の Web サイトにある下記資料を参考にしてください（**表 1.1**）.

CS+ は CubeSuite+ の後継の開発環境ですので, 操作はほぼ同じです.

3 パソコンのソフトウェア開発環境（Visual Studio：Visual Basic）の導入

ロボットをパソコンから遠隔操作するために, オーム社の Web サイトにワンチップマイコンとパソコンとで通信するパソコン上で実行するプログラムを掲載します. パソコンの通信プログラムを利用するためには Visual Basic が必要です. パソコンにマイクロソフトの Visual Studio Community の無償版をインストールしてください. 下記 URL からダウンロードします.

https://visualstudio.microsoft.com/ja/vs/community/

■ 表 1.1　CS+ のユーザーズマニュアル

マニュアル名	資料番号
CubeSuite+ V2.02.00 起動編	R20UT2865JJ0100
CubeSuite+ V2.01.00 RL78 設計編	R20UT2684JJ0100
CubeSuite+ V2.02.00 RL78 デバッグ編	R20UT2867JJ0100
CubeSuite+ V2.02.00 解析編	R20UT2868JJ0100
CubeSuite+ V2.02.00 メッセージ編	R20UT2871JJ0100

---

[1]　URL にある CS+ for CC のバージョンは V7.00.00 です.

実行ファイル（vs_community__ … .exe）がダウンロードされますので，ダブルクリックでインストールします．Visual Studio Community をインストールする方法が分からない場合は，下記 URL を参考にしてください．

https://docs.microsoft.com/ja-jp/visualstudio/install/install-visual-studio?view=vs-2017

4 Visual Studio Community の操作方法

前に紹介した Visual Basic の書籍などを参考にしてください．

5 必要な機器

必要な機器は以下の2つです．

- パーソナルコンピュータ（Windows 7，8.1，10）
- オンチップデバッギングエミュレータ（E2 エミュレータ Lite）［RTE0T0002LKCE00000R］プログラムをパーソナルコンピュータからマイコンへ書き込み，実行したり，実行状況を確認したりするために使用します．

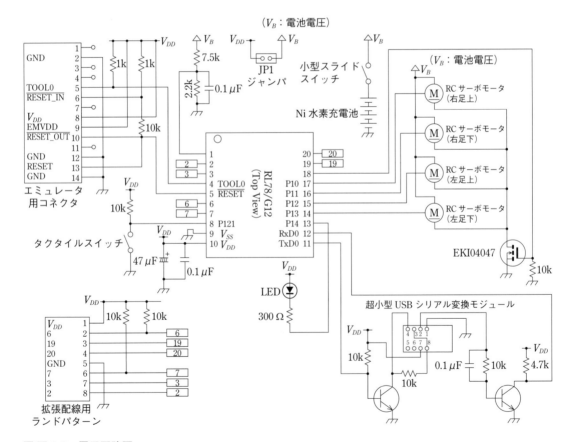

■ 図 1.2　電子回路図

■ 表 1.2　マイコン端子の配置

端子番号	機能名	リセット解除時	初期入出力設定	論理	初期出力設定	機　能
1	ANI0	アナログ入力	アナログ入力	—	—	電池電圧監視（A/D 入力）
2	P42	アナログ入力	デジタル出力	—	L	未使用端子（オープンドレイン）
3	P41	アナログ入力	デジタル出力	—	L	未使用端子（オープンドレイン）
4	TOOL0	デジタル入力	—	—	—	プログラマ／デバッガ用データ入出力
5	RESET	デジタル入力	—	—	—	リセット入力
6	P137	デジタル入力	デジタル入力	—	—	未使用端子（10 kΩ 抵抗を介して VDD 接続入力）
7	P122	デジタル入力	デジタル入力	—	—	未使用端子（10 kΩ 抵抗を介して VDD 接続）
8	P121	デジタル入力	デジタル入力	負論理	—	入力ポート（ボタンスイッチ入力）
9	VSS	—		—	—	グランド
10	VDD	—		—	—	電源
11	TxD0	デジタル入力	デジタル出力	反転論理	L	シリアル・データ出力
12	RxD0	デジタル入力	デジタル入力	反転論理	—	シリアル・データ入力
13	P14	アナログ入力	デジタル出力	負論理	H	出力ポート（LED 制御出力）
14	P13	アナログ入力	デジタル出力	正論理	L	出力ポート（RC サーボモータ No.4 信号出力）
15	P12	アナログ入力	デジタル出力	正論理	L	出力ポート（RC サーボモータ No.3 信号出力）
16	P11	アナログ入力	デジタル出力	正論理	L	出力ポート（RC サーボモータ No.2 信号出力）
17	P10	アナログ入力	デジタル出力	正論理	L	出力ポート（RC サーボモータ No.1 信号出力）
18	P23	アナログ入力	デジタル出力	正論理	L	出力ポート（モータ電源供給・遮断出力）
19	P22	アナログ入力	デジタル出力	—	L	未使用端子（オープンドレイン）
20	P21	アナログ入力	デジタル出力	—	L	未使用端子（オープンドレイン）

(注)　未使用端子の処理は「RL78/G12 ユーザーズマニュアル ハードウェア編」を参考に設定した.

6　ハードウェアの準備

　　ロボットのメカの作成方法は付録「おもちゃの二足歩行ロボットのメカの作成について」を参考にしてください．制御基板の電子回路図は**図 1.2** の通りです．部品の入手情報などは，本書の付録やオーム社の Web サイトなどを参考にしてください．

1.4　プログラムの作成とマイコンへの実行形式プログラムの転送

　　パソコンでプログラムを作成し，実行形式のプログラムに変換し，マイコンへ転送し，実行します．プログラムを作成し，マイコンへ書き込むイメージは**図 1.3** の通りです．

1　パソコンとマイコン（ターゲットボード）との接続

　　パソコンでデバッグしたり，単独実行させるプログラムをマイコンに転送したりするためには，パソコンとオンチップデバッギングエミュレータ（E2 エミュレータ Lite）とマイコンを接続する必要があります．パソコンとマイコンを**図 1.4** のように接続します．

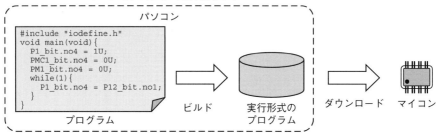

■図1.3　プログラム作成とマイコンへの転送イメージ

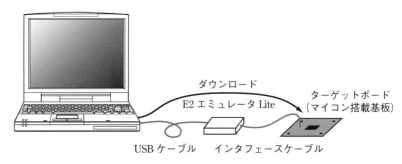

■図1.4　パソコンとターゲットボードの接続

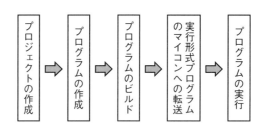

■図1.5　プログラム作成，実行手順

2　プログラム作成から実行までの手順概要

　プログラムを作成し，マイコンで実行させる手順の概要は次の通りです（**図1.5**）．
① 「統合開発環境 CS+ for CC」をパソコンで起動し，プロジェクトを作成する．
② プログラムを作成する．
③ プログラムをビルドする．
④ 実行形式プログラムをマイコンへ転送する．
⑤ プログラムを実行する．
　ビルドでは，入力したプログラム（ヘッダファイルとCソースファイル）から次のような手順によりマイコンで実行可能なファイルにCS+が変換します（**図1.6**）．

1.4 プログラムの作成とマイコンへの実行形式プログラムの転送

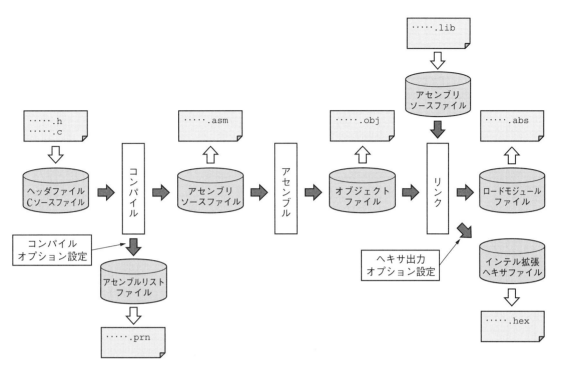

■ 図 1.6　ビルドの詳細
［出典］CC-RL ユーザーズマニュアル，Rev.1.03，ルネサス エレクトロニクス（2016.7.1），p.15.

① 入力したプログラムをアセンブリ言語にコンパイル（翻訳）する．
② アセンブリ言語のプログラムをオブジェクトファイル（バイナリコード＋付加情報）にアセンブル（変換）する．

ここまでは，C ソースファイルごとに行われます．

③ 複数のオブジェクトファイルやライブラリファイルをリンク（連結）して，マイコンで実行可能なロードモジュールファイルを生成する．

3　アセンブルリストについて

C プログラムがどのようにアセンブリ言語に展開されるか確認したいときは，ビルドツー

ビルドとは

　人が書いた C 言語のプログラムからマイコンが実行可能なプログラムを生成する一連の作業をビルドと言います．ビルドは翻訳前処理，コンパイル，アセンブル，リンクなどからなります．
　コンパイルとは人が書いた C 言語のプログラムをアセンブリ言語に翻訳します．
　C 言語のコンパイル，アセンブルは C ソースファイル単位で行われ，アセンブルでコンピュータが実行可能なバイナリ形式に変換します．リンクで複数のアセンブル結果を結合し実行可能なプログラムとします．

第1章 導入

ルのコンパイルオプションで「アセンブルリストファイルを出力する」を「はい」に設定します. すると標準では, DefaultBuild フォルダに C ソースファイルと同名で拡張子「.prn」のファイルが出力されます.「.prn」はテキスト形式ですので, Windows に標準で添付されているメモ帳などのテキストエディタで内容を確認することができます.

4 ヘキサファイルについて

ロードモジュールファイルは統合開発環境 CS+ のデバッガが実行する形式になっています. マイコン単独で実行させるためには, ヘキサファイルを作成し, マイコンへ転送する必要があります. ヘキサファイルへは, スタックポインタの初期化や変数の初期化などを行うスタートアップルーチンを付加します. ヘキサファイルを作成するには, ビルドツールのヘキサ出力オプションでヘキサファイルフォーマットを設定します. マイコンへプログラムを書き込むアプリケーションにもよりますが, インテル拡張ヘキサファイルが一般的でしょう. マイコン単独で実行させたい場合は, オーム社の Web サイトの「マイコン単独で実行させる方法」を参考にしてください.

これで準備が整いました. それでは, 簡単なプログラムを作成しデバッガで実行してみましょう.「統合開発環境 CS+ for CC」の操作は以前に紹介したルネサス エレクトロニクス株式会社のホームページにあるマニュアルを参照してください. 簡単な操作手順を「CS+ の操作手順」(オーム社の Web サイトに掲載) に示しました.

1.5 プログラミングの肩慣らし

ワンチップマイコンのプログラミングに不慣れな方は, サンプルプログラムを入力, 実行することでプログラミングに慣れていきましょう. ワンチップマイコンのプログラミングの経験のある方は, 開発ツールの動作確認の意味で読み進めてください. あるいは, 読み飛ばしても結構です.

ここでは, ワンチップマイコンにつきもののメインループを利用した簡単なプログラムを紹介します. このプログラムは, おもちゃの二足歩行ロボットの制御基板で実行できます.

メイン処理

メイン処理は初期化処理をする部分と定常処理を行うメインループからなる部分とで構成されます (**図 1.7**). メインループはワンチップマイコンのプログラムには必ずあります. メインループはマイコンが動作している間, 一連の処理を常に繰返し実行します. 入力変化やタイマのタイムアップなどのイベントに対して, 処理が多少遅れてもよい (数 ms から数十 ms 程度) ものに適用されます. 人の反応速度に比べてマイコンの処理速度が速いため, 多

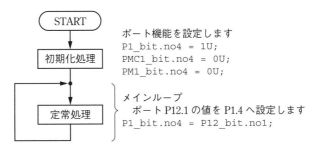

■図1.7　ワンチップマイコンのプログラムの基本構造

くの処理はメインループで実行することで対処できます．

メインループを用いたプログラムがどのようなものであるか体感してみてください．

スイッチを押している間だけLEDランプが点灯するプログラムを作成します（**ソースコード1.1**）．メインループの中の処理は，スイッチの状態をLEDの出力としています．つまり，スイッチが押される（`P12_bit.no1` → Low）とLEDを点灯（`P1_bit.no4` → Low）しています．

■ソースコード1.1　LED点灯プログラム

```c
/* main.c */

/* 特殊機能レジスタ（SFR）へのアクセス記述を使用する */
#include "iodefine.h"

/* 関数プロトタイプ宣言 */
void main(void);

void main(void){
        /* ポートの設定 (P10～P13: 出力 (LED), P14: 入力 (LED) */
        P1_bit.no4 = 1U;      /* ポート14の出力をHigh(1)に設定 */
        PMC1_bit.no4 = 0U;    /* ポート14をディジタル入出力に設定 */
        PM1_bit.no4 = 0U;     /* ポート14を出力に設定 */

        while(1){             /* メインループ */
                /* スイッチが押される (P1.4 → Low) とLEDが点灯 (P12.1 → Low) */
                P1_bit.no4 = P12_bit.no1;
        }
}
```

C言語に馴染みがない方のために，ソースコードの簡単な説明をします．

　　`/* 特殊機能レジスタ（SFR）へのアクセス記述を使用する */`

これはコメント（注釈）です．コメントは「`/*`」で始まり「`*/`」で終わります．プログラムの実行には影響を与えません．プログラマがプログラムの意図を記録しておくものです．以後も多く出てきます．

　　`#include "iodefine.h"`

第1章 導 入

　これはマイコンの周辺回路を利用するための特殊機能レジスタ（SFR）を記号で指定できるようにします．マイコンの「ユーザーズマニュアル　ハードウェア編」で記載している記号とほぼ同じ記号で指定できます．このプログラムでは P1_bit.no4, PMC1_bit.no4, PM1_bit.no4, P12_bit.no1 などです．#include は指定するファイル（iodefine.h）の内容を取り込み，#include を記述した位置に展開します．

```
void main(void);
```

　これは，メイン関数の関数プロトタイプ宣言です．このファイルに記述した関数が使用する関数の宣言です．コンパイラが関数の戻り値と引数の型を認識するためのものです．そのため，関数を使用する前に宣言します．関数の外で定義された変数を関数が使用する場合も，変数を使用する関数定義の前に宣言します．メイン関数は他の関数により呼び出されないので，プロトタイプ宣言をしなくてもコンパイルできますが，念のためプロトタイプ宣言しておきます．

```
void main(void){
```

　この記述は，ここからメイン関数であることを示します．先頭の void は，この関数の呼出し元に返す値がないことを示します．main は識別子と言い，関数の名前を表します．メイン関数はプログラムが開始されるときにのみ実行される関数です．C 言語では最初に実行される関数であると規定されています．基本的に関数は他の関数から呼び出されて実行されますが，メイン関数は C 言語で書かれた他の関数から呼び出されることはありません．メイン関数はアセンブラで書かれたスタートアップルーチンから呼び出されますが，CS+ では

プリプロセッサ指令とは

　#include などの「#」で始まる文はプリプロセッサ指令と言います．文字の置き換えやファイルの取り込みなどの処理を行います．プリプロセッサ指令は，コンパイルする前に，翻訳前処理で処理されます．

特殊機能レジスタとは

　特殊機能レジスタは SFR（Special Function Register）と言います．SFR はマイコンに付加機能として搭載されている入出力ポートやタイマなどの周辺ハードウェアを制御するレジスタです．本マイコンでは SFR をメモリ領域に割り付けています．そのため，変数のアクセスと同様に使えます．ピリオド (.) を用いることによりビット単位でアクセスできるものもあります．

識別子とは

　識別子は変数や関数などに付ける名前を言います．識別子は非数値文字で始まる英数字で構成されます．大文字と小文字を区別し，異なる識別子として扱われます．下線（_）も使用できます．識別子の先頭を下線にすることもできますが，先頭に下線が付く識別子はライブラリなどで使用していることがありますので注意してください．識別子は先頭から 31 文字までがコンパイラで認識されます．ANSI 規格で規定されています（ANSI：American National Standards Institute）．for や if などの C 言語があらかじめ定めている言葉（予約語）は使用できません．ただし，予約語を含む言葉 forward などは使用できます．

メイン関数の呼出しをプログラマが記述しなくても済みます．()の中の void は呼出し元からこの関数に引き渡す値（引数）がないことを示します．()の次の {} で囲まれた中に main 関数の処理の内容を記述します．

{} で囲まれた部分をブロックと言います．ブロック内の文は，そのブロックの外側の文より字下げして記述することでプログラムの構造が分かりやすくなります（字下げ＝インデント，indentation）．

```
P1_bit.no4 = 1U;
```

LED が接続されているポート（P14）へ 1 を出力し，出力が High となり LED を消灯します．P1 はポートレジスタ 1 を表します．P1_bit.no4 はポートレジスタ 1 の 5 ビット目のビットを表します．ビットは 0 ビット目から始まります．P1_bit.no4 は LED が接続されている端子（13 番ピン）となります．= は右側の値を左側に代入（設定）する代入演算子です．1U の U は定数が符号（±）のない整数定数であることを表す接尾語です．コンパイラにより整数のバイト数が決められます．今回のコンパイラでは整数を 2 バイトとしています．そのため，符号なし整数定数は 0 から 65535 までの値を設定できます．1U をビットイメー

関数とは

　関数はある機能を実現する処理をまとめたものです．C 言語のプログラムはいくつかの関数で作られます．基本的に関数は他の関数から呼び出されて実行されます．関数の名前の前に，呼出し元に返す値の型（int，char，void など）を記載します．関数は名前の後に必ず () が付きます．()の中には，呼出し元からこの関数に引き渡す値（引数）を記載します．引数は「,」で区切って複数指定することができます．呼出し元に返す値は関数終了時に return の後に変数名などを記述して返します．

　関数の処理の内容を記述したものを関数定義と言います．関数定義に書く引数を仮引数と言います．関数の呼出し側に書く引数を実引数と言います．配列を除き，呼出し元で指定した実引数の値をコピーして仮引数として使いますので，配列と後で述べるポインタを除いて呼出し元で指定した実引数の変数の値を変えることはありません．()の次の {} で囲まれた中に main 関数の処理の内容を記述します．引数があれば，その中で引数を利用します．関数定義では，実際のプログラム（実体）をメモリ上に配置します．

　関数のプロトタイプ宣言がありますが，プロトタイプ宣言は関数外で定義された変数や関数を利用しますという宣言のみで，関数の処理内容や変数の格納場所などの実体をメモリ上に配置しません．

　ある関数で使用する関数外部の変数や関数の宣言は，関数定義の前に記述します．

文とは

　プログラミングにおける指示命令の単位を文と言います．C 言語では，文の終わりにセミコロン「;」を置きます．改行は空白と同じように扱われ文の終わりとされません．ただし，「#」で始まる文（プリプロセッサ指令）は改行で終わります．

ポートとは

　マイコンでは，入出力端子をポートと呼びます．多くの場合，8 ビット単位で管理しています（ただし，8 ビットすべてに端子が割り付けられているわけではありません）．今回のマイコンでは，P1，P2，P4，P6，P12，P13 のポート群があります．一つの端子の指定方法は P1_bit.no4 などです．

第1章 導入

0	0	0	0	0	0	0	0	0	0	0	0	0	0	0	1
32768の位	16384の位	8192の位	4096の位	2048の位	1024の位	512の位	256の位	128の位	64の位	32の位	16の位	8の位	4の位	2の位	1の位

■図1.8　1U のビットイメージ

ジで表すと**図1.8**のようになります.

セミコロン（;）は文の終わりを示します. `P1_bit.no4 = 1U;` は 1U の 1 の位のビットを P1_bit.no4 に代入することになります. `P1_bit.no4 = 1U;` とすると, 出力が High となり LED が消灯します. おもちゃの二足歩行ロボットで使用する回路では出力が Low で LED が点灯します.

```
PMC1_bit.no4 = 0U;
```
ポート（P14）をディジタル入出力として使うことを設定します. ポート（P14）をアナログ入力として使う場合は `PMC1_bit.no4 = 1U;` とします. PMC1 はポートモードコントロールレジスタ 1 を表します（ポートをディジタル入出力として使用するか, アナログ入力として使用するかを切り替えるレジスタ）.

```
PM1_bit.no4 = 0U;
```
ポート（P14）を出力として使うことを設定します. ポート（P14）を入力として使う場合は `PM1_bit.no4 = 1U;` とします. PM1 はポートモードレジスタ 1 を表します（ポートを入力として使用するか, 出力として使用するかを切り替えるレジスタ）.

```
while(1){
```
while は () の中が真（0 以外）であれば, 直後の {} の中の文を繰返し実行します. 偽（0）であれば {} の中を実行せず, 次の文に実行が移ります. () の中が 1 ですので {} の中の文を, 上から下へ永久に繰り返します. これがメインループとなります.

```
P1_bit.no4 = P12_bit.no1;
```
スイッチが接続されたポート P121 の値（ビット）を LED が接続されたポート（P14）へ設定します. そのため, スイッチを押すと LED が点灯します（つまり, 入力が Low になると出力が Low になり, LED が点灯します）.

代入演算子とは

代入演算子（＝）は右側の値（演算結果を含む）を左側の変数に代入することを表します. 数学などで使う等号とは異なります. そのため, 実行する前に変数 x が 5 であったとすると, 以下の式は実行後に x が 6 になります.

```
x=x+1;
```

14

CHAPTER 2

ソフトウェアの
安全性確保の考え方

　この章では，まず，ソフトウェアにおける安全性確保の考え方について説明します．次に，必要となる FMEA や FTA，HAZOP などの安全性に関わるリスクの抽出手法を説明します．そして，IEC 62304 や ISO 26262 が重視するソフトウェア開発プロセスも簡単に説明します．安全性を確保するためには，安全性に関わるソフトウェア構成要素を明確にし，重点的に管理する必要があります．構成要素を明確にするために，IEC 62304 が規定するソフトウェア分割のイメージを説明します．最後に，本書の主題であるソフトウェアアーキテクチャ設計と設計のトレーサビリティの概要を説明します．

2.1　ソフトウェアの安全性確保について

　最近は生活支援ロボットの開発が進展しています．これらの分野では，ソフトウェアが大きな役割を果たすことになります．また，IoT 機器が今後家庭にも普及していくと予想されます．そのため，ソフトウェアの安全性に関わるリスクの低減が，将来非常に重要になってくるでしょう．

　製品の不安全はハードウェアやソフトウェアの不具合によって引き起こされることが多いのですが，安全性はハードウェアで担保するのが基本です．なぜなら，物理的原因によってソフトウェアが正常に働かなくなることがあり得ます．複雑化するソフトウェアでは，潜在するバグを完璧に除去したことを検証することも不可能です．確実に不安全を防止するためには，ハードウェアでの対策が不可欠です．例えば，ヒータの加熱暴走による発煙・発火の防止をソフトウェアのみで行おうとしたときに，その原因がノイズの混入またはバグによるマイコンの暴走や故障による機能停止であった場合は発煙，発火を防止できません．この場合，温度ヒューズをヒータの電源に入れるのが最も確実な対策です．

　しかし，ソフトウェアで安全性に関わるリスクを低減する必要がないというわけではありません．ヒータ制御の例では，ソフトウェアにバグなどの不具合があったときにヒータが過熱し続けてしまう可能性があれば，安全性に関わるリスクが増大します．不安全を引き起こす可能性のあるソフトウェアの部分を抽出し，不具合（バグ）がないか重点的に検証することが必要です．

　また，不具合発生時にソフトウェアで追加的なリスク緩和策をすることも有効です．ヒータの加熱をソフトウェアで制御しているのであれば，マイコンが暴走したときにウォッチドッグタイマの割込みでヒータ電源をオフにします．温度ヒューズが切れないようにある温

15

度に達したらソフトウェアで加熱を停止するなどの追加的なリスク緩和策をすることは非常に有効です．このようにすることで，不安全に至るリスクを低減することもできます．

最初に「安全性はハードウェアで担保するのが基本」と述べましたが，ソフトウェアに大きく依存する安全性に関わるリスクがあります．それは，医療用診断機器のリスクです．

IEC 62304（JIS T 2304）の序文に「間接的にソフトウェアに起因する危険状態（例えば，不適切な治療行為につながる可能性のある，誤解を招く情報の提供に起因する危険状態）も考慮する必要がある．」とあります．つまり，診断機器が直接的に人に危害を与えるのではなく，誤った診断結果（計測値の誤表示またはずれなど）で誤った治療（投薬など）を行うことにより，かえって健康を損ねるというリスクです．誤診も安全性に関わるリスクで，ソフトウェアに大きく依存することに留意が必要です．

それでは，どのような手法でリスクを低減することができるでしょうか．まず，リスク低減を進めるうえで，ソフトウェアに特徴的なことを考えてみましょう．製品の不安全はハードウェアやソフトウェアの不具合によって引き起こされます．不具合は設計ミスやハードウェアの故障が原因となります．ハードウェアの故障は製造上のばらつきや部品の劣化などで起こります．システムまたはハードウェアの場合は故障率などでの定量的評価ができますので，対策によってリスクが許容レベルにまで減少したかが確認できます．そのため，故障率の低減で安全性に関わるリスクを低減することができます．

ソフトウェアではハードウェアの故障にあたるものはバグです．しかし，バグの潜在確率を定量的に評価することは困難です．また，ソフトウェアには製品ごとのばらつきや劣化はありません．ソフトウェアの故障を引き起こすバグは機械の故障と違い，もし，潜在的な設計ミスがあれば，条件が整うとすべての製品で不具合が発生します．このような故障は，決定論的原因故障（systematic failure，IEC 61508-4：2010）と言います．ソフトウェアについては故障率の低減で安全性に関わるリスクを低減することは困難です．一方，ハードウェアにおいては安全規格で安全性に関する設計基準が示されているものがあります．そのため，ハードウェアでは，設計基準への適合で安全性に関わるリスクを低減することもできます．しかし，ソフトウェアの設計は多岐多様であり，この設計基準を守れば不安全が防止できるという設計基準を示すことも困難です．

ISO 26262 では，ソフトウェアコンポーネントの階層化，ソフトウェアコンポーネントサイズの制限，割込みの制限などが規定されていますが，基準は限定的です．

ソフトウェアによるバグはプログラムの記述ミスや論理の誤り，不整合で起こります．そればかりでなく，プログラムは仕様通りであるのに，その仕様が不十分であれば不具合が起こります．例えば，温度センサで検知した温度をもとにヒータを加熱する機器があったとします．温度センサが断線したり，温度センサのコネクタが外れていたりすることを仕様で想定していなければ，そのような場合に温度センサが接続されていないことをマイコンが低温であると判断してヒータを加熱し続けて火災になる恐れがあります．

■ 図2.1 ソフトウェアでも安全を考えよう

　それでは，徹底的な試験をすることでバグをなくすことはできるのでしょうか．確かに，試験もリスク低減をするために有効です．以前は，試験でソフトウェアの不具合を発見するという考え方が多くされていました．しかし，ソフトウェアに不具合が隠れていることを試験だけで見つけるのは非常に困難なことです．例えば複雑な機器では，条件の組合せで発生する不具合をすべて試験しようとすると，条件の組合せだけでも何百万の組合せが発生する場合があり，すべてを試験することは不可能になります．

　IEC 62304 も「ソフトウェアの試験を実施しただけでは，その使用が安全であると判断するには十分ではない」としています（附属書 A（参考）この規格の要求事項の根拠）．

　それでは，どのようにしたらソフトウェアの安全に関わるリスクを低減することができるでしょう．リスクを引き起こすバグを潜在させるのは，仕様設定から設計，コーディング，試験にわたる開発過程です．そのため，ソフトウェアの開発プロセスを管理することでリスクを低減できるという考え方があります．その考え方の一つは次のようなものです．まず，ソフトウェアに起因するリスクをすべて抽出します．次に，要求仕様（安全仕様を含む），設計，ソースコード，試験を独立性の高い要素に分離・特定します．そして，それらの分離された設計要素を，リスクと関連付けます．関連付けられたリスクの大きさに応じて設計要素ごとに重点をつけて設計・検証します．このような開発プロセスとすることで，リスクを低減することができるというものです．

　車載機器や医療機器のソフトウェアの安全性に関わる規格では，製品に要求される安全度水準に応じて，開発プロセスを管理することを要求しています．そのため，規格に従ってソフトウェア開発プロセスを管理しなければ欧州や米国に輸出することができません．

　次節以降では，リスク低減のため，リスクを抽出し，リスクの大きさを評価し，ソフトウェ

第 2 章　ソフトウェアの安全性確保の考え方

アを分割し，各要素にリスクを関連付け，各設計要素間の関係を明確にする方法と開発プロセスを順に説明します．

2.2　リスク管理について

IEC 62304 では，安全性を判断するには以下の 2 つが必要だとしています．
- 「ソフトウェアの各ソフトウェアアイテムの動作に起因するリスクを評価するために必要となるプロセス」
- 「評価したリスクに基づいて選択される，各ソフトウェアアイテムにソフトウェアの故障が発生する確率を低い水準に抑えるために必要となるプロセス」

つまり一つは，リスクを特定し評価するリスク管理のためのプロセスです．もう一つは，特定したリスクがソフトウェアのどこにあるかを明確にし，問題がないことを注意深く検証し不具合の発生を抑えるプロセスです．そのため，IEC 62304 では安全性に関わるリスク管理のプロセスと開発などのプロセスの管理を規定しています．

2.3　リスク分析について

リスクを管理するには，リスクを特定し，分析し，評価し，対応するというプロセスが必要です．リスクを特定し，分析し，評価し，対応するための手法には，FMEA，FTA，HAZOP などがあります．

FMEA（故障モードと影響解析；Failure Mode and Effective Analysis）
システムを構成する構成要素の想定される故障がシステムに及ぼす影響を解析するものです．解析手順は故障モード・影響解析（FMEA）の手順（IEC 60812：2006/JIS C 5750-4-3）として規格化されています．

FTA（欠陥の木解析；Fault Tree Analysis）
システム全体の特定欠陥事象の発生要因に遡及して解析するものです．解析手順は故障の木解析（FTA）（IEC 61025：2006/JIS C 5750-4-4）として規格化されています．

HAZOP（潜在危険と運転性の解析手法；Hazard and Operability Study）
ガイドワード（誘導語）を利用して，設計意図からのずれ（逸脱）を考えることでリスクを抽出する手法です．解析手順は Hazard and Operability Studies（HAZOP studies）- Application guide（IEC 61882：2016）として規格化されています．

FTA はトップダウンの解析手法で，FMEA はボトムアップの解析手法です．HAZOP はガイドワードをもとに設計パラメータを変動させる解析手法です．潜在的なリスクをすべて特定するということは難しいことですが，上記の手法を用い複数の方法でリスクを抽出することにより，かなりの確度でリスクを網羅し，特定することができます．

18

FMEA の実施手順の概要は以下の通りです.

1. システムの構成要素を抽出する.
2. 構成要素の機能を抽出する.
3. 構成要素の機能を阻害する構成要素の故障モードを抽出する.
4. 故障による影響を検討する.
5. 故障の原因を推定する.
6. 危害の重大性を分類する.
7. 故障の発生確率または頻度を推定する.
8. リスクの大きさ（致命度）を危害の重大性と発生確率により決める.
9. 致命度により対策実施の有無を決める.
10. 対策を検討する.
11. 対策実施後の危害の重大性と発生確率よりリスクの大きさ（致命度）を評価する.
12. リスクが許容できる大きさになれば完了するが，そうでなければ再度対策を検討し，評価する.

　規格では，致命度の評価やフォーマットの例を示していますが，それを強制するものではありません．致命度の定義と判断は解析担当者と管理者に委ねられています．実際の現場では，様々な FMEA のフォーマットが使われています.

　ソフトウェアについて FMEA を適用する場合に，ハードウェアのように故障の発生確率を小さくしてリスクを低減するという手法が使えません．なぜなら，IEC 62304 では，ソフトウェアによる故障の発生確率を 100% としています．つまり，ソフトウェアでリスクコントロール手段を採用したことにより，故障の発生確率が低減したとすることが言えません．ISO 14971：2007（JIS T 14971）では，そのような場合「危害の重大さを低減できるリスクコントロール手段を用いるのがよい」としています．つまり，リスクコントロール手段で故障確率を低減するのではなく，リスクコントロール手段で危害の重大さを低減することを提案しています．そこで，ソフトウェアのリスクコントロール手段は，それが，危害の重大さを低減できると結論づけることができれば，妥当であると考えられます．ただし，最終的なリスクの判断は，ハードウェアやユーザビリティなども含めたシステムで評価する必要があります．そのため，ソフトウェアでは定性的な FMEA を実施することになります．**表 2.1** にハードウェアで行われる標準的な FMEA の例を示します[1]．第 7 章で定性的な FMEA の例を示します.

　FTA は発生することが望ましくはない事象を頂上事象とし，発生の原因または要因を抽

---

[1] 影響度について
　　A：危害の重大性…死・重篤 5，重症 4，中程度 3，軽傷 2，なし 1.
　　B：発生頻度…確実 5，可能性高い 4，可能性中程度 3，可能性は低いがある 2，考えられない 1.
　　　致命度…$A \times B$：〜6 許容，7〜17 ALARP，18〜 受容不可.

第2章　ソフトウェアの安全性確保の考え方

■ 表 2.1　FMEA の例[†1]

構成要素	機能	故障モード	故障影響	故障原因	影響度			対策	対策実施結果		
					危害の重大性	発生頻度	致命度		危害の重大性	発生頻度	致命度
ヒータ	加熱通電	短絡	火災	異物混入	5	3	15	異物混入経路の遮断	5	2	10
		断線	使用不能	ヒータ寿命	1	2	2	—	—	—	—
スイッチ	起動・停止	接点溶着	火災	高頻度開閉による連続したアーク熱の発生	5	3	15	溶着耐性のある接点材料への変更	5	2	10
		接点接触不良	使用不能	塩害による絶縁物の形成	1	2	2	密閉構造タイプへの変更	1	2	2

出する手法です．頂上事象の発生確率を原因となる事象の発生確率から求める定量的な FTA
と，発生確率を扱わない定性的な FTA があります．ソフトウェアのリスク分析では，頂上
事象を安全性に関わるリスクとし，そのリスクに関わる原因および構成要素を特定する，定
性的な FTA を行うのがよいでしょう．

定性的な FTA の実施手順は以下の通りです．

1. 安全性に関わるリスクをすべて抽出し頂上事象とする．
2. 頂上事象の原因となる事象で考えられるものをすべて列挙する．
3. 列挙した事象と頂上事象の因果関係を AND ゲート，OR ゲートなどを用いて結び付ける．
4. さらに列挙した個々の事象に対して頂上事象と同様に原因となる事象を展開する．
5. 事象がこれ以上分解できなくなれば，それを基本事象とする．
6. リスク（頂上事象）を抑えるため，FT 図を見て，効果的な基本的な事象から対策を検討する．

FT 図で用いる記号は多数ありますが，基本的な記号を**表 2.2** に示します．

FTA の例を**図 2.2** に示します．

HAZOP は，製品，プロセス，手順，またはシステムが好ましくない結果を招きそうなガ
イドワードを利用して，対象の振舞いや特性を表す設計のパラメータを変動させて，設計意
図からのずれ（逸脱）を考えることでハザードを特定しリスクの抽出をする手法です（**表
2.3**）．例えば，圧力の異常に対して，大きい，小さいなどの異常の状態はすぐに思いつきま
すが，圧力の脈動などはすぐには思いつきません．ガイドワードに「繰返し」があると，圧
力の脈動などの事象を思いつくきっかけになります．

---

†1　ヒータ短絡およびスイッチ接点溶着による火災防止対策後の致命度が 10 と若干高いが，別途の火災防止対策として温度ヒューズによる電源遮断がされるため，システムとしては問題なしと判断しました．ただし，信頼性を向上するため，2 重の保護対策として実施します．

20

■ 表2.2 FT図で用いられる記号

記号	名称	説明
▭	頂上事象	すべての入力事象の組合せの結果，発生することが望ましくない事象
▭	中間事象	頂上事象でも基本事象でもない中間の事象
○	基本事象	これ以上展開できない事象
AND	ANDゲート	すべての入力事象が生じるときだけ出力事象が発生する
OR	ORゲート	少なくとも一つの入力事象が生じるとき出力事象が発生する

［出典］鈴木順次，牧野鉄治，石坂茂樹：信頼性・安全性解析と評価 FMEA・FTA実施法，日科技連出版社（1982）p.125. 記号は部分的に抽出，説明は編集した．

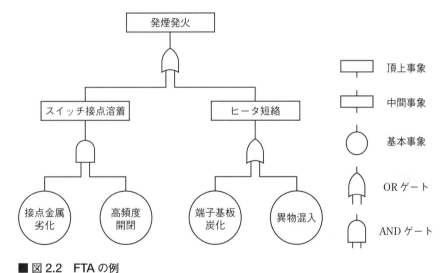

■ 図2.2 FTAの例

HAZOPの実施手順は以下の通りです．

1. 調査の目的および適用範囲を定義する．
2. ガイドワードを設定する．
3. 製品，プロセス，手順，またはシステムの必要な文書を収集する．
4. 製品，プロセス，手順，またはシステムの構成要素を抽出する．
5. 構成要素の設計意図やパラメータを明確にする．
6. 構成要素についてガイドワードを順々に当てはめて，好ましくない結果がでそうな条件を抽出する．

■ 表2.3　HAZOP の例[†1]

設計パラメータ・操作	無 no	逆 reverse	他 other than	大 more	小 less	類 as well as	部 part of	早 early	遅 late	前 before	後 after
加熱通電機能　FET											
制御電圧	●										
		●									
			●								
				●							
電流	●										
		●									
				●							
					●						
									●		

7.　考えられる原因を検討する.

8.　結果の影響度合いを検討する.

9.　起こりやすさを検討する.

10.　対策の要否を判定する.

11.　対策を検討する.

12.　対策後の影響度合いと起こりやすさを検討する.

　標準的なガイドワードは「早すぎる，遅すぎる，多すぎる，少なすぎる，長すぎる，短すぎる，方向の誤り，対象の誤り，動作の誤り」などです. ただし，規格ではこれらの語にとどまらず，逸脱した状態を引き起こす汎用的なワードも使用してよいとしています.

2.4　リスクの評価について

　リスク分析の次はリスクの評価です. リスクの評価では安全度水準を評価し，決定します.
電気・電子・プログラマブル電子系としての汎用的な規格 IEC 61508-5 では，結果（危害の重大性）と頻度（発生確率）のマトリクスにより，リスク等級Ⅰ〜Ⅳに分類します（**表2.4**）.

　リスク等級Ⅰ：許容できないリスク.

　リスク等級Ⅱ：好ましくないリスク. リスク軽減が，非現実的すなわち，リスク軽減にかかる費用対効果比が著しく不均衡であるときだけ許容しなければならない好ましくないリスク.

　リスク等級Ⅲ：リスク軽減にかかる費用が得られる改善効果を超えるときに許容できるリスク.

[†1]　フライバック電圧および回生電流による短絡・発煙発火は判定が△ですが，発煙発火対策として温度ヒューズによる電源遮断がされるため，システムとしては問題なしと判断しました. ただし，信頼性を向上するため，2重の防止対策として実施します.

現象	故障モード		原因	影響度合	起こりやすさ	対策	対策	影響度合	起こりやすさ	判定	識別番号
電源なし	加熱不能	無通電	操作ミス	1	2	−	−	−	−	−	−
フライバック電圧	短絡	発煙発火	誘導性負荷の影響	5	3	必要	フライホイールダイオード付加	5	2	△	SA1
過電圧	短絡	発煙発火	200 V 電源への接続	5	3	必要	温度ヒューズによる遮断	5	1	○	SA2
低電圧	加熱不能	制御回路不動作	商用電源の電圧低下	2	2	−	−	−	−	−	−
電源なし	加熱不能	無通電	操作ミス	1	3	−	−	−	−	−	−
回生電流	短絡	発煙発火	誘導性負荷の影響	5	3	必要	フライホイールダイオード付加	5	2	△	SA3
過電流	短絡	発煙発火	ヒータ低抵抗不良	5	3	必要	温度ヒューズによる遮断	5	1	○	SA4
低電流	低温度	加熱不良	ヒータ高抵抗不良	2	2	−	−	−	−	−	−
突入電流	短絡	発煙発火	電源印加時ヒータ低抵抗	5	2	必要	電源投入時PWM制御採用	5	1	○	SA5

■ 表 2.4　リスク等級の決定表

頻度	結果			
	破局的な (Catastrophic)	重大な (Critical)	軽微な (Marginal)	無視できる (Negligible)
頻繁に起こる（Frequent）	Ⅰ	Ⅰ	Ⅰ	Ⅱ
かなり起こる（Probable）	Ⅰ	Ⅰ	Ⅱ	Ⅲ
たまに起こる（Occasional）	Ⅰ	Ⅱ	Ⅲ	Ⅲ
あまり起こらない（Remote）	Ⅱ	Ⅲ	Ⅲ	Ⅳ
起こりそうもない（Improbable）	Ⅲ	Ⅲ	Ⅳ	Ⅳ
信じられない（Incredible）	Ⅳ	Ⅳ	Ⅳ	Ⅳ

備考 1. 実際にどの事象がどの等級になるかは，適用される分野によって異なり，また"頻繁に起こる"又は"かなり起こる"などというのが実際にどのくらいの頻度なのかに依存する．したがって，この表は，今後利用するための仕様として見るよりは，このような表がどのようなものかを示す一例として見るべきである．
  2. この表の頻度から安全度水準を決定する方法については付属書Cに示す．

［出典］ JIS C 0508-5：1999（IEC 61508-5）：電気・電子・プログラマブル 電子安全関連系の機能安全−第5部：安全度水準決定方法の事例，日本規格協会．p.12，附属書B表1災害に関するリスクの等級化．

　　リスク等級Ⅳ：無視できるリスク．

　IEC 61508-5 はグループ安全規格ですので，頻度と結果の定量的な基準は示していません．それらは個別の規格で示されます．

　ISO 26262 では自動車用安全度水準 ASIL（Automotive Safety Integrity Level）をリスクの大きさにより QM から ASIL A〜D の5つのレベルに分類します．自動車分野などでは，危害の重大性と発生確率に加え「故障を識別し除去する機会の見積り値」も考慮します．つまり，表2.5〜表2.8 に示す，過酷度とハザードの発生頻度と回避可能性のマトリクスにより決定します．

　しかし，IEC 62304 では，発生確率を1（100％）として，以下のような基準で安全クラス

第2章　ソフトウェアの安全性確保の考え方

■表2.5　シビアリティのクラス

	クラス			
	S0	S1	S2	S3
記述	傷害なし	軽度及び中程度の傷害	重度及び生命を脅かす傷害（生存の可能性がある）	生命を脅かす傷害（生存がはっきりとしない），致命的な傷害

［出典］ISO 26262-3 第1版（英和対訳版），自動車−機能安全−第3部：コンセプトフェーズ，日本規格協会（2011）．p.9，表1-シビアリティのクラス．

■表2.6　動作状況に関する暴露の確率のクラス

	クラス				
	E0	E1	E2	E3	E4
記述	極めて起こりにくい	非常に低い確率	低い確率	中位の確率	高い確率

［出典］ISO 26262-3 第1版（英和対訳版），自動車−機能安全−第3部：コンセプトフェーズ，日本規格協会（2011）．p.9，表2-動作状況に関する暴露の確率のクラス．

■表2.7　コントローラビリティのクラス

	クラス			
	C0	C1	C2	C3
記述	通常のコントロール可能	簡単にコントロール可能	普通にコントロール可能	コントロールが困難又はコントロール不能

［出典］ISO 26262-3 第1版（英和対訳版），自動車−機能安全−第3部：コンセプトフェーズ，日本規格協会（2011）．p.10，表3-コントローラビリティのクラス．

A〜Cの3つのクラスに分類します．これは先に述べたように，ソフトウェアの故障を引き起こすバグは機械の故障と違い，もし，潜在的な設計ミスがあれば，条件が整うとすべての製品で不具合が発生するという考えによります．

　　クラスA：負傷又は健康障害の可能性はない．
　　クラスB：重傷の可能性はない．
　　クラスC：死亡又は重傷の可能性がある．

　このように規格によって安全性要求レベルの規定が異なるのは，適用分野ごとにリスクの大きさや機器を使用する人の安全性に対する認識，その他に違いがあるからだと思われます．

2.5　リスク低減を意図した開発プロセスについて

　開発プロセスにおいて安全性に関わるリスクを低減するため，IEC 62304 と ISO 26262 では類似のソフトウェア開発プロセスを規定しています．規格が規定するソフトウェア開発プロセスは，規格により若干表現は異なりますが，次のようなプロセスから構成されます．

■表2.8　ASILの決定

シビアリティ のクラス	確率のクラス	コントローラビリティのクラス		
		C1	C2	C3
S1	E1	QM	QM	QM
	E2	QM	QM	QM
	E3	QM	QM	A
	E4	QM	A	B
S2	E1	QM	QM	QM
	E2	QM	QM	A
	E3	QM	A	B
	E4	A	B	C
S3	E1	QM	QM	A
	E2	QM	A	B
	E3	A	B	C
	E4	B	C	D

［出典］ISO 26262-3 第1版（英和対訳版），自動車－機能安全－第3部：コンセプト
フェーズ，日本規格協会（2011）．p.10，表4‐ASILの決定．

- ソフトウェア要求事項分析

  潜在的な要求も含め，製品についての顧客要求から，ソフトウェアが備えるべき機能や性能，使用性，制約条件が満たさなければならない事項（仕様）を明らかにする工程です．

- ソフトウェアアーキテクチャの設計

  ソフトウェアの構造を設計する工程です．ソフトウェア全体（システム）を分割した部分（アイテム）とそれらアイテム間の関係（インタフェース）でソフトウェアの構造を表します．ソフトウェア要求仕様の各項目をアイテムに割り付ける工程でもあります．

- ソフトウェア詳細設計

  ソフトウェア要求仕様から，ソフトウェアアーキテクチャ設計で抽出された最小単位のアイテム（ユニット）の振る舞いと，他のソフトウェアアイテムやハードウェアコンポーネントとのインタフェースを設計する工程です．ソフトウェアユニットの実装とソフトウェアユニット試験はソフトウェア詳細設計の結果を基に実施され，ソースコードと試験仕様が作成されます．

- ソフトウェアユニットの実装

  ソフトウェア詳細設計に従いソースコードをコーディングし，ソフトウェアユニットを生成します．

- ソフトウェアユニット試験
  ソフトウェアユニットがソフトウェア詳細設計に合致しているか検証します．
- ソフトウェア結合試験
  ソフトウェアアーキテクチャ設計に従い結合したソフトウェアアイテムが意図した通りに機能するか検証します．
- ソフトウェアシステム試験
  ソフトウェアシステムがソフトウェア要求事項に合致しているか検証します．
  IEC 62304 では，ソフトウェア結合試験とソフトウェアシステム試験は一連のアクティビティ（活動）に統合してもよいと規定しています．ワンチップマイコンのソフトウェアのように規模が小さいソフトウェアの開発では一つに統合することが一般的です．

　ソフトウェア開発のライフサイクルは一般的にソフトウェア開発のV字モデルで表されます．図 2.3 に開発の流れと今後説明するトレーサビリティの方向を示します．

　ソフトウェア開発のライフサイクルモデル[†1]は，要求事項分析から試験まで順々に進めていくウォータフォールライフサイクルモデルに限定しているように受け取られますが，規格ではウォータフォールに限定しているわけではありません．規格では，仕様書，設計書，ソースコード，試験成績書などのプロセスアウトプット間の論理的整合性が確保されれば，他のライフサイクルモデルも許容しています．本書の第 7 章でも，要求仕様を詳細化していく過程で，要求仕様の設定とアーキテクチャ設計を繰り返します．

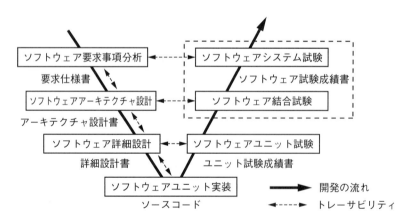

■図 2.3　ソフトウェア開発の V 字モデル

---

†1　開発のライフサイクルとは開発の一連の工程全体を言います．

■ 表 2.9　ソフトウェア開発ライフサイクルモデルの例

ウォーターフォールモデル（ワンススルー（once-through）モデル）
顧客ニーズの決定，要求事項の定義，システムの設計，システムの実装，試験，修理，および出荷開発プロセスを一度実施するモデルです．
繰返し（Incremental）モデル
最初に顧客ニーズの決定およびシステム要求事項の定義付けを行います．その後，計画した仕様の一部を最初の版（build）で組み込みます．次の版（build）でさらに仕様を追加し，システム完成に至るまで繰り返します．
進展的（Evolutionary）モデル
繰返しモデルと同様に版（build）で開発を管理していきますが，開発の初期段階でユーザの要求を完全に明確化できない場合に適用します．顧客ニーズおよびシステム要求事項の定義を版ごとに追加，変更していくところが繰返しモデルと異なります．

［出典］JIS T 2304：2017（IEC 62304：2006, Amd.1：2015），医療機器ソフトウェア－ソフトウェアライフサイクルプロセス，日本規格協会，p.32，内容を要約．

2.6　安全規格が要求するソフトウェアアーキテクチャ設計と設計のトレーサビリティ

IEC 62304 では，ソフトウェアの設計で安全性を確保していくために，ソフトウェアを分割して，分割したそれぞれの部分のソフトウェア安全クラスを明確にし，その安全クラスに従ってソフトウェアの開発を管理することを要求しています．ソフトウェアシステムの分割イメージを図 2.4 に示します．

ソフトウェア安全クラスの分類は以下の通りです．

　安全クラス（再掲）

　　クラス A：負傷又は健康障害の可能性はない．

　　クラス B：重傷の可能性はない．

　　クラス C：死亡又は重傷の可能性がある．

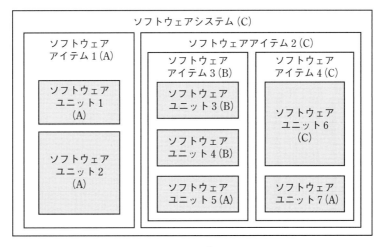

■ 図 2.4　ソフトウェア分割のイメージ

機器の安全クラスがCであれば，ソフトウェアシステムの安全クラスはCとなります．ただし，ハードウェアリスクコントロール手段によりリスクを低減できる場合は，低減した安全クラスとすることができます．

ソフトウェアシステムを構成するソフトウェアアイテムは，ソフトウェアシステムの安全クラスを継承します．そのソフトウェアアイテムを構成するソフトウェアアイテムも，上位のソフトウェアアイテムの安全クラスを継承します．ただし，ソフトウェアアイテムが別のソフトウェア安全クラスに分類することができる正当な根拠を文書で示せば安全クラスを変更することができます．最下位のそれ以上分割できないソフトウェアアイテムはソフトウェアユニットとします．

以上のルールによる，図2.4のソフトウェアアイテムの安全クラス決定のイメージは**図2.5**の通りです．図の（A），（B），（C）は安全クラスを表します．

規格では，多くの管理プロセスについても規定していますが，本書では，仕様書，設計書，ソースコード，試験成績書などのプロセスアウトプット間の論理的整合性を確保するうえで直接的に関わる，アーキテクチャ設計とトレーサビリティを解説します．

アーキテクチャ設計とトレーサビリティを組み合わせると，この節で説明したソフトウェアの分割とリスクとの関連づけが適切に行えるようになります．また，安全性に関わるリスクがソフトウェアの仕様から構造設計，詳細設計，プログラム，試験のどの項目に関連するのか特定しやすくなり，双方向に追跡できるようになります．これにより，安全性に関わるリスクに関して設計や試験の漏れがないかを確認できるとともに，重点を付けた設計検証ができます．また，顧客要求の変化による仕様変更やバグ修正によるプログラムの変更におい

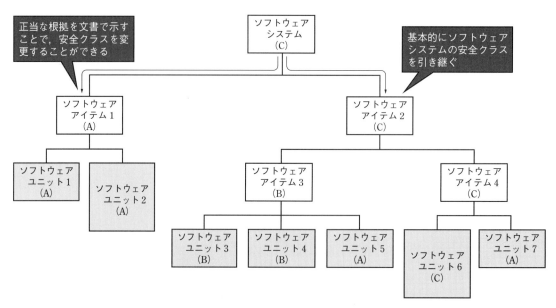

■ 図2.5 ソフトウェアアイテムの安全クラス決定のイメージ

て，影響する設計や試験の範囲が明確にでき，変更が安全性に関わるリスクへ影響しないか確認できるようになります．

ソフトウェアアーキテクチャ設計とは，ソフトウェアシステムをソフトウェアアイテム（ソフトウェアユニットを含む）に分割し，ソフトウェアアイテム間およびソフトウェアアイテムとハードウェアアイテム間のインタフェースでソフトウェアの構造を表すことです．インタフェースとは2つの機能要素の間で共有される境界部分で，ここでは，アイテム間で交わされる情報（関数の引数や戻り値，共有変数）や関数呼出し（割込み含む）などになります．

ソフトウェアアーキテクチャ設計の詳細は後の章で説明しますが，ソフトウェアアーキテクチャ設計図の例を図 2.6 に示します．

既に述べたように，ここで言うトレーサビリティとは，安全に関わるリスクから安全性に関係する仕様を含むソフトウェア要求仕様，ソフトウェアアーキテクチャ設計，ソフトウェア詳細設計，ソースコード，ソフトウェア単体試験，ソフトウェアシステム試験の各設計要素間の設計のトレーサビリティを言います（図 2.7 および図 2.8）．

図 2.7 にモジュールと処理という単語がでてきます．後の章で述べますが，本書では，ソフトウェアシステムを構成する単一機能を持つソフトウェアアイテムをファイルとし，モジュールと呼ぶことにします．また，ソフトウェアユニットに対応するものを，処理とデータの集合体である関数とします．

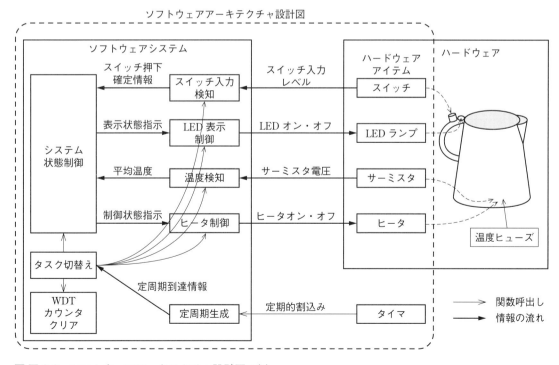

■ 図 2.6　ソフトウェアアーキテクチャ設計図の例

第 2 章　ソフトウェアの安全性確保の考え方

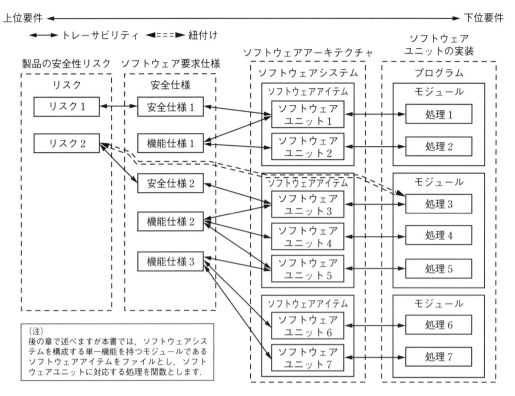

■ 図 2.7　開発成果物のトレーサビリティの概念図

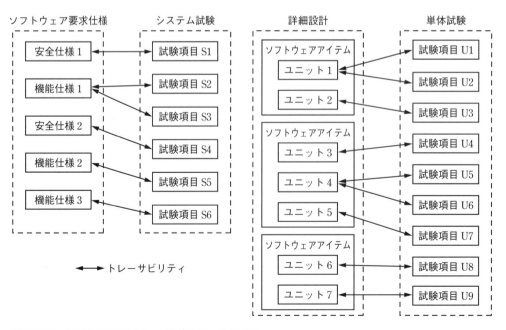

■ 図 2.8　設計と試験のトレーサビリティの概念図

CHAPTER 3

ソフトウェア開発の効率化と信頼性向上

　この章では，IEC 62304 や ISO 26262 などが要求するソフトウェアアーキテクチャ設計および設計のトレーサビリティを導入することでソフトウェア開発の効率化と信頼性向上が図られることを説明します．

　まず，ソフトウェア開発で発生する問題と，ソフトウェアアーキテクチャ設計および設計のトレーサビリティを導入することの効果を説明します．そして，ボトムアップ型設計で陥りやすい問題の例とソフトウェアアーキテクチャ設計によるトップダウン型設計の例を示します．最後にソフトウェアアーキテクチャ設計および設計のトレーサビリティの適用によるソフトウェア開発の効率化と信頼性向上の例を示します．

3.1　ソフトウェア開発における課題

　ソフトウェア開発における課題にプログラムの複雑化と試験の漏れによるバグの潜在化があります．ソフトウェアはどのような作り方をしても，とりあえず動作するものはできます．実行順序が複雑に絡まったスパゲッティのようなプログラムでも，徹底的な試験をしてバグを除去すればある程度動作するものはできます．しかし，複数の処理や機能が複雑に絡み合うため，ある処理や機能が他の処理や機能に悪影響を及ぼすことが原因で，バグが潜伏するリスクが大きくなります．ソフトウェア要求仕様が複雑な場合は，各仕様がプログラムのどの部分に対応するのかが確認しづらいため，要求される仕様が漏れてしまうこともあります．

　プログラムが複雑化すると，プログラムの修正・追加で，他の処理や機能への影響を把握するのに時間がかかり，多大な労力がかかります．開発を担当した本人でも，市場にリリースされて時間が経つと市場トラブルによるプログラム修正や，それをベースとしたプログラムの修正・追加による新商品の機能アップの開発では大変な労力を費やすことになります．転勤や部署の配置換えで設計を引き継いだ担当者は，さらに苦労することになります．そのような開発では，設計ドキュメントが整備されていないことも多く，ソースコードやそのコメントから解読するという事態になる場合もあります．場合によってはプログラムを一から作り直したほうが早いこともあります．

　スパゲッティプログラムと言うほどではなくても，構造化設計をせずにプログラムを作成すると，ソースコードが複雑化し，潜在バグのリスクが増大し，ソフトウェアの追加・修正の労力が増大します．最初は整然と作られたプログラムでも仕様追加や変更，バグ修正を重ねるうちにスパゲッティプログラムのようになることもあります．

■ 図3.1　スパゲッティプログラム

　ここでプログラムが複雑化する例として，機能が混在するプログラムを**ソースコード3.1**に示します．C言語に馴染みがない方のために，このソースコードと，次のソースコードの処理内容，C言語の基本的な文法などの解説をオーム社のWebサイトの「ソースコードの説明」に掲載しましたので，参考にしてください．また，これらのプログラムは，おもちゃの二足歩行ロボットの制御基板で実行できます．

　このプログラムは，スイッチを押すごとにLEDが消灯，点灯，点滅と切り替わるものです．

■ ソースコード3.1　機能が混在するプログラムの例

```
/* main.c */

/* 特殊機能レジスタ (SFR) へのアクセス記述を使用する */
#include "iodefine.h"

/* 12 ビット・インターバルタイマ割込み処理割付け */
#pragma interrupt it_interrupt(vect = INTIT)

#define ONOFF_TIME_05S 100U          /* LED点滅時間：ONとOFF各0.5秒 */

static unsigned char flag_5ms = 0U;  /* 5ms経過フラグ */
void main(void);                     /* 関数プロトタイプ宣言 */
void main(void){
    __DI();                          /* 割込みを禁止する */

    /* ポートの設定 (P121: 入力 (スイッチ), P14: 出力 (LED)) */
    P1_bit.no4 = 1U;                 /* ポート14の出力をHigh(1)に設定 */
    PMC1_bit.no4 = 0U;               /* ポート14をディジタル入出力に設定 */
    PM1_bit.no4 = 0U;                /* ポート14を出力に設定 */

    /* インターバルタイマの設定（5ms周期） */
```

3.1 ソフトウェア開発における課題

```c
    TMKAEN = 1U;                              /* クロック供給 */
    /* 低速オンチップオシレータクロック（fIL）供給 */
    OSMC = 0x10U;
    ITMC = 0x004AU;                           /* 割込み周期 5ms = [1/15kHz] × (74 + 1) */
    TMKAMK = 1U;                              /* INTIT 割込みの禁止 */
    TMKAIF = 0U;                              /* INTIT 割込み要求フラグのクリア */
    TMKAPR0 = 1U;                             /* INTIT の割込み優先順位をレベル3に設定 */
    TMKAPR1 = 1U;                             /* （最低優先順位） */

    /* インターバルタイマ開始 */
    TMKAIF = 0U;                              /* INTIT 割込み要求フラグのクリア */
    TMKAMK = 0U;                              /* INTIT 割込みの許可 */
    ITMC |= 0x8000U;                          /* カウンタ動作開始 */

    __EI();                                   /* 割込みを許可する */

    while(1){                                 /* メインループ */
        static unsigned char switch_tmp = 1U;     /* スイッチ入力の1次記憶値 */
        static unsigned char switch_level = 1U;   /* スイッチ入力の確定値 */
        static unsigned char f_led_blink = 0U;    /* 点滅状態フラグ */
        static unsigned int counter_5ms = 0U;     /* 点滅用カウンタ (5ms 単位 ) */

        /* 5ms 周期となるように待つ */
        while(flag_5ms == 0U){                /* 5ms 経過していなければループ */
        }
        flag_5ms = 0U;                        /* フラグをクリア */
        switch_tmp = (switch_tmp << 1) + P12_bit.no1;   /* スイッチ入力の取込み */
        if(switch_tmp == 0xFFU){              /* スイッチ入力8回連続1の場合 */
            switch_level = 1U;                /* スイッチレベル1の確定 */
        }else if(switch_tmp == 0x00U){        /* スイッチ入力8回連続0の場合 */
            if(switch_level == 1U){           /* スイッチ押下（前回 OFF） */
                if(f_led_blink == 1U){        /* LED 点滅の場合は消灯にする */
                    f_led_blink = 0U;         /* LED 点滅フラグ OFF */
                    P1_bit.no4 = 1U;          /* LED 消灯 */
                }else if(P1_bit.no4 == 1U){   /* LED 消灯の場合は点灯にする */
                    f_led_blink = 0U;         /* LED 点滅フラグ OFF */
                    P1_bit.no4 = 0U;          /* LED 点灯 */
                }else{                        /* LED 点灯の場合は点滅にする */
                    f_led_blink = 1U;         /* LED 点滅フラグ ON */
                    counter_5ms = 0U;         /* 点滅用カウンタをクリア */
                }
            }
            switch_level = 0U;                /* スイッチレベル0の確定 */
        }
        if(f_led_blink == 1U){                /* 点滅の実行 */
            if(counter_5ms > 0U){             /* カウンタが0より大きければ */
                counter_5ms = counter_5ms - 1U;   /* カウンタをカウントダウン */
            }else{                            /* カウンタが0になったら */
                P1_bit.no4 = ~P1_bit.no4;     /* LED 出力を反転（消灯⇔点灯）*/
                counter_5ms = ONOFF_TIME_05S; /* カウンタを0.5秒に設定 */
            }
        }
    }
}

/* インターバルタイマ割込み処理（5ms 周期）*/
static void it_interrupt(void){
    flag_5ms = 1U;                            /* 5ms 経過ごとにフラグを立てる */
}
```

①

33

第 3 章　ソフトウェア開発の効率化と信頼性向上

①で示した部分でスイッチ入力機能，状態制御機能，LED 表示制御機能が混在しています．

ソースコード 3.1 のメインループの部分を機能別の記述に変えると**ソースコード 3.2** のようになります．

■ **ソースコード 3.2　機能別の記述に変えたプログラムの例**

```
while(1){
/* メインループ */
    static unsigned char switch_tmp = 1U;              /* スイッチ入力の 1 次記憶値 */
    static unsigned char switch_level = 1U;            /* スイッチ入力の確定値 */
    static unsigned char switch_level_before = 1U;     /* 前回のスイッチ入力の確定値 */
    static unsigned char flag_switch_on = 0U;          /* スイッチ押下フラグ */
    static unsigned int counter_5ms = 0U;              /* カウンタ (5ms 単位 ) */

    enum STATELED {LED_OFF = 0,LED_ON,LED_BLINK};      /* LED の状態の列挙を宣言 */
    static enum STATELED e_state_led = LED_OFF;        /* LED の状態変数を定義し消灯に */

    /* 5ms 周期となるように待つ */
    while(flag_5ms == 0U){                             /* 5ms 経過していなければループ */
    }
    flag_5ms = 0U;                                     /* フラグをクリア */

    /* チャタリング除去 */
    switch_tmp = (switch_tmp << 1) + P12_bit.no1;      /* スイッチ入力の取込み */
    if(switch_tmp == 0xFFU){                           /* スイッチ入力 8 回連続 1 の場合 */
        switch_level = 1U;                             /* スイッチレベル 1 の確定 */
    }else if(switch_tmp == 0x00U){                     /* スイッチ入力 8 回連続 0 の場合 */
        switch_level = 0U;                             /* スイッチレベル 0 の確定 */
    }

    /* スイッチ押下判定 */
    if(switch_level != switch_level_before){           /* スイッチ確定レベルが変化 */
        switch_level_before = switch_level;            /* 前回スイッチレベルの更新 */
        if(switch_level == 0U){                        /* High から Low に変化 */
            flag_switch_on = 1U;                       /* スイッチ押下確定 */
        }
    }

    /* 状態制御 */
    switch(e_state_led){                               /* LED の状態 */
        case LED_OFF:                                  /* 消灯の場合 */
            if(flag_switch_on == 1U){                  /* スイッチ押下 */
                flag_switch_on = 0U;
                e_state_led = LED_ON;                  /* LED の状態を点灯へ */
            }
            break;
        case LED_ON:                                   /* 点灯の場合 */
            if(flag_switch_on == 1U){                  /* スイッチ押下 */
                flag_switch_on = 0U;
                counter_5ms = 0U;                      /* 点滅用カウンタをクリア */
                e_state_led = LED_BLINK;               /* LED の状態を点滅へ */
            }
            break;
        case LED_BLINK:                                /* 点滅の場合 */
            if(flag_switch_on == 1U){                  /* スイッチ押下 */
```

34

```c
                    flag_switch_on = 0U;
                    e_state_led = LED_OFF;              /* LED の状態を消灯へ */
                }
                break;
            default:
                break;
        }

        /* LED 表示制御 */
        switch(state_led){                          /* LED の状態 */
            case LED_OFF:                           /* 消灯の場合 */
                P1_bit.no4 = 1U;                    /* LED 消灯 */
                break;
            case LED_ON:                            /* 点灯の場合 */
                P1_bit.no4 = 0U;                    /* LED 点灯 */
                break;
            case LED_BLINK:                         /* 点滅の場合 */
                /* 0.5秒ごとに LED の点灯・消灯を切り替える */
                if(counter_5ms > 0U){               /* カウンタが0より大きければ */
                    /* カウンタをカウントダウン */
                    counter_5ms--;
                }else{                              /* カウンタが0になったら */
                    /* LED 出力を反転（消灯⇔点灯） */
                    P1_bit.no4 = ~P1_bit.no4;
                    /* カウンタを0.5秒に設定 */
                    counter_5ms = ONOFF_TIME_05S;
                }
                break;
        }
    }
}
```

ソースコード 3.2 では，①スイッチ入力機能（チャタリング除去[†1]・スイッチ押下判定），②状態制御機能，③LED 表示制御機能に分離しました．

　ここで示したプログラムは完全なアーキテクチャ設計に基づくプログラムにはなっていません．しかし，機能別に分離するとプログラムが分かりやすくなることは理解いただけるのではないでしょうか．そして，各機能が独立しているために，ある機能の修正による他の機能への悪影響を考慮する必要が少ないこともお分かりいただけるでしょう．プログラムがとても短いので機能を分離するメリットが実感しにくいですが，大きなサイズのプログラムになると，機能ごとに独立して論理を組み立ててプログラミングできることは，とても大きな利点となります．これをさらに推し進めたものが，アーキテクチャ設計です．

　もう一つ，ソフトウェアの潜在バグのリスクを増大させるものに，試験の漏れがあります．試験はソフトウェアの実際の動作を確認することによる設計検証です．そのため，試験では，ソフトウェア要求仕様やソフトウェア詳細設計などの設計項目に対応して試験項目が作成さ

---

†1　チャタリングとは，スイッチやリレーの接点が開閉するときに，短い期間にオン・オフを繰り返す現象を言います．機械的構造やスイッチの押し方などで異なりますが，長いものでは数十 ms になることもあります．マイコンは処理速度が速いので，チャタリングが発生しますとスイッチが複数回押されたと判断し処理をしますので，スイッチを操作した人にとって思いがけない動作となることがあります．そのチャタリングの影響を防止する処理がチャタリング除去の処理です．

れます.

　設計現場ではほとんどの場合，当初設計した設計項目に対して，対応する試験項目は設定し，実施できています．しかし，仕様変更やバグ修正などでプログラムを変更した際に，その変更により予想外の影響が現れていないか確認する回帰試験[†1]で，影響範囲の特定が不十分となり，試験の実施が漏れてしまうことがあります．また，仕様変更で，新規試験項目の設定が漏れてしまうこともあります.

　ソフトウェア要求仕様や設計の各項目と試験の各項目とのトレーサビリティを確保すると，仕様や設計項目の変更がどの試験項目と関連するのかが明確になります．そのため，ある仕様や設計項目の変更が，直感的には思いもよらない試験項目に影響を与えている場合でも，その試験項目を特定でき，試験の実施漏れを防止することができます.

　以上のように設計現場の課題を解消するのが，ソフトウェアアーキテクチャ設計，および，設計のトレーサビリティです．次の節以降で，それらの利点について説明します.

❖メインループの定周期化について

　本サンプルプログラムではメインループを定周期にしていますが，必ずしもメインループを定周期にする必要はありません．しかし，定周期にすることで個別に処理のタイミングを，別途作成しなくてもよくなります．そのため，メインループを定周期にすることがよく行われます.

　周期は，数 ms から数十 ms の間にすることが多いようです．処理間隔が長すぎると，操作に対する応答が遅くなり操作する人に操作性が悪いという印象を与えます．処理間隔が短すぎると，処理間隔以内にメインループの処理が終わらず，周期が伸びてしまい，メイン周期でタイミングをとっている処理のタイミングがずれてしまいます．例えば，時間をメイン周期で計数し計測する処理では，タイマの時間がずれてしまうことがあります.

　メインループを定周期にする方法はいくつかありますが，ここでは，定周期で割込みをする 12 ビット・インターバルタイマを使用します．割込み処理では 5 ms ごとにフラグを立てます（1 にする）．メインループの先頭ではフラグが 0 の間は待機し，フラグが 1 になったらクリアし（0 にする），メインループ内の処理を実行するようにします．処理が完了すれば再びメインループの先頭で待機します．このようにして，5 ms ごとにメインループ内の処理を実行することができます．**図 3.2** にメイン処理と割込み処理のフローチャートを，**図 3.3** にメイン処理と割込み処理の実施タイミングを示します.

❖割込み処理について

　割込み処理は，メインループとは別に，タイマのタイムアップや通信の受信完了などのイベントにより一時的に割り込んで実行する処理です．ワンチップマイコンの多数ある周辺回路の機能として実行されます.

[†1] 回帰試験とは，ソフトウェアの変更によって，変更が正しく行われたかと，変更によって他の部分に悪影響を及ぼしていないかを試験するものです．ソフトウェアの変更によって，思いもよらない部分に不具合を発生させる場合があるからです.

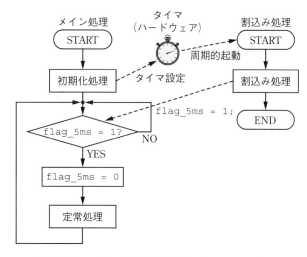

■図3.2　メイン処理と割込み処理のフローチャート

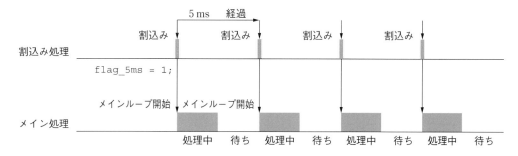

■図3.3　メイン処理と割込み処理の実施タイミング

　割込み処理は，イベントに対して素早く処理する（数 μs 程度以内）ことが要求される処理に適用します．そうでない処理は，メインループで処理するようにしたほうがよいでしょう．割込みを多用すると，割込み処理が頻発して，他の処理の実行を妨げたり，割込み処理とメイン処理や異なる割込み処理同士間で共通に使用する変数の処理などで，トラブルが発生したりするリスクが増加するからです（トラブルの例：メイン処理が該当変数を処理している途中で割込み処理がその変数を書き換えてしまって，メイン処理の演算結果が不正になる）．

　また，割込み処理に時間をかけすぎると，他の処理の実行が遅れるなどの悪影響を及ぼすことがありますので，割込み処理では必要最小限の処理にします．

3.2　ソフトウェアアーキテクチャ設計および設計のトレーサビリティの効果

　前節で述べたように，プログラムの複雑化や試験の実施漏れによる潜在バグのリスクを大

第3章　ソフトウェア開発の効率化と信頼性向上

きく低減するのが，ソフトウェアアーキテクチャ設計および設計のトレーサビリティです．

　ソフトウェアアーキテクチャ設計ではソフトウェアシステムを独立性の高い機能ごとのソフトウェアアイテムに分割します．アイテムはさらにアイテムに分割することもありますが，これ以上分割できないアイテムをソフトウェアユニットとします．ユニットは詳細設計の実施単位となり，その詳細設計をもとにユニット単位のコーディングが行われます．一方，ハードウェアを機能ごとにまとめたものをハードウェアアイテムとします．ソフトウェアおよびハードウェアのアイテム間はインタフェースを通してのみ関係します．インタフェースは変数による情報の受渡しや関数呼出しです（関数の引数，戻り値もインタフェースです）．

　このようにすることで，処理・機能の独立性が高くなり，アイテム相互の影響が抑えられます．その結果，以下のような効果が得られます．

- ソフトウェア設計の全体像およびソフトウェアの各部分の役割と働きが明確になる．
- ソフトウェアの複雑化が抑えられ，コーディングの負荷が減る（ソフトウェアの各部分が他の部分へ影響することを考慮する必要が減る）．
- ソフトウェアの複雑化が抑えられ，バグが潜む可能性が低くなる．
- 機能やハードウェアの追加・変更がアイテムの追加・変更でできるようになる．
- ソフトウェアアイテムの汎用性が高くなり，アイテムを部品のように他の機器に転用することができるようになる．

　ソフトウェアの設計のトレーサビリティには，設計を要求仕様からソースコードへ段階的にブレークダウンしていく途中の設計成果物の各要素同士のつながりを示すものと，各設計成果物の各項目とそれを検証する試験項目とのつながりを示すものとがあります．

　トレーサビリティを明確にすることで，以下のような効果が得られます．

- 仕様変更によるソースコードの変更部分を特定できる．
- ソースコード変更による仕様や他のソースコードへの影響部分を特定し，悪影響の有無や変更の妥当性が確認できる．
- 要求仕様のユニットへの反映漏れや試験の設定，実施漏れが防止できる．

3.3　設計現場でのソフトウェア設計

　アーキテクチャ設計とトレーサビリティは，設計をブレークダウンしていく過程の方策とつながりを示すものですが，一般的に，ソフトウェアの設計をブレークダウンしていく過程とはどのようなものでしょう．ソフトウェアは，設計文書が作成されるか否かに関わりなく，以下のような手順に従い開発しているはずです．

- 安全性に関する要求を含めシステム要求仕様とハードウェアを含めたシステム構成からソフトウェア要求仕様を作成する．
- ソフトウェア要求仕様を達成するためにソフトウェアを構成要素に分割する．

- ソフトウェアの構成要素間の関係であるインタフェースを決める.
- 各構成要素の詳細（処理の内容，入力，出力など）を設計する.
- 詳細設計に基づき各構成要素（関数など）をコーディングする.
- 詳細設計通りであるか試験する.
- ソフトウェアの仕様通りであるか試験する.
- ソフトウェアの使用性や堅牢性（robustness）を確認する.

この手順は，第2章で説明したプロセスとほぼ同じになります.

ところで，上記手順のうちで，ソフトウェアを構成要素に分割し，インタフェースを決めるところが文書化されないのはなぜでしょう．設計文書を残すことは非常に労力（コスト）のかかる作業です．製品の開発においては開発納期を厳守することも重要です．そのため，規格などで規定されていない製品の開発においては，ソフトウェア開発プロセスの一部の工程の文書作成を省略してしまうことが発生しがちです．ソフトウェア要求仕様書やソフトウェア試験成績書は規格で規定されていない開発においても整備されているはずですが，その他の文書は文書化されず，設計の過程が開発担当者の頭の中にのみ残されることになります．また，設計現場では，早い時期に設計妥当性の見込みを確認できるように，部分的な動作確認ができるボトムアップ型の設計になりがちです．ボトムアップ型の設計ではソフトウェアの分割が適正に行われず，処理や機能がアイテム間で入り組んだ設計となり，スパゲッティプログラムで発生するような問題が起こりがちになります.

以下にボトムアップ型設計とトップダウン型設計の例を示します.

例えば，LCDで温度を表示する加熱制御機器のソフトウェアを作ることになったとします.

ハードウェアは加熱開始・停止を操作するスイッチと，加熱するヒータと，温度検知するサーミスタなどからなるとします.

ボトムアップ型の設計

最初のステップで，加熱動作を確認したいので，スイッチ操作により温度を検知してヒータをオン・オフするヒータ制御ユニット（関数）を作成し，温度制御をできるようにします（**図 3.5**）．次のステップで，温度表示のためにLCD表示制御ユニット（関数）を追加作成し，温度表示をできるようにします（**図 3.6**）．ところが，温度制御の変動が大きいのでサーミスタをI^2C通信の精密温度センサに変更し，ヒータ制御をPWM制御に変更することになったとします（**図 3.7**）.

すると，ヒータ制御ユニット（関数）は，スイッチ入力確定判定，I^2C通信，ヒータ制御，システム状態の制御などの複数の機能を集中して処理しなければならなくなり，とても複雑になります．いわゆるスパゲッティプログラムのようになる可能性がでてきます.

状況としては，ソースコード3.1のようなプログラムのようになります．すると，

例えばI²C通信の機能変更が，ヒータ制御やシステム状態の制御などの他の機能へ悪影響を及ぼし，変更したところ以外の機能にも不具合が発生するということが起こりかねません．つまり，以前のソフトウェアよりもソフトウェア全体の品質が劣化する，いわゆるデグレードです．

■図3.4　いわゆるバグのもぐらたたき状態に…

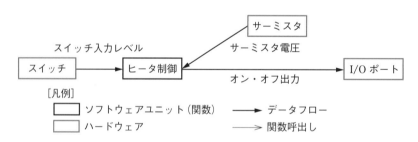

■図3.5　ボトムアップ型設計の当初設計

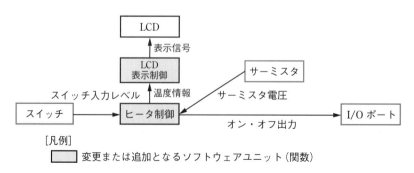

■図3.6　ボトムアップ型設計の表示機能追加

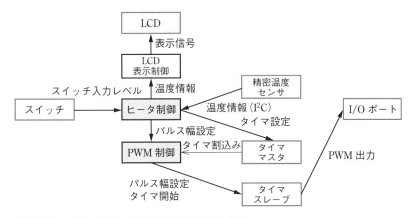

■ 図3.7　ボトムアップ型設計の温度変動改善

トップダウン型の設計

　最初のステップで，ハードウェア制御とシステムの状態制御を分離し，システムを構成する機能を抽出します．次に，単一機能の複数のユニットとデータフローなどを明確にし，システムを構成します．そして，各ユニットの詳細設計をしていきます．すると，開発過程で変更・追加は対象機能のユニットの追加と関連するユニットのみにでき，各ユニットの処理は単純となり，複雑化も抑えられます．

　トップダウン型の設計では，ソフトウェアの機能割付けが計画的に行われ，それぞれの機能は独立性が高くソースコードに割り付けられますので，機能が互いに干渉し合うことが少なく，ボトムアップ型の設計にあるようなデグレードも防止することができます．トップダウン型設計のソフトウェア構造を図3.8～図3.10に示します．

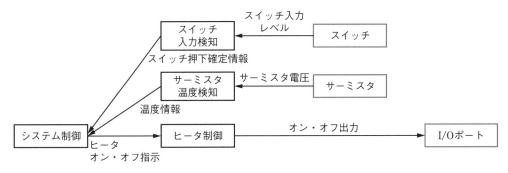

■ 図3.8　トップダウン型設計の当初設計

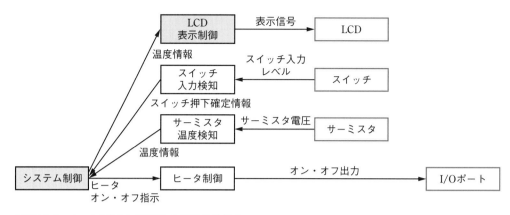

■図3.9　トップダウン型設計の表示機能追加

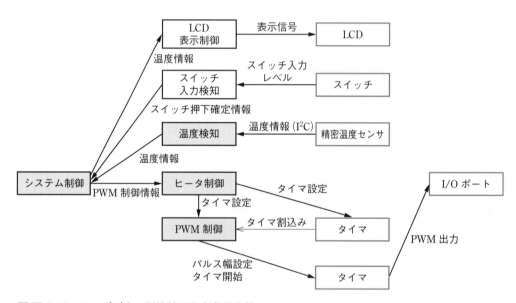

■図3.10　トップダウン型設計の温度変動改善

　本事例では，システムがとても単純なのでメリットが分かりにくいかも知れませんが，システムが複雑になると非常に大きな差がでてきます．開発のライフサイクル全体の効率やソフトウェアの信頼性，ソフトウェアの保守や将来の新商品でのソースコードの再利用という観点で見れば，トップダウン型のアーキテクチャ設計は非常に有効な設計手法です．

　安全性が非常に重視される分野（自動車，医療機器）で，安全要求レベルが高い機器の開発では，ソフトウェアアーキテクチャ設計，および，設計のトレーサビリティが必須となっています．医療機器や車載搭載機器では規格などによりソフトウェアで安全性を確保するための方策が規定されていますが，その他の製品の開発でも，ソフトウェアアーキテクチャ設計図を作成するだけでも，既に説明したように，開発の効率化と信頼性の向上が図られるで

■ 図 3.11 構造は初めにちゃんと考えよう

しょう．トレーサビリティを手作業で確保することは非常な労力を必要とします．最近はトレーサビリティツールが整備されてきていますから，ツールの導入を検討するとよいでしょう．

3.4 ソフトウェアアーキテクチャ設計による設計の効率化

　ソフトウェアアーキテクチャ設計でソフトウェア開発が効率化されることを，電気ケトル（やかん）を例として説明します（**図 3.12**）．このソフトウェアの構造を従来の設計ツールであるフローチャートで表してみます（**図 3.13**）．これでもある程度の構造を表すことができます．しかし，各モジュール間の情報の流れやハードウェアとの関係を表現することができません．

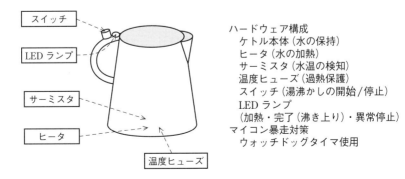

■ 図 3.12 電気ケトルのイメージ

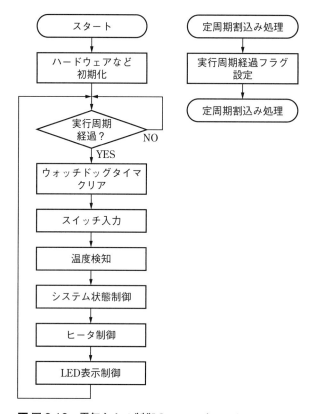

■ 図 3.13 電気ケトル制御のフローチャート

　次に，ソフトウェアアーキテクチャ設計図を示します（**図 3.14**）．ソフトウェアアーキテクチャ設計図では次のように設計全体が把握しやすくなります．

- ソフトウェアに必要な機能の構成（ソフトウェアの分割）を見渡すことができる．
- ハードウェアとの関係を明確にできる（ハードウェアを一元管理できる）．
- アイテム間の情報の流れを明確にできる（アイテム間の関係が明確になる）．

　それでは，機能変更の場合，ハードウェア変更の場合，ハードウェア追加の場合にアーキテクチャ設計図で，ソフトウェア変更がどの部分になるのか見分けられるようになることを説明します．

　最初に，機能変更の場合の例を示します．図 3.14 のシステムは保温機能がありませんでした．保温機能を追加した場合のソフトウェアアーキテクチャ設計図は**図 3.15** のようになります．灰色で網掛けした部分が変更箇所です．保温機能が必要ですから，ヒータ制御に保温機能を追加します．温度を一定に保つためには温度情報が必要ですから，システム状態制御とのインタフェースに平均温度を追加します．また，ヒータの制御状態指示に保温指示の追加も必要です．このように，システム状態制御の一部とヒータ制御の変更のみでシステムに保温機能が追加できます．

3.4 ソフトウェアアーキテクチャ設計による設計の効率化

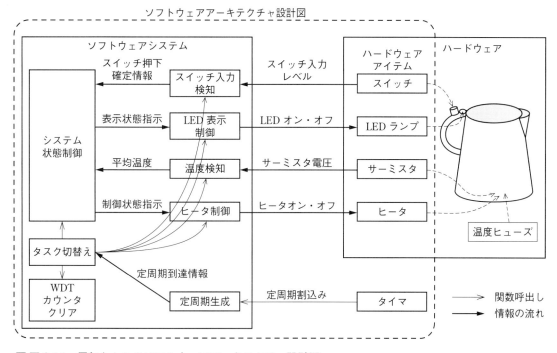

■図3.14 電気ケトルのソフトウェアアーキテクチャ設計図

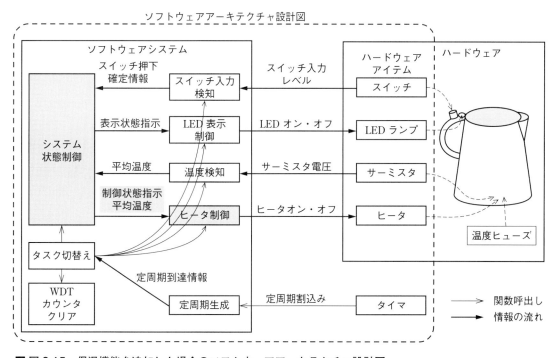

■図3.15 保温機能を追加した場合のソフトウェアアーキテクチャ設計図

45

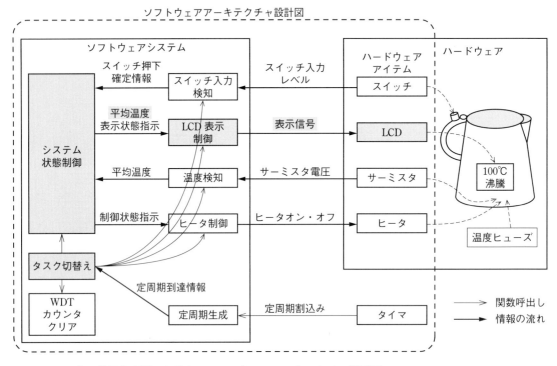

■ 図 3.16　表示装置を変更した場合のソフトウェアアーキテクチャ設計図

　次に，ハードウェア変更の場合の例を示します．LED を LCD に変更した場合のソフトウェアアーキテクチャ設計図は**図 3.16** のようになります．LCD 表示では温度と現在の状態を表示することにします．灰色で網掛けした部分が変更箇所です．LED 表示を LCD 表示に変えますから，LED 表示制御モジュールは LCD 表示制御モジュールに変えます．ハードウェアコンポーネントが変わるので，表示装置とのインタフェースが変わります．温度を表示することにしましたから，システム状態制御とのインタフェースに平均温度を追加します．そのため，システム状態制御の一部を変更します．タスク切替え（メイン処理）が呼出す LED 表示制御が LCD 表示制御に変わります．つまり，タスク切替えとシステム制御の一部と LCD 表示制御の変更で LCD 表示が追加できます．

　さらに，ハードウェア追加の場合の例を示します．基本のシステムから，LED はそのままに LCD を追加し，温度を表示することにします．LCD を追加した場合のソフトウェアアーキテクチャ設計図は**図 3.17** のようになります．灰色で網掛けした部分が変更箇所です．LCD を追加しますから，ハードウェアコンポーネントを追加し，LCD 表示制御モジュール，LCD とのインタフェース，システム状態制御とのインタフェースを追加します．モジュールが追加されますからタスク切替えの関数呼出しも追加します．つまり，タスク切替えとシステム状態制御の一部と LCD 表示制御の追加で LCD 表示が追加できます．

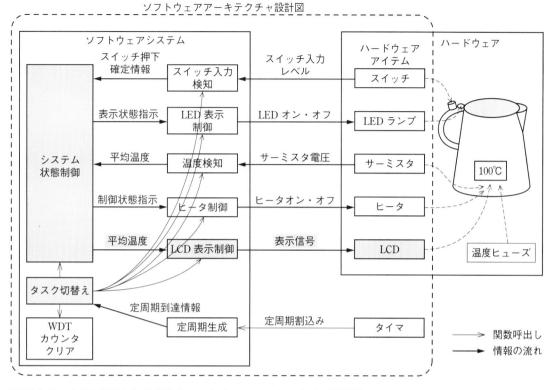

■ 図3.17　LCDを追加した場合のソフトウェアアーキテクチャ設計図

　以上のように，ソフトウェアアーキテクチャ設計を用いることで，処理・機能の独立性が高くなり，アイテム相互の影響が抑えられ，機能やハードウェアの追加・変更が容易に行えるようになり，ソフトウェア設計が効率化されることが分かります．

3.5　トレーサビリティによる品質リスクの低減

　トレーサビリティを確保することで，要求仕様を変更した場合やソースコードを修正した場合に影響箇所が特定できることを示します．

　最初に，仕様変更による設計への影響範囲をトレーサビリティで特定する例を示します．図3.18で，機能仕様1を変更したとします．すると，ソフトウェアユニット1〜2を変更する可能性があります．それらを構成する処理1〜2も変更する可能性もあります．ソフトウェアユニット1を変更すれば，安全仕様1，リスク2に影響を及ぼす可能性が出てきます．つまり，機能仕様1の変更による影響範囲は灰色に網掛けした部分になります．灰色に網掛けした部分が，悪影響の有無や変更の妥当性を確認する箇所となります．

　機能仕様の変更によってソフトウェアユニットや処理を追加する必要があれば，当然それ

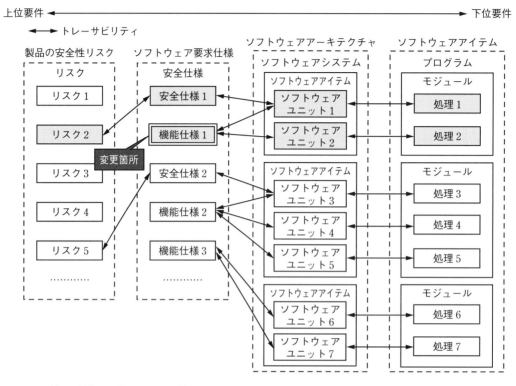

■ 図 3.18　機能仕様 1 の変更による影響範囲

らも影響範囲となりますし，新たに追加したソフトウェアユニットが他のリスクに影響を及ぼさないかリスクアセスメントをする必要が出てきます．

　ソースコードの変更による設計への影響範囲をトレーサビリティで特定する例を示します．**図 3.19** で，処理 1（関数）を変更したとします．すると，ソフトウェアユニット 1 が影響を受ける可能性があります．それを規定する安全仕様 1，機能仕様 1 が影響を受ける可能性があります．安全仕様 1 が影響を受ければリスク 2 が影響を受ける可能性があります．つまり，処理 1 の変更による影響範囲は灰色に網掛けした部分になります．灰色に網掛けした部分が，悪影響の有無や変更の妥当性を確認する箇所となります．リスク 2 が影響を受けますので，変更したソフトウェアユニットがリスクに影響を及ぼさないかリスクアセスメントをする必要も出てきます．

　もし，処理 1 の変更によって上流の設計要素を変更することになれば，その設計要素の下流の設計要素の影響も再確認する必要が出てきます．例えば，ソフトウェアユニット 1 を変更し，機能仕様 1 も変更したとします．すると，その影響でソフトウェアユニット 2 を変更する必要がないか確認する必要が出てきます．ソフトウェアユニット 2 が変更になれば，処理 2 も見直す必要が出てきます．

3.5 トレーサビリティによる品質リスクの低減

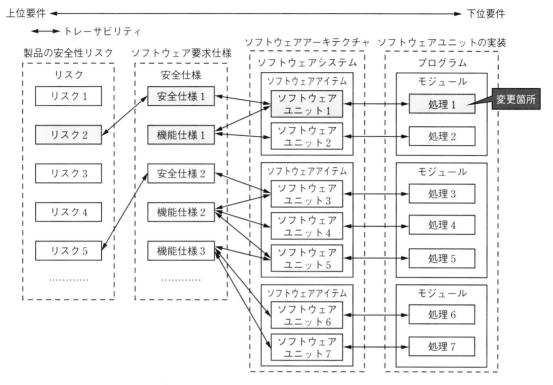

■ 図 3.19 ソースコードの変更による影響範囲

　以上のように，要求仕様の変更やソースコードの修正で影響範囲が特定できれば，その影響範囲にあるソフトウェア要求仕様またはソフトウェア詳細設計の設計項目とトレーサビリティが確立された試験項目を見直し，試験を実施することにより，変更の妥当性が確認できます．

　図 3.18 で示したように，機能仕様 1 を変更した場合に確認が必要となる仕様と試験項目は**図 3.20** の灰色に網掛けした部分となります．図 3.19 で示したソースコードの処理 1 の変更では，確認が必要となる仕様と試験項目は，**図 3.21** の灰色で塗りつぶした四角の項目となります．

　以上のように，トレーサビリティを活用することで，ソフトウェア変更による設計の影響箇所の特定と試験項目の特定ができ，仕様の実現漏れやソフトウェアの変更漏れ，試験項目の実施漏れなどによる品質リスクを低減できることが分かります．

49

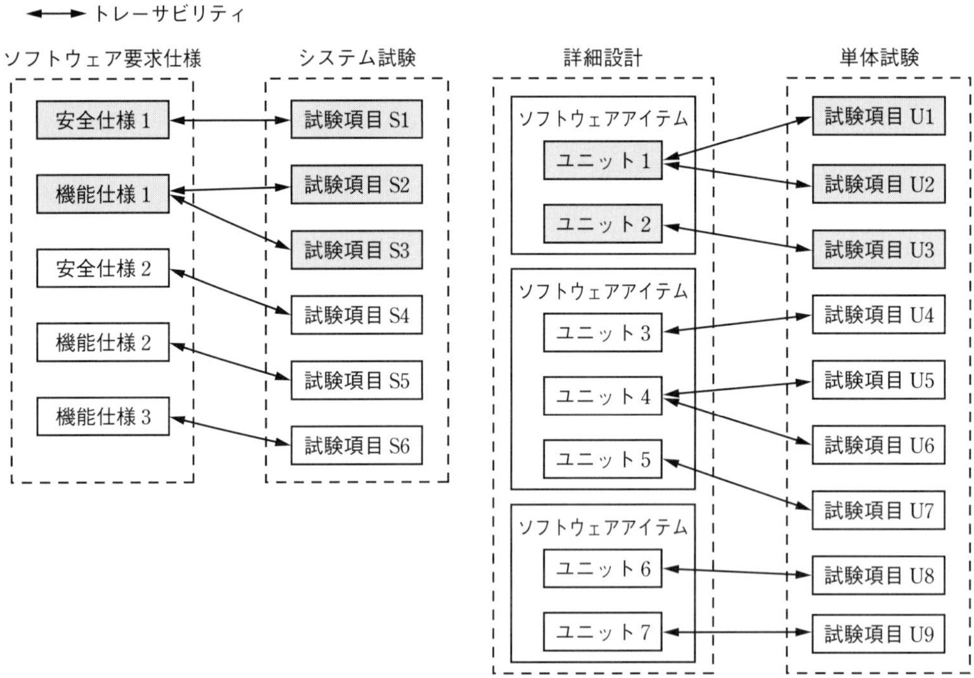

■ 図 3.20 機能仕様 1 を変更した場合に確認が必要となる仕様と試験項目

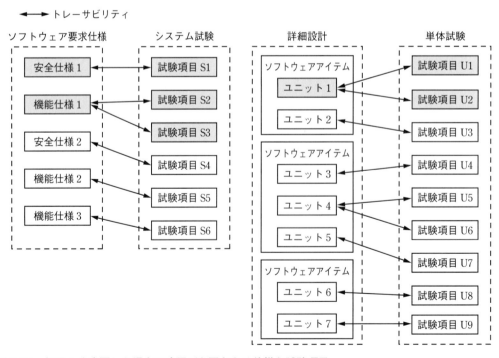

■ 図 3.21 処理 1 を変更した場合に確認が必要となる仕様と試験項目

CHAPTER 4 ソフトウェアアーキテクチャ

この章では，ソフトウェアアーキテクチャ設計図を作成する手順を説明します．
まず，ソフトウェアアーキテクチャの概要について説明します．次に，ソフトウェアアイテムにモジュール化の考えを取り入れます．本書では，ソフトウェアアイテムのなかで単一機能を持つものをソフトウェアモジュールと呼ぶことにします．そして，それらのインタフェースを形成する推奨方法を説明します．それから，ソフトウェア要求仕様からモジュール，ユニット，インタフェースを抽出する例を説明し，ソフトウェアアーキテクチャ設計図の作成方法を説明します．また，マイコンのプログラミングでは必須となる状態遷移の基礎についても説明します．

4.1　ソフトウェアアーキテクチャの概要

ソフトウェア全体を一つの塊として作成すると，常に全体との関係を考えながら詳細を作成しなければならなくなりますので，作成の労力が大きくなります．ところが，ソフトウェアを幾つかの独立性の高い部分に分割して，インタフェースを介してのみ各部分が関連するようにソフトウェアシステムを構成するようにすれば，各部分を作成する際に関係を考える範囲は，各部分の内部とインタフェースのみと狭くなり，ソフトウェア作成の労力は小さくなります（図4.1）．

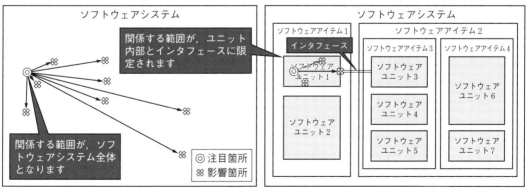

■図4.1　ソフトウェアを分割しない場合と分割した場合の影響範囲の比較

分割したソフトウェアの各部分とそれらの間の関係を表すものが，ソフトウェアアーキテクチャです．ソフトウェアアーキテクチャを適切に設計することで，ソフトウェアの効率の良い設計と高品質が達成できます．IEC 62304 では分割したソフトウェアの各部分をアイテムと言い，それらの間の関係をインタフェースとしています．

電気ケトルのソフトウェアアーキテクチャ設計図を図 4.2 に再掲載します．

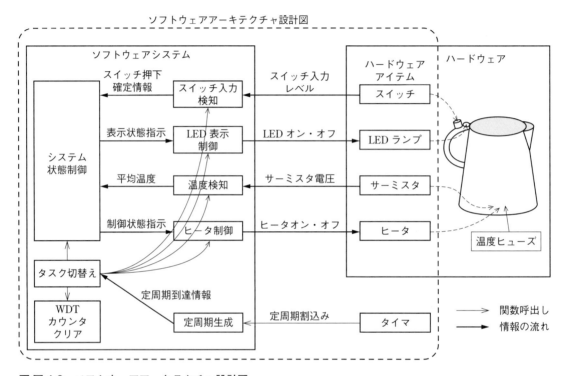

■ 図 4.2　ソフトウェアアーキテクチャ設計図

ここで，IEC 62304 が定義するソフトウェアアーキテクチャ[1]を言い換えて説明します．
- プログラム全体をソフトウェアシステムとします．
- ソフトウェアシステムを分割した個々の部分をソフトウェアアイテムとします．ソフトウェアアイテムは識別（他の部分と区別）可能なプログラムの一部です．ソフトウェアシステムもソフトウェアアイテムです．
- ソフトウェアアイテムはさらにソフトウェアアイテムに分割できるものもありますが，それ以上分割できないソフトウェアアイテムをソフトウェアユニットとします．
- ソフトウェアアイテムと関連する識別可能なハードウェアをハードウェアアイテムとします．

---

[1]　[出典] 日本工業規格 JIS T 2304：2017（IEC 62304：2006, Amd.1：2015），医療機器ソフトウェアソフトウェアライフサイクルプロセス，日本規格協会．p.8, p.18, p.36．ただし，規格書全体から内容を要約してあります．

- アイテムとアイテムの間の関係をインタフェースとします．
- ソフトウェアシステムをアイテム，ユニット，インタフェースで表したものをソフトウェアアーキテクチャとします．

本書では，この定義を参考にソフトウェアアーキテクチャを紹介します．

次に，本書でのソフトウェアアーキテクチャの設計の考え方を説明します．

ソフトウェアシステムはソフトウェアアイテムで段階的に分割されますが，上位のソフトウェアアイテムにモジュール化の考え方を取り入れます．モジュールは，交換可能な構成要素という意味合いがあり，外部とはインタフェースを介してのみ関係し，独立性が高いものです．

ソフトウェアの開発においては，仕様の追加・変更やバグ修正などが発生しがちです．また，多くの新商品は従来機種の機能の追加や変更によるものが多くなっています．そのため，ソフトウェアをモジュール化することはソフトウェアの変更や再利用がしやすくなるというメリットがあります．

モジュールは単一機能とみなせるものが良いとされています．単一機能のモジュールは複合機能のモジュールに比べて，

- 汎用性が高くなる．
- 内部が単純になる．
- 複数の機能間で影響を及ぼしにくくなる．
- インタフェースが単純になる．

そのため，バグが潜在しにくく，着脱しやすくなります．

多くのシステムは複数の機能で構成されます．そこで，単一機能を持った複数のアイテムでシステムを構成します．単一機能とは，スイッチ入力機能，温度検知機能，LED 表示機能，ヒータ加熱制御機能，システム状態制御機能などです．本書では，この単一機能を持ったソフトウェアアイテムをソフトウェアモジュールと呼ぶことにします．ブラシレス DC モータの制御のように，各種センサ入力をモータ駆動制御に高速にフィードバックしなければならないものは，処理を高速化するためセンサ入力機能やモータ駆動制御機能を複合して1つのモジュールとすることもありますが，基本は1つの機能を1つのモジュールとします．ソフトウェアモジュールは複数の処理とデータで構成します．これらの各処理もソフトウェアアイテムとします．それ以上分割できない処理からなるソフトウェアアイテムをソフトウェアユニットとします．

ハードウェアについても，1つの機能を持つものをハードウェアアイテムとします．スイッチや温度センサ，ヒータ，モータ，タイマ，シリアル通信ユニットなどです．ハードウェアアイテムにはマイコン外部のハードウェアアイテムとマイコン内蔵のハードウェアアイテムがあります．マイコン外部のハードウェアアイテムはスイッチ入力やリレー出力などで，ソフトウェアモジュールと入出力ポートを介してインタフェースを形成します．マイコン内蔵

のハードウェアアイテムはシリアル通信ユニットやA/Dコンバータなどで，特殊機能レジスタをインタフェースとします．

　1つのハードウェアアイテムは1つのソフトウェアモジュールとインタフェースを形成するようにします．1つのハードウェアアイテムが複数のソフトウェアモジュールとインタフェースを形成すると，あるモジュールと別のモジュールが1つのハードウェアアイテムに異なる指示を同時に出し，ハードウェアがどのように動作するか分からなくなる恐れがあります（**図4.3**）．1つのソフトウェアモジュールが複数のハードウェアアイテムとインタフェースを形成するのは問題ありません．しかし，ソフトウェアモジュールを複数機能にしないほうがよいでしょう（**図4.5**）．

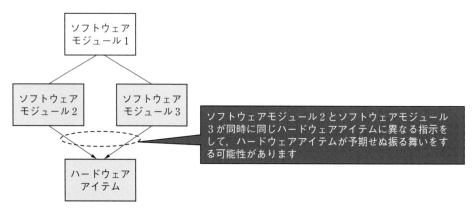

■図4.3　同じハードウェアアイテムに2つのソフトウェアモジュールがインタフェースを形成する場合

■図4.4　船頭多くして，船山に登る

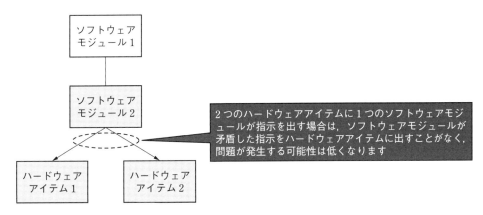

■図4.5 2つのハードウェアアイテムに1つのソフトウェアモジュールがインタフェースを形成する場合

　マイコン内蔵の周辺回路は複数のチャネルで構成されるアレイユニットもあり，複数の機能モジュールが同じアレイユニットを使用することもありますが，できるだけ個々のチャネルは機能モジュールごとに分けて使用するようにします．

　システムのモジュール構成としては，システムの状態を制御するモジュールが入出力やタイマ，通信などを制御する単一機能のモジュールを利用するという形が一般的です．幾つかの機能を統括・制御するモジュールをシステムの状態を制御するモジュールが利用するという構成もあります．そのような場合でもモジュール間のインタフェースはツリー状とするの

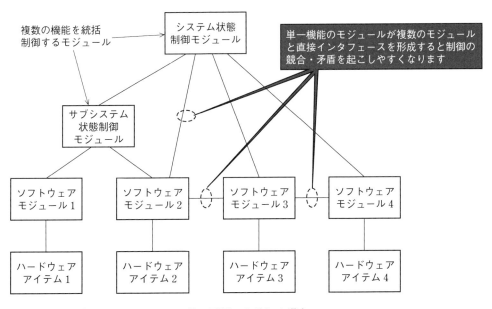

■図4.6 モジュール配置がツリー状の形態から外れる場合

が望ましいでしょう．ツリー状の形態から外れて，単一機能のモジュールが複数のモジュールと直接インタフェースを形成すると制御の競合・矛盾を起こしやすくなります（**図 4.6**）．

以下に，インタフェースがツリー状の形態から外れる場合のトラブル例を説明します．

❖ **上位モジュールが中位モジュールを介さずに直接下位モジュールとインタフェースを形成する場合**

モータを制御するシステムにおいて，システムの状態を制御するモジュールが，速度センサやモータ，ブレーキを制御するサブシステムの状態を制御するモジュールへ起動，加速，定速駆動，減速，制動を指示するシステムを例に説明します．

開発の途中で，緊急でモータを停止する必要がでてきたとします．そのとき，システムの状態を制御するモジュールが，モータを制御するモジュールへ直接停止指示を出すように変更したとします．すると，システムの状態を制御するモジュールが，モータを制御するモジュールへ直接停止指示を出したとき，サブシステムの状態を制御するモジュールはシステムを制御するモジュールから停止の指示を受けていませんので，駆動負荷が増大したと認識し，モータ駆動モジュールへさらなる加速を指示します．

このようにして，システム全体としてはモータを停止しなければならない状況であるのに，さらに加速してしまうという事態に陥ります（**図 4.7**）．

❖ **下位のモジュール間で直接インタフェースを形成する場合**

温度センサモジュール，および，スイッチ入力検知モジュールと蓋開閉検知モジュールからの情報により，システムの状態を制御するモジュールがヒータ制御モジュールに加熱の開

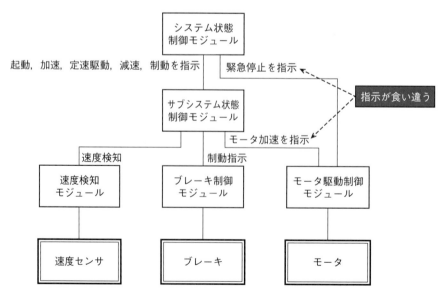

■ **図 4.7** 上位モジュールが中位モジュールを介さず直接下位モジュールへ指示を出す場合のトラブル

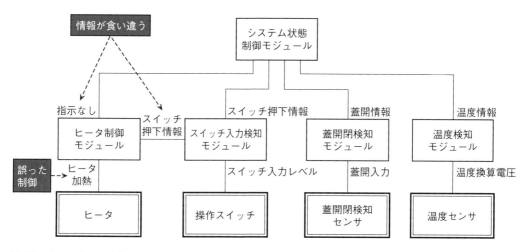

■ 図 4.8　下位のモジュール間で直接インタフェースを形成する場合のトラブル

始，停止，加熱量を指示するシステムを例に説明します．

　安全性を考慮し，蓋が開いている間，システムの状態を制御するモジュールは操作スイッチが押されてもヒータ制御モジュールに加熱開始指示を出さないとします．スイッチ操作をしてから加熱するまでの応答を早くしようと，ヒータ制御モジュールがスイッチ入力検知モジュールから直接ボタン押下情報を取得して加熱するように，誤ってインタフェースを形成したとします．すると，蓋が開いていても，操作スイッチを押すと加熱を開始することになり，危険な状態に陥ります（図 4.8）．

　上記のような明らかなミスを起こすことは実際の設計においては少ないですが，モジュール間のインタフェースがツリー状でないときに，もっと複雑なメカニズムでトラブルが発生し，トラブル解明に非常に苦労することがあります．そのため，モジュール間のインタフェースはツリー状とすることが望ましいでしょう．

4.2　ソフトウェアへの要求事項の明確化

　ソフトウェアアーキテクチャの設計の手順は，図 4.9 のようになります．概略は以下の通りです．

- ハードウェア構成を明らかにし，構成要素を抽出します．
- 構成要素について FMEA を実施しリスクを抽出し対策となる安全仕様を設定します．
- 安全仕様も含め，システムの動作仕様を設定します．
- ハードウェア構成と仕様から必要機能を抽出し，機能ごとにソフトウェアモジュールを抽出します．
- 各モジュールの機能と動作仕様を設定します．

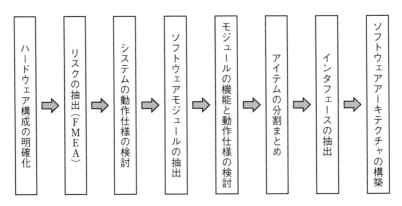

■ 図 4.9　ソフトウェアアーキテクチャの設計手順

- 各モジュールの初期化の必要性も考慮し，機能達成のために必要なユニットを決定します．
- モジュールの動作仕様からモジュール間のインタフェースを抽出します．
- 抽出したモジュールとインタフェースでソフトウェアアーキテクチャを構築します．

以前に示した，電気ケトル（やかん）を例として，この設計の手順を具体的に説明します．

1　ハードウェア構成の明確化

電気ケトルのハードウェア構成を図 4.10 の通りとします．

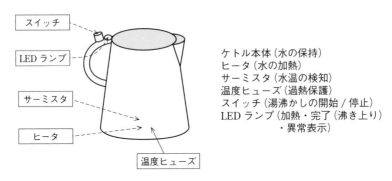

■ 図 4.10　電気ケトルのハードウェア構成

2　リスクの抽出（FMEA）

FMEA によりリスクを抽出し，ソフトウェアによる対策を検討し，安全仕様を設定します．電気ケトルの FMEA を表 4.1 に示します．一般の FMEA であれば発生確率を記載しますが，IEC 62304 は「ソフトウェアの故障の発生確率は 100 % とする．」という立場をとるため，故障の発生確率の欄は設けていません．

4.2 ソフトウェアへの要求事項の明確化

■ 表 4.1 電気ケトルの FMEA

部位	機能	故障モード	原　因	影　響		対　策			識別番号
						ハードウェア	ソフトウェア		
LED	動作状態報知	常時消灯	断線	報知不良	故障	—	—	—	—
		常時点灯	制御素子短絡	報知不良	故障	—	—	—	—
ヒータ	加熱	常時オン	制御素子短絡	火災（過熱）	不安全	温度ヒューズ	脚注†1	異常表示	—
		常時オフ	断線	不動作	故障	—	—	—	—
スイッチ	起動・停止	常時オフ	断線	不動作	故障	—	—	—	—
		常時オン	短絡	不動作	故障	—	—	—	—
サーミスタ	温度検知	−40℃以下	断線	火災（過熱）	不安全	温度ヒューズ	加熱停止	異常表示	SA1
		150℃以上	短絡	不動作	故障		加熱停止	異常表示	BD1
マイコン	ケトル制御	制御不能	暴走（ノイズなど）	火災（過熱）	不安全	温度ヒューズ	リセット	消灯	SA3
水		空焚き	水無加熱	火災（過熱）	不安全	温度ヒューズ	加熱停止	異常表示	SA2

　FMEA より，次のような安全仕様を設定します．ただし，サーミスタ短絡は，空焚き防止機能が優先し不安全にはならないため，故障リスクに位置づけます．以後，英数字で始まる番号をトレーサビリティ確保のための識別番号とします（SA：安全仕様，BD：故障仕様）．

　サーミスタ故障時加熱停止機能

　　サーミスタが断線・短絡で故障したら加熱を停止し，ユーザに異常を知らせる．

　　　断線判定温度：−40℃以下（SA1）

　　　短絡判定温度：150℃以上（BD1）

　空焚き防止機能

　　ユーザの誤使用などでケトルに水を入れずに加熱しようとした場合，ケトルの温度が水の沸点よりある程度高くなったら加熱を停止し，ユーザに異常を知らせる．

　　　加熱停止温度110℃（SA2）

　マイコン暴走停止機能

　　電気的ノイズなどでマイコンが暴走したら，マイコンをリセットし，待機状態（ヒータオフ，LED 消灯）にする．（SA3）

③ システムの動作仕様の検討

　ソフトウェアによるリスク緩和策を含め，この電気ケトルの動作仕様を以下の通りとします．値が含まれるものは，境界値，範囲外値とその処置を明確にして仕様を設定します．トレーサビリティ確保のために，各動作項目の後の（　）にアイテム識別番号を記載します．

　　コンセントに接続したら待機状態とする．（SR1-1）

---

†1　ヒータ制御素子の短絡については，空焚きと同様に対処することにします．ヒータ制御素子が短絡した場合はソフトウェアでは加熱停止することができません．また，異常表示だけではリスクコントロール手段となりにくいため，ここでは，リスクコントロール手段はハードウェアのみとします．

第4章　ソフトウェアアーキテクチャ

待機状態ではヒータオフ，LED 消灯とする．（SR1-2）

待機状態でスイッチを押すと加熱状態とする．（SR1-3）

加熱状態ではヒータオン，LED 点灯とする．（SR1-4）

加熱状態において 98℃以上で 2 分経過または 90℃以上[†1]で 10 分経過すると完了状態とする．（SR1-5）

完了状態ではヒータオフ，LED 長周期点滅とする．（SR1-6）

加熱状態，完了状態で 110℃以上になると空焚き状態とする．（SR1-7）

空焚き状態ではヒータオフ，LED 短周期点滅とする．（SR1-8）

空焚き状態で 98℃以下になると，待機状態とする．（SR1-9）

サーミスタの換算温度が −40℃以下ではサーミスタ故障（断線）状態とする．（SR1-10）

サーミスタの換算温度が 150℃以上ではサーミスタ故障（短絡）状態とする．（SR1-11）

サーミスタ故障状態ではヒータオフ，LED 短周期点滅とする．（SR1-12）

サーミスタ故障状態では電源プラグをコンセントから抜くまで状態を保持する．（SR1-13）

待機状態，サーミスタ故障状態以外でスイッチを押すと待機状態とする．（SR1-14）

マイコン暴走時にはウォッチドッグタイマによりマイコンをリセットし，待機状態とする．（SR8）

4 状態遷移について

　動作仕様を設定しましたが，動作仕様全体を表すものに状態遷移図や状態遷移表があります．システムやサブシステムの状態を制御するモジュールを設計する場合に必要となりますので，ここで状態遷移の基礎について説明します．

　ワンチップマイコンのプログラミングの特徴として状態の制御が重要になります．機器をリアルタイムで制御するソフトウェアの設計では，機器の状態を思い通りに制御することが必要になるからです．状態遷移とは，スイッチ押下やセンサ変化などのイベント情報をもとにモータやヒータなどの出力状態をどう変えるか（遷移するか）を表すものです．状態遷移の要素の基本は以下の 5 つです．

状　態

　機器を制御するソフトウェアでは，出力がある一定時間同じである場合を 1 つの状態とします．ただし，出力が同じでもイベントに対する応答が異なる場合は異なる状態とみることがあります．

イベント

　状態を変化させる事象の発生を言います．スイッチやセンサの入力変化や規定時間の経過，通信データの到着，処理の完了などです．

---

†1　2 000 m までの高地における水の沸点の低下を考慮して設定しました．

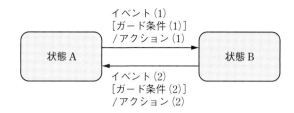

■ 図 4.11　状態遷移図

ガード条件
　イベントが発生したときに，条件が成立したときのみ遷移する場合，その条件をガード条件と言います．ガード条件がない場合はイベント発生で無条件に遷移します．

アクション
　イベントが発生したときに実施する動作を言います．

アクティビティ
　アクティビティは状態において継続して行われる動作を言います．

　状態遷移の表し方には図と表の2種類があります．状態遷移図による表記は，マイコンソフトウエアの動作の概要を把握するのに適しています．一般的な表記法にUML[†1]のステートチャート図があります[†2]．状態遷移図の表記の例を図 4.11 に示します．

　状態遷移図は，角が丸い四角で状態を表し，内部に状態名を記載します．また，遷移を矢印で表します．矢印の近くにイベント，ガード条件，アクションを記載します．イベント，ガード条件，アクションをそれぞれ，イベント，[ガード条件]，/アクションと[ ]と/で区別します．図を見やすくし，状態遷移の概要を把握しやすくするために，アクションやアクティビティは省略される場合が多くありますが，実際のコーディングでは必要になります．

　複数の状態で一つのまとまった状態になるとき，それらの状態を角が丸い四角で囲みコンポジット状態とします．例えば，車の走行について，加速状態，定速走行状態，制動状態などをまとめて走行状態というコンポジット状態にすることができます（**図 4.12**）．

　状態遷移が行われるときに，該当状態から他の状態へ移るときと，他の状態から該当状態に移るときに必ず実行されるアクションを，それぞれ入場アクション，退場アクションとし，その状態で常時実行される動作をアクティビティとし，状態内部で利用されるイベントをトリガーとし，状態内部に記載することもあります（**図 4.13**）．

　他によく使う記号に開始状態と終了状態があります．開始状態を黒い丸で表します（**図 4.14**（a））．終了状態は中を塗りつぶした二重の円で表します（図 4.14（b））．

[†1] UML：統一モデリング言語（Unified ModeLing Language）．
[†2] UMLの参考書籍としては，
　　竹政昭利著，はじめて学ぶUML（第2版），ナツメ社
　　竹政昭利，他著，プログラミングの教科書シリーズ　かんたんUML入門（改訂2版），技術評論社
などがあります．

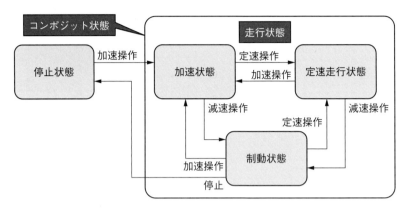

■図4.12　コンポジット状態

■図4.13　区画を持った状態

■図4.14　開始状態と終了状態の記号

履歴や並行サブ状態などもありますが，先に脚注で紹介した書籍を参考にしてください．

状態遷移表による標記は，評価の抜け漏れ防止やプログラム生成をするのに適しています．イベント（ガード条件）と状態を行と列の先頭に表記し，状態とイベントが交わるセルにはイベントが発生した場合に遷移する状態とアクションを記載します．行と列が入れ替わった書き方をするものもあります．図4.11の状態遷移図を状態遷移表で表すと**表4.2**になります．状態遷移図と状態遷移表は相互に変換可能です．

■表4.2　状態遷移表

		状態A	状態B
イベント（1）	ガード条件（1）	状態Bへ アクション（1）	—
イベント（2）	ガード条件（2）	—	状態Aへ アクション（2）

設計ツールには Enterprise Arechitect（スパークスシステムズ ジャパン株式会社）などがあります．Enterprise Arechitect は状態遷移図の作成と状態遷移表との相互変換も可能です．

5 システムの状態遷移図・表の作成

以上の表記を用いて，電気ケトルの動作仕様を状態遷移図・表にします．まず，仕様から状態とイベントを抽出します．仕様から以下の状態が抽出されます．

待機状態，加熱状態，完了状態，空焚き状態，サーミスタ故障状態

サーミスタ故障に断線と短絡がありますが，特に区別する必要がないので 1 つの状態とします．

仕様には記載されていませんが，電源オフ状態があります．その反対の状態として他の状態をすべて含むコンポジット状態の電源オン状態があります．

待機状態と対比する状態として加熱状態，完了状態，空焚き状態を含むコンポジット状態を動作状態とします．後に図で示しますが，コンポジット状態とすることでそれに含まれる状態が同じ遷移をするイベントを 1 つの矢印で表記できますので，図が見やすくなります．

仕様から以下のイベントが抽出されます．

コンセントに接続する

スイッチを押す（3）

98℃以上で 2 分経過する（5）

90℃以上で 10 分経過する（6）

110℃以上になる（4）

98℃以下になる（7）

－40℃以下になる（1）

150℃以上になる（2）

コンセントから抜く

マイコンが暴走する

ソフトウェアで制御できるイベントには優先順位を設定します．（ ）の中の数字が優先順位です．優先順位は，安全性，故障，ユーザビリティなどを考慮して設定します．優先順位を明確にすることで，危害の低減や操作性の向上を図ることができます．

状態遷移図を書くには，まず，抽出した状態を配置します．次に，仕様の SR1-1 から SR1-14 および SR8 から，状態遷移を矢印で記載します．例えば，「待機状態でスイッチを押すと加熱状態とする（SR1-3）」では待機状態から加熱状態へ矢印を引き「スイッチ押下」をイベントとして記載します．また，「待機状態，サーミスタ断線状態以外でスイッチを押すと待機状態とする（SR1-14）」では加熱状態と完了状態，空焚き状態のコンポジット状態である動作状態から待機状態へ矢印を引き「スイッチ押下」をイベントとして記載します．

本来はガード条件とアクションを記載する必要がありますが，紙面の都合上省略します．

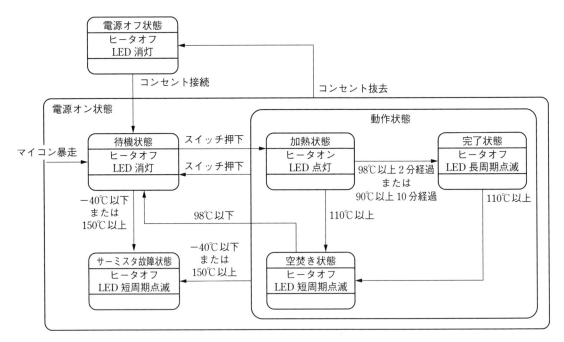

■ 図 4.15　電気ケトルの状態遷移図

　マイコンが暴走したときは，ハードウェアでリセットされ，コンセントを接続したときと同様，待機状態になります[†1]．

　電気ケトルの状態遷移図を**図 4.15**に示します．

　作成した状態遷移図について，冗長な状態がないか，全体を俯瞰した場合に遷移に矛盾がないかレビューし，必要があれば仕様を修正します．

　次に，電気ケトルの動作仕様を状態遷移表にします．仕様から状態とイベントを抽出するのは，状態遷移図のときと同じです．イベントを行の先頭に，状態を列の先頭に記入し，動作仕様から遷移元状態とイベントの交わるセルに遷移先の状態を記載します．

　電気ケトルの状態遷移表を**表 4.3**に示します．本来はアクションを遷移先の状態の下に記述しますが，紙面の都合上省略します．（）の中の文字はトレーサビリティ確保のための動作仕様の識別番号です．−が記載されている枠は，その状態でイベントが発生しても遷移せず，その状態のままであることを表します．×が記載されている枠は，その状態で該当イベントを発生させることができないことを表します．

　状態制御をプログラムで実現するのに，状態変数を利用した switch case 文がよく使われます．上記の電気ケトルの状態遷移を実現する例を**ソースコード 4.1**に示します．

[†1] 暴走時にデータを保持したり，出力設定をしたりしなければならないアプリケーションでは，ウォッチドッグタイマ割込みで不揮発性メモリへのデータ待避や出力設定を行うことがありますが，本アプリケーションではその必要はないと判断し，リセットのみとしました．

4.2 ソフトウェアへの要求事項の明確化

■ 表 4.3　電気ケトルの状態遷移表

イベント ＼ 状態	電源オフ状態	待機状態 ヒータオフ LED 消灯 (SR1-2)	加熱状態 ヒータオン LED 点灯 (SR1-4)	完了状態 ヒータオフ LED 長周期点滅 (SR1-6)	空焚き状態 ヒータオフ LED 短周期点滅 (SR1-8)	サーミスタ 故障状態 ヒータオフ LED 短周期点滅 (SR1-12)
コンセント接続	待機状態 (SR1-1)	✕	✕	✕	✕	✕
コンセント抜去	✕	電源オフ状態	電源オフ状態	電源オフ状態	電源オフ状態	電源オフ状態
スイッチ押下	✕	加熱状態 (SR1-3)	待機状態 (SR1-14)	待機状態 (SR1-14)	待機状態 (SR1-14)	(SR1-13)
98℃以上 2 分経過	✕	—	完了状態 (SR1-5)	—	—	(SR1-13)
90℃以上 10 分経過	✕	—	完了状態 (SR1-5)	—	—	(SR1-13)
110℃以上	✕	—	空焚き状態 (SR1-7)	空焚き状態 (SR1-7)	—	(SR1-13)
98℃以下	✕	—	—	—	待機状態 (SR1-9)	(SR1-13)
−40℃以下	✕	サーミスタ 故障状態 (SR1-10)	サーミスタ 故障状態 (SR1-10)	サーミスタ 故障状態 (SR1-10)	サーミスタ 故障状態 (SR1-10)	(SR1-13)
150℃以上	✕	サーミスタ 故障状態 (SR1-11)	サーミスタ 故障状態 (SR1-11)	サーミスタ 故障状態 (SR1-11)	サーミスタ 故障状態 (SR1-11)	(SR1-13)
マイコン暴走	✕	待機状態 (SR8)	待機状態 (SR8)	待機状態 (SR8)	待機状態 (SR8)	待機状態 (SR8)

■ ソースコード 4.1　電気ケトルのシステム状態を制御する関数

```c
/* 電気ケトルのシステム状態の制御処理 */
void system(void){
    /* システム状態変数 */
    enum SYSTEM_STATE{WAIT = 0,HEAT,COMPLETE,OVERHEAT,TH_BREAKDOWN};
    static enum SYSTEM_STATE e_system_state = WAIT;
    /* 98℃以上での 2 分計数用カウンタ */
    static signed int s16_time_counter_98 = 0;
    /* 90℃以上での 10 分計数用カウンタ */
    static signed long int s32_time_counter_90 = 0;
    switch(e_system_state){
        case   WAIT:          /* 待機状態 */
            if((s16_temperature <= TEMP_M40) || (TEMP_150 <= s16_temperature)){
                e_system_state = TH_BREAKDOWN;  /* サーミスタ故障であればサーミスタ故障状態へ */
            }else if(f_switch.on_off == ON){   /* スイッチが押下された場合 */
                f_switch.on_off = OFF;          /* スイッチ押下フラグクリア */
                s16_time_counter_98 = BOILING_PERIOD_2M;   /* 98℃以上での沸騰完了待ち時間を 2
                                                             分に設定 */
```

第4章　ソフトウェアアーキテクチャ

```c
                s16_time_counter_90 = BOILING_PERIOD_10M; /* 90℃以上での沸騰完了待ち時間を10
                                                               分に設定 */
                e_system_state = HEAT;              /* スイッチが押下されれば加熱状態へ */
            }
            e_heat_output = HEAT_OFF;               /* ヒータオフ */
            e_lighting_type_oder = LIGHT_OFF;   /* LED消灯 */
            break;
        case   HEAT:                                /* 加熱状態 */
            if((s16_temperature <= TEMP_M40) || (TEMP_150 <= s16_temperature)){
                e_system_state = TH_BREAKDOWN;      /* サーミスタ故障であればサーミスタ故障状態へ */
            }else if(f_switch.on_off == ON){        /* スイッチが押下された場合 */
                f_switch.on_off = OFF;              /* スイッチ押下フラグクリア */
                e_system_state = WAIT;              /* 待機状態へ */
            }else if(TEMP_110 <= s16_temperature){
                e_system_state = OVERHEAT;          /* 110℃以上であれば空焚き状態へ */
            }else if(TEMP_98 <= s16_temperature) {
                if(s16_time_counter_98-- <= 0){     /* 98℃以上で2分経過すれば沸騰完了状態へ */
                    e_system_state = COMPLETE;
                }
            }else if(TEMP_90 <= s16_temperature) {
                if(s32_time_counter_90-- <= 0){     /* 90℃以上で10分経過すれば沸騰完了状態へ */
                    e_system_state = COMPLETE;
                }
            }
            e_heat_output = HEAT_ON;                /* ヒータオン */
            e_lighting_type_oder = LIGHT_ON;        /* LED点灯 */
            break;
        case   COMPLETE:                            /* 完了状態 */
            if((s16_temperature <= TEMP_M40) || (TEMP_150 <= s16_temperature)){
                e_system_state = TH_BREAKDOWN;      /* サーミスタ故障であればサーミスタ故障状態へ */
            }else if(f_switch.on_off == ON){        /* スイッチが押下された場合 */
                f_switch.on_off = OFF;              /* スイッチ押下フラグクリア */
                e_system_state = WAIT;              /* 待機状態へ */
            }else if(TEMP_110 <= s16_temperature){
                e_system_state = OVERHEAT;          /* 110℃以上であれば空焚き状態へ */
            }
            e_heat_output = HEAT_OFF;               /* ヒータオフ */
            e_lighting_type_oder = COMPLETION_INFORM;   /* LED長周期点滅 */
            break;
        case   OVERHEAT:                            /* 空焚き状態 */
            if((s16_temperature <= TEMP_M40) || (TEMP_150 <= s16_temperature)){
                e_system_state = TH_BREAKDOWN;      /* サーミスタ故障であればサーミスタ故障状態へ */
            }else if(f_switch.on_off == ON){        /* スイッチが押下された場合 */
                f_switch.on_off = OFF;
                e_system_state = WAIT;              /* 待機状態へ */
            }else if(s16_temperature <= TEMP_98) {
                e_system_state = WAIT;              /* 98℃以下で待機状態へ */
            }
            e_heat_output = HEAT_OFF;               /* ヒータオフ */
            e_lighting_type_oder = ALARM;           /* LED短周期点滅 */
            break;
        case   TH_BREAKDOWN:                        /* サーミスタ故障状態 */
            e_heat_output = HEAT_OFF;               /* ヒータオフ */
            e_lighting_type_oder = ALARM;           /* LED短周期点滅 */
            break;
        default:                                    /* 状態変数異常 */
```

```
            e_system_state = TH_BREAKDOWN;       /* 異常発生のためサーミスタ故障状態へ */
            e_heat_output = HEAT_OFF;            /* ヒータオフ */
            e_lighting_type_oder = ALARM;        /* LED 短周期点滅 */
            break;
    }
}
```

❖ソースコードの説明

void system(void) は電気ケトルのシステム状態を制御する関数です．この関数はメインループの周期（8 ms）ごとに呼び出されます．

状態は列挙型変数 e_system_state で表します．switch 文の () の中の状態を表す変数の値に対応する定数と一致する case 文の処理を実行することにより，状態の制御が行われます．

各状態に対応する case 文から break 文の間に，イベントに対する状態遷移先の設定とアクション，および，メイン周期ごとに実行するアクティビティを記載します．詳細は以下の通りです．

if 文の () の中で時間経過や他の機能モジュールから通知された入力などのイベントとガード条件を判断し，対応するイベントが発生すれば状態変数を変更し，実施すべきアクションがあれば処理します．状態変数を変更することにより，次のメインループの周期では，変更した状態に対応する case 文が実行されます．if 文での比較順序は，安全性や故障対応，操作性を考慮して，優先度の高いものを先にします．

次に，その状態で毎回実施すべきアクティビティを実施します．例では，他の機能モジュールへ通知するヒータの状態の指示と LED の点灯種別の指示を毎回設定しています．状態遷移のアクションで設定しても可能ですが，状態遷移時の設定漏れが発生しないように，状態のアクティビティとしてメインループの周期ごとに実施しています．

最後に，break; で switch case 文を抜けます．

また，switch case 文の default: 節でサーミスタ故障状態へ遷移させています．正常状態では default: 節へ分岐する可能性がありませんが，安全性，信頼性を必要とするシステムでは default: 節でそのシステムに適した異常処理を入れたほうがよいでしょう．

このように，switch case 文と状態を表す変数を用いて状態を制御すると，状態遷移が分かりやすくなります．if 文でも同じような制御はできますが，状態遷移が複雑になったときに，switch case 文のほうがはるかに分かりやすくなり，状態の見落としもなくなります．

以上のように，状態ごとにイベントを処理する状態遷移の制御をステートドリブン（state driven）型と言います．また，イベントを監視して，イベントごとに現在の状態に応じて処理をするイベントドリブン（event driven）型もあります．Windows などのプログラミング

第 4 章　ソフトウェアアーキテクチャ

ではイベントドリブン型がほとんどです．しかし，ワンチップマイコンのプログラミングでは，状態を管理することが主になりますから，ステートドリブン型のほうが制御しやすいでしょう．

　C 言語に馴染みがない方のために，ソースコード 4.1 の C 言語の基本的な文法などの解説をオーム社の Web サイトに掲載しましたので，参考にして下さい．

4.3　ソフトウェアの分割

1　ソフトウェアモジュールの抽出

　電気ケトルのハードウェア構成と動作仕様から必要機能を抽出し，機能ごとにソフトウェアアイテム（モジュール）を割付けます．（ ）に識別番号を記載します．

　まず，各ハードウェアを制御する機能を抽出します．
- スイッチ入力検知機能（SR2）
- サーミスタ温度検知機能（SR3）
- ヒータ制御機能（SR4）
- LED 表示制御機能（SR5）

上記のハードウェアを制御する機能を利用して，電気ケトルの動作仕様の通りシステムの状態を制御する機能を設けます．
- システム状態制御機能（システム動作仕様）（SR1）

各機能アイテムが時間判定や LED 点滅の時間を計時できるよう，タスク切替えを定周期で行うことができるような機能を設けます．
- 定周期生成機能（SR6）

プログラムとして実行するためには，上記の各機能をタスクとして順次切り替えて実行する機能が必要です．
- タスク切替え機能（メイン処理）（SR7）

マイコン暴走対策としてウォッチドッグタイマを使用し，マイコン暴走時にリセットする機能を設けます．
- マイコン暴走停止機能（SR8）

湯沸かし機能，サーミスタ故障時停止機能，空焚き防止機能については，電気ケトルの動作仕様の加熱状態，サーミスタ故障状態，空焚き状態とみることができますので，システム状態制御機能に含むものとします．

　必要機能が抽出されました．これらの単一機能を持つソフトウェアアイテムを本書ではソフトウェアモジュールと呼ぶことにします．これらのモジュールは単一の機能ごとにまとめられていますので，モジュール強度が最も強い機能的強度を持つモジュールと言えます．

68

これで，システムを機能ごとのモジュールに分割できました．

2 モジュールの機能と動作仕様の検討

さらに，各モジュールの機能の内容と動作仕様を検討します．インタフェースを明確にするため，モジュール間やハードウェアアイテムとの情報などのやり取りも明記することにします．トレーサビリティ確保のために，各モジュール名の後の（ ）にアイテム識別番号を記載します．

システム状態制御モジュール（M1）

機能

- 現在のシステムの状態とスイッチやサーミスタ温度入力，時間経過により次のシステムの状態を決定し，ヒータ，LED 表示を制御する．

動作仕様

- スイッチ入力検知モジュールから取得したスイッチ押下確定情報やサーミスタ温度検知モジュールから取得した平均温度，時間経過によりシステムの状態を決定する．各状態において，ヒータ制御モジュールへヒータ制御状態を指示し，LED 表示制御モジュールへ LED 表示状態を指示する．詳細は電気ケトルの動作仕様通りとする（状態遷移表及び図を参照）．（SR1-1～14）

スイッチ入力検知モジュール（M2）

機能

- スイッチ操作時のチャタリングをキャンセルする．
- スイッチが押下されたことを検知し，スイッチ押下確定情報を出力する．

動作仕様

- マイコンリセット直後のスイッチ入力レベルの確定値はオフ（H）とする．（SR2-1）
- 8 ms ごとにスイッチ入力ポートからスイッチ入力レベルを取得する．（SR2-2）
スイッチ入力レベルが 8 回連続で同一であれば，スイッチ入力レベルを確定する．（SR2-2-1）
スイッチ入力レベルが 8 回連続で同一でなければ，スイッチ入力レベルは以前の状態を保持する．（SR2-2-2）
- 確定したスイッチ入力レベルがオフ（H）からオン（L）になればシステム状態制御モジュールへスイッチ押下確定情報を通知する．（SR2-3）

サーミスタ温度検知モジュール（M3）

機能

- 加熱温度を検知し，平均温度を算出する．
- 温度の計測精度を ± 1℃とする．
- サーミスタ電圧に混入するノイズの影響を低減する．

第 4 章 ソフトウェアアーキテクチャ

動作仕様

- マイコンリセット直後の温度電圧確定値は 0℃ とする．（SR3-1）
- 8 ms ごとにサーミスタ A/D 入力電圧を取得する．（SR3-2）

  サイリスタの位相制御をする機器などから発せられる商用電源（50 Hz または 60 Hz）に同期したノイズの影響を避けるため，A/D 変換のサンプリング周期は商用電源の周期からずらす．

- サーミスタ A/D 入力電圧 10 回の取得値の最大値，最小値を破棄した 8 値を平均温度とし，システム状態制御モジュールへ通知する．（SR3-3）
- 各種温度閾値の精度を ±1℃ とする．（SR3-4）

ヒータ制御モジュール（M4）

機能

- ヒータをオン・オフし，水を加熱する．

動作仕様

- マイコンリセット直後はヒータオフとする．（SR4-1）
- システム状態制御モジュールから通知されたヒータ制御状態（オン・オフ）の指示に従って，ヒータをオン・オフする．（SR4-2）

LED 表示制御モジュール（M5）

機能

- 消灯，点灯，長周期点滅，短周期点滅を LED 表示する．

動作仕様

- マイコンリセット直後は LED 消灯とする．（SR5-1）
- システム状態制御モジュールから通知された表示状態の指示に従って，LED をオン・オフすることにより，消灯，点灯，長周期点滅，短周期点滅を LED 表示する．（SR5-2）

  消灯では常時消灯とする．（SR1-2）

  点灯では常時点灯とする．（SR1-4）

  長周期点滅は 2 秒点灯，2 秒消灯の繰返しとする．（SR1-6）

  短周期点滅は 0.25 秒点灯，0.25 秒消灯の繰返しとする．（SR1-8，SR1-12）

定周期生成モジュール（M6）

機能

- 8 ms の定周期を生成する．

動作仕様

- 割込み周期は 8 ms とする．（SR6-1）
- メインループを開始する直前にタイマ動作を開始する．（SR6-2）
- マイコン内蔵タイマの定周期割込みを用いて，8 ms ごとにタスク切替えモジュール

へ定周期到達情報（フラグ）を通知する．（SR6-3）

タスク切替えモジュール（メイン処理）（M7）

機能

- マイコンリセット直後に変数・ハードウェアを初期化する．
- 定周期生成モジュールを除き，これまでに説明した各モジュールの機能を実行する
  ユニットを，定周期生成モジュールの8 msの定周期で呼び出し実行する[注]．

  （注）定周期で機能処理ユニットを呼び出すことで，各機能処理ユニットは必要に
  応じて時間を8 ms単位で計数することができる．

  システム状態制御処理ユニット：完了判定時間2分と10分の計数

  LED表示制御処理ユニット：点滅周期の計数

動作仕様

- マイコンリセット直後に各モジュールの初期化ユニットを呼び出し，ハードウェア
  を初期化する．（SR7-1）
- 各機能を実行するユニットを8 msの定周期で切り替えて実行する．（SR7-2）
- 8 msの定周期ごとにマイコン暴走停止モジュールのウォッチドッグタイマカウン
  タクリアユニットを呼び出す．（SR7-3）

マイコン暴走停止モジュール（M8）

機能

- マイコンの暴走時にマイコンをリセットする．

動作仕様

- ウォッチドッグタイマを使用し，マイコン暴走時はリセットする．（SR8-1）
- ウォッチドッグタイマのオーバフロー時間を29.68 msとする．（SR8-2）
- メインループの周期（8 ms）でタスク切替えモジュールから呼び出されることによ
  り，ウォッチドッグタイマのカウンタをクリアする．（SR8-3）

　電気ケトルのプログラミングにおいて，各モジュールは，各機能を実行するユニットと各
モジュールが直接制御するハードウェアの設定を初期化するユニットの2つのユニットで構
成することにします．変数の初期化は変数定義時に必ず行うことにします．そのため，ハー
ドウェアを直接制御する必要がないタスク切替えモジュールとシステム状態制御モジュール
には，初期化処理ユニットを置かないこととします．

　マイコン暴走停止モジュールは事前にウォッチドッグタイマの設定をフラッシュメモリに
設定するため，ハードウェアの設定を初期化するユニットは不要です．

3 アイテムの分割のまとめ

　以上のように，システムのハードウェア構成と動作仕様から，ソフトウェアシステム全体
を単一機能ごとのソフトウェアアイテム（モジュール）として分割し，さらに各モジュール

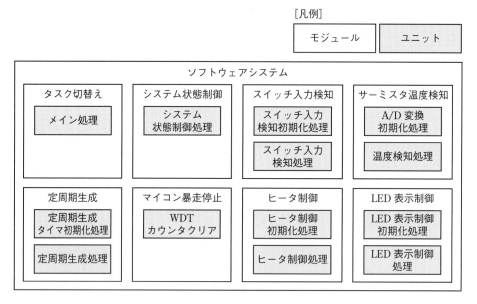

■図4.16 電気ケトルのソフトウェアシステムの分割イメージ

を動作仕様に従って初期化処理ユニットと機能処理ユニットに分割していくことで，ソフトウェアシステムを適切に分割することができます．もし，アイテムに属する機能処理ユニットが複雑であれば，それをアイテムとし，その機能の動作仕様を詳細化し，複数のユニットに分割します．例として，第6章の図6.8を参考にしてください．

また，モジュールに分割してみたときに，そのモジュールの機能が複雑であれば，それをアイテムとし，複数のモジュールに分割していくことで適切なソフトウェア分割が図れることがあります．例として，第6章の図6.7を参考にしてください．

ここまでの検討結果より，電気ケトルのソフトウェアシステムは図4.16のようなモジュール，ユニットに分割できます．

4.4　インタフェースの抽出

インタフェースは様々な分野で様々な意味で定義されていますが，情報処理用語―基本用語（ISO/IEC 2382-1：JIS X 0001）での定義は「二つの機能単位の間で共有される境界部分」です．アイテム間のインタフェースはアイテム間で受け渡される情報と他のアイテムの呼出しになります（C言語では関数呼出し）．先ほどのモジュールの動作仕様からインタフェースを抽出します．トレーサビリティ確保のために，各モジュール名とユニット名の後の（ ）にアイテム識別番号を記載します．ここでは，ユニットをC言語の関数とします．以下，モジュールのインタフェースを明確にします．

システム状態制御モジュール（M1）

　　入力：スイッチ押下確定情報，平均温度

　　出力：LED 表示状態指示，ヒータ制御状態指示

　　関数：システム状態制御処理ユニット（U1-1）

スイッチ入力検知モジュール（M2）

　　入力：スイッチ入力レベル

　　出力：スイッチ入力ポート初期設定値

　　　　　スイッチ押下確定情報

　　関数：スイッチ入力検知初期化処理ユニット（U2-0）

　　　　　スイッチ入力検知処理ユニット（U2-1）

サーミスタ温度検知モジュール（M3）

　　入力：サーミスタ電圧

　　出力：A/D 変換初期設定値

　　　　　平均温度

　　関数：A/D 変換初期化処理ユニット（U3-0）

　　　　　温度検知処理ユニット（U3-1）

ヒータ制御モジュール（M4）

　　入力：ヒータ制御状態指示（オン・オフ）

　　出力：ヒータ出力ポート初期設定値

　　　　　ヒータオン・オフ

　　関数：ヒータ制御初期化処理ユニット（U4-0）

　　　　　ヒータ制御処理ユニット（U4-1）

LED 表示制御モジュール（M5）

　　入力：LED 表示状態指示

　　出力：LED 出力ポート初期設定値

　　　　　LED オン・オフ

　　関数：LED 表示制御初期化処理ユニット（U5-0）

　　　　　LED 表示制御処理ユニット（U5-1）

定周期生成モジュール（M6）

　　入力：なし

　　出力：タイマ初期設定値

　　　　　定周期到達情報（フラグ）

　　関数：定周期生成タイマ初期化処理ユニット（U6-0）

　　　　　定周期生成処理ユニット（インターバルタイマ割込み 8 ms ごと）（U6-1）

第 4 章　ソフトウェアアーキテクチャ

　　　タスク切替えモジュール（M7）

　　　　入力：なし

　　　　出力：なし

　　　　関数：メイン処理ユニット（U7-1）

　　　　利用関数：

　　　　　　以下のモジュールの初期化処理ユニットと機能処理ユニット

　　　　　　　システム状態制御モジュール

　　　　　　　スイッチ入力検知モジュール

　　　　　　　サーミスタ温度検知モジュール

　　　　　　　ヒータ制御モジュール

　　　　　　　LED 表示制御モジュール

　　　　　　　定周期生成モジュール

　　　　　　　　定周期生成タイマ初期化処理ユニット

　　　　　　　マイコン暴走停止モジュール

　　　　　　　　ウォッチドッグタイマカウンタクリアユニット

　　　マイコン暴走停止モジュール（M8）

　　　　入力：なし

　　　　出力：ウォッチドッグタイマカウンタクリア設定値

　　　　関数：ウォッチドッグタイマカウンタクリアユニット（U8-1）

4.5　ソフトウェアアーキテクチャの構築

　　これまでに抽出したソフトウェアアイテムとインタフェースをもとに，ソフトウェアアーキテクチャ設計図を作成します．**図 4.17** は各機能を定常的に処理するユニットで構成するソフトウェアアーキテクチャ設計図です．**図 4.18** は初期化時に各ハードウェアなどを設定するユニットで構成するソフトウェアアーキテクチャ設計図です．定常処理と初期化処理とは同時に実行されませんので，ソフトウェアアーキテクチャ設計図を分離して図を見やすくしています．

4.5 ソフトウェアアーキテクチャの構築

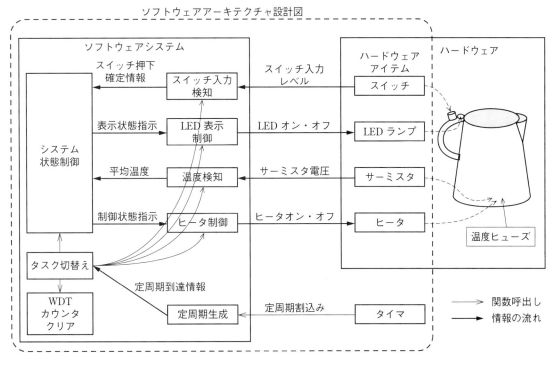

■図 4.17 電気ケトルのソフトウェアアーキテクチャ設計図（定常処理）

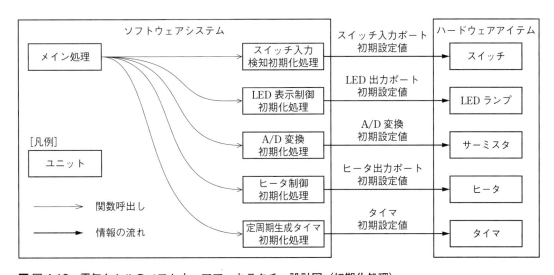

■図 4.18 電気ケトルのソフトウェアアーキテクチャ設計図（初期化処理）

CHAPTER	トレーサビリティ
5	

　この章では，IEC 62304 が要求するソフトウェアの設計に関するトレーサビリティについて，第 4 章で紹介した電気ケトルを例として説明します．

　まず，トレーサビリティ確保の必要性とメリットを説明します．次に，IEC 62304 などの規格が要求するソフトウェアに関するトレーサビリティを説明します．そして，電気ケトルを例に，ソフトウェアによる安全対策の妥当性を検証するための，ハザードからリスクコントロール手段の検証までのトレーサビリティを説明します．続いて，安全要求事項から，仕様，設計，実装，試験までのトレーサビリティの確保の仕方を説明します．これらのトレーサビリティを活用した，ソフトウェアの変更箇所と影響範囲の特定の仕方，影響範囲も含めた試験項目の抽出の例も説明します．

　最後に，実使用を想定した非機能試験の例を紹介します．非機能試験は，IEC 62304 などでも言及がなく，仕様や設計に基づくものではないため，個々の仕様や設計とトレーサビリティを確保することが難しいのですが，ソフトウェアの信頼性を確保するためには重要であるため例を示しました．

5.1　トレーサビリティ確保の必要性とメリット

　トレーサビリティ（traceability）とは追跡可能性という意味です．この章で説明するトレーサビリティは，2 つあります．一つが安全性に関わるリスク対策の妥当性を検証するためのトレーサビリティです．危険状態（ハザード）からソフトウェアアイテム，ソフトウェアの原因，リスクコントロール手段およびその検証までをトレースします．これは，IEC 62304 で規定されており，危険状態の一因となるソフトウェアアイテムとその原因を特定し，リスクコントロール手段を明確にし，検証するものです．これにより安全性のリスク対策の妥当性を明確にすることができます．

　もう一つが，各設計要素間のトレーサビリティです．これは，ソフトウェアが関連する安全要求事項から，仕様，設計，実装（ソースコード），試験の各設計項目間の追跡性を確保するものです．これは，不安全に至るリスクを低減するためのものでもあります．このように，IEC 62304 ではソフトウェアに関わる安全を確保するためのトレーサビリティを要求しています．

　第 3 章でも説明しましたが，仕様の実装漏れ防止，試験の実施漏れ防止，変更によるデグレードの防止，変更の効率化にはトレーサビリティ確保の取り組みが必要です．このことを言い換えれば，トレーサビリティを確保することには，以下のように開発の遅延や開発効率

の低下，品質トラブルなどのリスクを低減するメリットがあります．

- 従来機種をベースとした機能アップ新商品の開発において，新規設計要素の追加・変更が，他のどの設計要素に影響を及ぼすかの特定が容易になるため，効率的な設計と，バグ潜伏の低減を図ることができる．
- 新商品開発において，各仕様項目とソースコードの紐付けが明らかになるため，仕様の実装漏れによる機能不良を防止できる．
- 開発途中の仕様変更において，仕様変更に関連する設計，ソースコード，試験項目の特定が容易になるため，迅速な変更に対応できる．また，仕様変更による設計要素の変更が他のどの設計要素に影響を及ぼすかを明確にできるため，思いもよらない他の部分への悪影響を防止できる．
- 仕様変更やバグ修正の回帰試験において，修正したソースコードや仕様と関連する試験項目との紐付けが明確になるため，ソースコードまたは仕様変更をした際に，確認しなければならない試験の実施漏れによるバグの残留を防止できる．
- 市場トラブルのバグ修正において，関連する安全要求事項，仕様，設計，実装，試験の各項目の特定が容易になり，修正確認の漏れによるバグの潜伏を防止できる．
- 安全性を含む仕様，設計，ソースコード，試験の紐付けが明文化されるため，それを開発した設計担当者以外でも設計を追跡できるようになり，設計の引き継ぎが円滑に行われるようになる．

■図 5.1　トレーサビリティとは

5.2　規格が要求するソフトウェアの設計に関するトレーサビリティ

　IEC 62304 や ISO 26262 のようにソフトウェアの安全性を確保するための規格では，安全要求事項とソフトウェアの設計・試験の間のトレーサビリティを要求しています．つまり，設計は，安全要求からソフトウェア要求仕様，ソフトウェアアーキテクチャ設計，ソフトウェア詳細設計，ソースコードへとブレークダウンされていきます．そのため，それに従った各要素間のトレーサビリティを要求しているのです．

　ISO 26262 においてトレーサビリティの要求は含意的です．欧州完成車メーカーが適合性を要求する Automotive SPICE では，明示的にトレーサビリティを要求していますので，ISO 26262 に替えて Automotive SPICE で説明します．

　ソフトウェアが関連する安全要求事項，仕様，設計，実装（ソースコード），試験の各項目間のトレーサビリティについて，IEC 62304 が要求するものと Automotive SPICE が要求するものには若干の違いがあります．IEC 62304 と Automotive SPICE が記述している開発成果物間のトレーサビリティを，それぞれ図 5.2 と図 5.3 に示します．

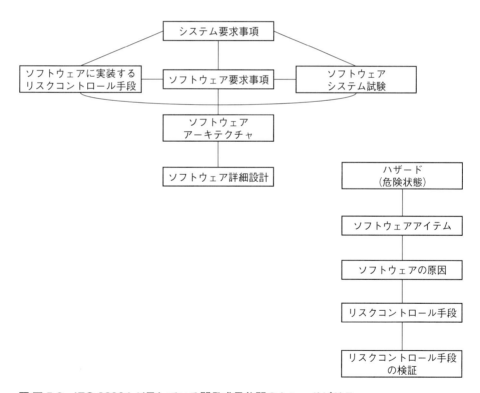

■図 5.2　IEC 62304 が示している開発成果物間のトレーサビリティ

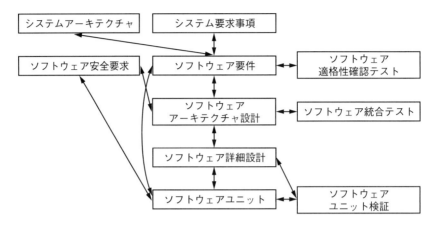

■ 図5.3　Automotive SPICE が示している開発成果物間のトレーサビリティ

　Automotive SPICE では双方向のトレーサビリティが要求されていますが，IEC 62304 では双方向性に関する明確な要求は記載されていません．しかし，第2章で説明したように，安全性の設計への反映と設計変更における安全性の確保の観点から言えば，Automotive SPICE で規定されているように双方向のトレーサビリティが必要です．

　IEC 62304 では，ソフトウェア詳細設計とソフトウェアユニット検証のトレーサビリティについて明記していませんが，附属書Bの「B.5.5 ソフトウェアユニットの実装」でコードが正確に設計を実装していることを要求していますので，実質的にはトレーサビリティを確保することが必要と考えられます．IEC 62304 では，リスクコントロール手段の妥当性を判断するために，ハザードからリスクコントロール手段の検証までのトレーサビリティの確保を要求しています．ISO 26262 でもソフトウェア安全要求の検証を要求していますが，若干異なります．

　本書ではIEC 62304 の示すトレーサビリティにソフトウェア詳細設計とソフトウェアユニット検証の間のトレーサビリティを付加して，第4章で紹介した電気ケトルを例として，次節以降で紹介します．

5.3　ハザードからリスクコントロール手段の検証までのトレーサビリティ

　ソフトウェアの設計を開始するにあたり，最初に安全要求仕様であるリスクコントロール手段を決定します．IEC 62304 では，そのリスクコントロール手段の妥当性を確認するために，ハザードからリスクコントロール手段の検証までを追跡するトレーサビリティを要求しています．

　不安全は基本的には物理的現象により発生しますので，リスクの抽出とその対策の検討にはハードウェアの故障のリスクを抽出するFMEAなどをベースとします．FMEAでは構成

要素の故障に着目してリスクを抽出し，対策を検討しますので，一般的にはハードウェアに着目した分析になります．

ソフトウェアはハードウェアを制御しますので，ソフトウェアのみに起因した原因でもハードウェアに影響を及ぼしリスクが発生します．そのため IEC 62304 では，ソフトウェアアイテムに着目して，ハザードからリスクコントロール手段の検証までを追跡するトレーサビリティを要求しています（図 5.2 の右下）．

第 4 章では電気ケトルを例として，FMEA を用いてハードウェアの部位から安全仕様を抽出し，その後ソフトウェアアイテムを抽出しました．そこで，その結果を用いて，ハザード，ソフトウェアアイテム，ソフトウェアの原因，リスクコントロール手段，リスクコントロール手段の検証について検討し，表を作成します（**表 5.1**）．このようにすることで，一行にハザード，ソフトウェアアイテム，ソフトウェアの原因，リスクコントロール手段，リスクコントロール手段の検証を関連付けて検討することができ，トレーサビリティを確保することができます．

ソフトウェアアイテムの観点でリスクを抽出しますので，ソフトウェアのみに起因するリスクが新たに抽出されます．この分析で，新たに検知温度とソフトウェアで設定された判定温度のずれに起因するリスクが抽出されました．

■ **表 5.1　ハザードからリスクコントロール手段の検証までのトレーサビリティ**

ハザード（危険状態）	ソフトウェアアイテム	ハードウェア・操作の原因	ソフトウェアの原因	リスクコントロール手段	リスクコントロール手段の検証	認識番号
火災	システム状態制御モジュール	サーミスタ断線	サーミスタ断線を低温と判断してしまい加熱を継続する	通常使用ではあり得ない低温（−40℃以下）は断線と判断し過熱を停止する	サーミスタ断線で加熱停止することを確認する	SA1
		水を入れ忘れて加熱したり，加熱中に水が蒸発してしまったりする（空焚き）	水の沸騰温度を大きく超えて加熱を継続する	水の沸騰温度を大きく超えた場合（110℃）は加熱を停止する	電気ケトルに水を入れないで加熱した場合，規定の温度で加熱を停止することを確認する	SA2
	サーミスタ温度検知モジュール	—	検知温度と設定された判定温度のずれにより異常加熱する	機器として，温度に関連するイベントが発生する温度の精度を±1℃とする	温度に関連するイベントが発生する温度が基準内であることを確認する	SA4
	マイコン暴走停止モジュール	ノイズなどにより無限ループ，不正な ROM 領域の実行などに陥り，ヒータを制御できなくなる	潜在バグ（無限ループ，不正な ROM 領域の実行など）により，ヒータを制御できなくなる	ウォッチドッグタイマを利用し，規定時間以内にメイン処理が終了しない場合はリセットがかかるようにする	メインループにダミーの無限ループを設定した場合，マイコンがリセットされることを確認する	SA3

81

第5章 トレーサビリティ

5.4 安全要求事項，仕様，設計，実装，試験の間のトレーサビリティ

ソフトウェアへの安全要求事項であるリスクコントロール手段が抽出できましたので，この節では，図5.4に示すソフトウェアに関わる安全要求（リスクコントロール手段）から仕様，設計，試験の間のトレーサビリティの確保の仕方を第4章で説明した電気ケトルを例に説明します．

世の中に多くのトレーサビリティツールが出ていますので，トレーサビリティツールを用いれば個々の設計内容の関連を明確にできます．ここでは，ツールを用いずにトレーサビリティを確保する例を紹介します．

トレーサビリティを表す方法にトレーサビリティマトリクスがあります．以下では，仕様や設計の文に付与した識別番号を用いてトレーサビリティマトリクスを作成します．

1 安全要求事項とソフトウェア要求仕様のトレーサビリティ

IEC 62304 では安全要求事項であるリスクコントロール手段をソフトウェア要求事項に含めることを要求しています．前節でソフトウェアアイテムに関するリスクコントロール手段が抽出されましたので，それとソフトウェア要求仕様とのトレーサビリティを確保します．

リスクコントロール手段とソフトウェア要求仕様の識別番号を表の行と列に配置し，関連があれば交わるセルに丸印を付けます．これにより，安全性リスクとソフトウェア要求仕様とのトレーサビリティが明確になります（表5.2）．例えば，空焚きを原因とする火災リスクについては，空焚き防止対策を実現しているシステム動作仕様や温度検知，ヒータ制御が正しく機能しなければ，リスクが大きくなります．そのため，空焚きを原因とする火災リスクSA2と温度検知の仕様SR3-1〜4，ヒータ制御の仕様SR4-1〜2，空焚きを防止するための動

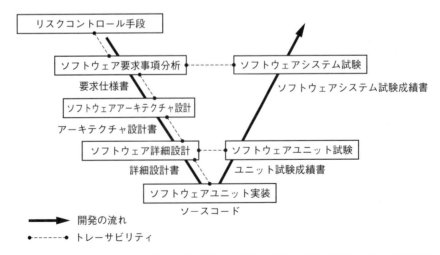

■図5.4 ソフトウェアに関わる安全要求，仕様，設計，試験の間のトレーサビリティ

5.4 安全要求事項，仕様，設計，実装，試験の間のトレーサビリティ

■表5.2　リスクコントロール手段とソフトウェア要求仕様のトレーサビリティ

ソフトウェア要求仕様のグループ：動作仕様／システム仕様（SR1-1〜SR1-14），入力スイッチ（SR2-1〜SR2-3），温度検知（SR3-1〜SR3-4），制御ヒータ（SR4-1, SR4-2），表示制御LED（SR5-1, SR5-2），生成定周期（SR6-1〜SR6-3），切替えタスク（SR7-1〜SR7-3），暴走停止マイコン（SR8-1〜SR8-3）

ハザード	原因	対策	リスクコントロール手段識別番号	SR1-1	SR1-2	SR1-3	SR1-4	SR1-5	SR1-6	SR1-7	SR1-8	SR1-9	SR1-10	SR1-11	SR1-12	SR1-13	SR1-14	SR2-1	SR2-2	SR2-3	SR3-1	SR3-2	SR3-3	SR3-4	SR4-1	SR4-2	SR5-1	SR5-2	SR6-1	SR6-2	SR6-3	SR7-1	SR7-2	SR7-3	SR8-1	SR8-2	SR8-3
火災	サーミスタ断線	加熱停止異常表示	SA1									●		●	●						●	●	●	●	●	●											
	空焚き		SA2							●	●	●									●	●			●	●											
	マイコン暴走		SA3																																●	●	●
	判定温度のずれ	温度精度規定	SA4					●																●													
加熱不能	サーミスタ短絡	加熱停止異常表示	BD1										◎	◎	◎						◎	◎	◎	◎	◎	◎											

作仕様 SR1-7〜9が交わるセルに●印を付けます．これにより関連する項目が明確になります．表5.2では，安全性に関わるものを●で，機器の故障に関わるものを◎で表しています．

　次に，設計項目間のトレーサビリティの例を説明する前に，その準備として，電気ケトルのソフトウェア詳細設計とソフトウェアシステム試験，ソフトウェアユニット試験の例を示します．それらの各項目にはトレーサビリティの識別番号を付与します．それらは以後のトレーサビリティマトリクスの説明で使用します．

　ところで，ワンチップマイコンのソフトウェアのように非常に小規模なシステムにおいては，ソフトウェア結合試験とソフトウェアシステム試験を分離することは難しくなります．IEC 62304にも「結合試験及びソフトウェアシステム試験は，一つの計画及び一連のアクティビティに統合してもよい．」とありますので，ソフトウェア結合試験はソフトウェアシステム試験に統合して説明します．

2　ソフトウェア詳細設計の例

　ソフトウェア詳細設計では，ソフトウェアモジュールとそれに含まれるソフトウェアユニットの内容を記述します．例として，システム状態制御モジュールとスイッチ入力検知モジュールの詳細設計を示します．トレーサビリティ確保のために，各モジュール名およびユニット名，詳細設計項目の後の（　）に詳細設計のアイテムの識別番号を記載します．

　　システム状態制御モジュール（DD1）

　　　ファイル名　system.c

　　　公開インタフェース

　　　　システム状態制御処理ユニット

　　　システム状態制御処理ユニット（DD1-1）

　　　　関数名　void system_control(void)

　　　　　変数定義初期化でシステム状態を待機状態とする．（DD1-1-0）

処理内容

　システムの各状態において

- アクティビティを実行する.

　　ヒータと LED の出力状態を常時更新する.

　　必要に応じてソフトウェアタイマの計数を実行する.

- イベントによりアクションを実行し，状態を変更する.

　　（「表 4.3 電気ケトルの状態遷移表」参照）

電源オフ状態でコンセントに接続され，マイコンがリセットすると待機状態とする.
（DD1-1-0）

以下に，待機状態と加熱状態，完了状態，空焚き状態の詳細を示します.

待機状態

- 待機状態ではヒータ制御状態指示をヒータオフ，LED 表示状態指示を LED 消灯とする.（DD1-1-1-1）
- 平均温度が −40℃ 以下または 150℃ 以上ではシステム状態をサーミスタ故障状態とする.（DD1-1-1-2）
- スイッチ押下確定情報がセットされればクリアし，加熱時間計数カウンタ 98 を 2 分相当，加熱時間計数カウンタ 90 を 10 分相当に設定し，システム状態を加熱状態にする.（DD1-1-1-3）

加熱状態

- 加熱状態ではヒータ制御状態指示をヒータオン，LED 表示状態指示を LED 点灯とする.（DD1-1-2-1）
- 平均温度が −40℃ 以下または 150℃ 以上ではシステム状態をサーミスタ故障状態とする.（DD1-1-2-2）
- スイッチ押下確定情報がセットされればクリアし，システム状態を待機状態にする.（DD1-1-2-3）
- 平均温度が 110℃ 以上では，システム状態を空焚き状態にする.（DD1-1-2-4）
- 平均温度が 98℃ 以上では，メイン周期（8 ms）ごとに加熱時間計数カウンタ 98 をダウンカウントする.（DD1-1-2-5）
- 加熱時間計数カウンタ 98 が 0 になったらシステム状態を加熱完了状態にする.（DD1-1-2-6）
- 平均温度が 90℃ 以上では，メイン周期（8 ms）ごとに加熱時間計数カウンタ 90 をダウンカウントする.（DD1-1-2-7）
- 加熱時間計数カウンタ 90 が 0 になったらシステム状態を加熱完了状態にする.（DD1-1-2-8）

完了状態

- 完了状態ではヒータ制御状態指示をヒータオフ，LED 表示状態指示を LED 長周期点滅とする．（DD1-1-3-1）
- 平均温度が − 40℃ 以下ではシステム状態をサーミスタ故障状態とする．（DD1-1-3-2）
- 平均温度が 150℃ 以上ではシステム状態をサーミスタ故障状態とする．（DD1-1-3-3）
- スイッチ押下確定情報がセットされればクリアし，システム状態を待機状態にする．（DD1-1-3-4）
- 平均温度が 110℃ 以上では，システム状態を空焚き状態にする．（DD1-1-3-5）

空焚き状態

- 空焚き状態ではヒータ制御状態指示をヒータオフ，LED 表示状態指示を LED 短周期点滅とする．（DD1-1-4-1）
- 平均温度が − 40℃ 以下または 150℃ 以上ではシステム状態をサーミスタ故障状態とする．（DD1-1-4-2）
- スイッチ押下確定情報がセットされればクリアし，システム状態を待機状態にする．（DD1-1-4-3）
- 平均温度が 98℃ 以下では，システム状態を待機状態にする．（DD1-1-4-4）

＊＊＊　　以下省略　　＊＊＊

利用する外部インタフェース

　　入力　スイッチ押下確定情報　f_switch.on_off

　　　　　平均温度　s16_temperature

　　出力　ヒータ制御状態指示　e_heat_output

　　　　　LED 表示状態指示　e_lighting_type_oder

ユニット内変数

　システム状態　static enum SYSTEM_STATE e_system_state

　（設定値：待機状態，加熱状態，完了状態，空焚き状態，サーミスタ故障状態）

　加熱時間計数カウンタ 98（98℃ 以上 2 分経過で完了と判断するためのカウンタ）

　　static signed int s16_time_counter_98

　加熱時間計数カウンタ 90（90℃ 以上 10 分経過で完了と判断するためのカウンタ）

　　static signed long int s32_time_counter_90

マクロ定数

　加熱完了時間　BOILING_PERIOD_2MIN（2 分 = 8 ms × 15000）

　加熱完了時間　BOILING_PERIOD_10MIN（10 分 = 8 ms × 75000）

第5章　トレーサビリティ

異常時の処理

システム状態値が設定値以外になった場合は無条件でサーミスタ故障状態に遷移する．（DD1-2）

スイッチ入力検知モジュール（DD2）

ファイル名　switch.c

公開インタフェース

スイッチ入力検知初期化処理ユニット

スイッチ入力検知処理ユニット

スイッチ押下確定情報（定義時：リセット（DD2-1-0））

struct _F_SWITCH f_switch f_switch.on_off

スイッチ入力検知初期化処理ユニット（DD2-0）

関数名　void init_switch(void)

処理内容

スイッチ入力端子のポート設定をディジタル入力とする．（DD2-0-1）

変数定義初期化でスイッチ入力レベルの確定値をオフ，スイッチ押下確定情報をリセットとする．（DD2-0-2）

利用する外部インタフェース

出力　スイッチのポートを設定するレジスタ（PM**,PMC**）

スイッチ入力検知処理ユニット（DD2-1）

関数名　void switch(void)

処理内容

- 8 ms 周期でスイッチ入力レベルを取得し 8 回連続で同一であれば，スイッチ入力レベルを確定する．（DD2-1-1）
- 確定したスイッチ入力レベルが H から L に変化したら，スイッチ押下確定情報をセットする．（DD2-1-2）

利用する外部インタフェース

入力　スイッチ入力ポート（p**）

提供する外部インタフェース

出力　スイッチ押下確定情報（f_switch.on_off）

ユニット内変数

前回のスイッチ入力レベル確定値（定義時：H（DD2-1-0））

static unsigned char switch_level_before

今回のスイッチ入力レベル確定値（定義時：H）

static unsigned char switch_level

紙面の都合上，他のモジュールの詳細設計についてはアイテムとその識別番号のみ列挙し

86

ます．

サーミスタ温度検知モジュール（DD3）

A/D 変換初期化処理ユニット（DD3-0）

温度検知処理ユニット（DD3-1）

ヒータ制御モジュール（DD4）

ヒータ制御初期化処理ユニット（DD4-0）

ヒータ制御処理ユニット（DD4-1）

LED 表示制御モジュール（DD5）

LED 表示制御初期化処理ユニット（DD5-0）

LED 表示制御処理ユニット（DD5-1）

定周期生成モジュール（DD6）

定周期生成タイマ初期化処理ユニット（DD6-0）

定周期生成処理ユニット（DD6-1）

タスク切替えモジュール（DD7）

メイン処理ユニット（DD7-1）

マイコン暴走停止モジュール（DD8）

ウォッチドッグタイマカウンタクリアユニット（DD8-1）

3 ソフトウェアシステム試験

ソフトウェアシステム試験では，ソフトウェアがソフトウェア要求仕様に適合しているか試験します．ソフトウェア要求仕様に対してソフトウェアシステム試験が設定されますから要求仕様項目と試験項目は基本的には対となります．しかしながら，試験項目に対応する要求仕様が記載されていない場合があります．それは，ソフトウェア要求仕様では暗黙の仕様があるからです．例としては，以下のようなものです．

電気ケトルの動作仕様では，SR1-1 から SR1-14 まではイベントが発生したら状態が遷移するものだけを記載していますが，イベントが発生しても状態が遷移しないものについては記載していません．それらは，「表 4.3 電気ケトルの状態遷移表」で言えば「―」が記載されたセルの部分です．これらは，イベントが発生しても遷移しないことを示しています．しかし，試験ではイベントが発生しても遷移しないことを確認する必要があります．

スイッチ入力検知の仕様でも「確定したスイッチ入力レベルが H から L になればスイッチ押下確定情報を出力する．」という記述はありますが，「確定したスイッチ入力レベルが L から H になってもスイッチ押下確定情報を出力しない．」という記述はありません．これらも試験では確認したほうがよいでしょう．後者の記述は前者の記述の関連事項ですので，後者の記述に対応する試験項目は前者の記述の仕様とトレーサビリティが確保されるとします．

ソフトウェアシステム試験の例として，システム状態制御機能とスイッチ入力検知機能の

第 5 章　トレーサビリティ

ソフトウェアシステム試験を示します．トレーサビリティ確保のために，各モジュール名およびユニット名の後の（）にソフトウェアシステム試験項目の識別番号を記載します．ただし，1つの仕様項目に対して複数の試験項目があるため，試験項目には枝番を付加しているものもあります．

システム状態制御機能の試験（ST1）

状態遷移表（表 4.3）の各マスに記載の状態遷移通りであることを確認します．各マスに記載の状態遷移通りであることは，遷移前の状態と，イベントが発生し遷移した後の状態とで，すべての出力が規定通りであることで確認できます．

―のマスは状態遷移が起こらないことを確認します．×のマスはイベントが起こり得ないため試験の対象外とします．

システム状態制御機能の試験では識別番号を ST1 と 1 つのみにしています．この試験では，状態遷移表（表 4.3）の各マスに記載の状態遷移通りであることを確認し，システムの動作仕様通り状態遷移が行われているか試験します．各マスに識別番号を付けてもよいのですが，トレーサビリティの管理は，この表の単位で問題ないと考えられるため識別番号を 1 つのみとします．ソフトウェア要求仕様の識別番号との詳細なトレーサビリティは各マス中のソフトウェア要求仕様の識別番号で確保することができます．

スイッチ入力検知機能の試験（ST2）

- 通電直後にスイッチを押下したら加熱状態になる．（ST2-1）
- 待機状態でスイッチ押下時間 80 ms でスイッチ押下が確定する．（ST2-2-1）
- 待機状態でスイッチ押下時間 50 ms でスイッチ押下が確定しない．（ST2-2-2）
- 待機状態でスイッチを押下したら加熱状態になる．（ST2-3-1）
- 待機状態でスイッチが押下状態のとき，スイッチを開放しても待機状態のままである．（ST2-3-2）

紙面の都合上，他の機能のソフトウェアシステム試験については機能とその識別番号のみ列挙します．

サーミスタ温度検知機能の試験（ST3）

ヒータ制御機能の試験（ST4）

LED 表示制御機能の試験（ST5）

定周期生成機能の試験（ST6）

タスク切替え機能（メイン処理）の試験（ST7）

マイコン暴走停止機能の試験（ST8）

4 ソフトウェアユニット試験

ソフトウェアユニット試験では，ソフトウェアがソフトウェア詳細設計に適合しているか試験します．ソフトウェア詳細設計に対してソフトウェアユニット試験が設定されますから

88

詳細設計項目とソフトウェアユニット試験項目は対となります．

　例として，システム状態制御モジュールとスイッチ入力検知モジュールのソフトウェアユニット試験を示します．トレーサビリティ確保のために，各モジュール名およびユニット名，ソフトウェアユニット試験項目の後の（）に識別番号を記載します．詳細設計項目の識別番号の DD の後の番号とソフトウェアユニット試験項目の識別番号の UT の後の番号を対応する項目としています．ただし，一つの設計項目に対して複数の試験項目があるため，試験項目には枝番を付加しているものもあります．

　　システム状態制御モジュール（UT1）

　　システム状態制御処理ユニット（UT1-1）

　　　リセット直後にシステム状態が待機状態になる．（UT1-1-0）

　　以下に，待機状態と加熱状態のソフトウェアユニット試験の詳細を示します．

　　待機状態

- 待機状態ではヒータ制御状態指示がヒータオフ，LED 表示状態指示が LED 消灯になる．（UT1-1-1-1）
- 平均温度が−40℃以下ではシステム状態がサーミスタ故障状態になる．（UT1-1-1-2-1）
- 平均温度が 150℃以上ではシステム状態がサーミスタ故障状態になる．（UT1-1-1-2-2）
- スイッチ押下確定情報がセットされれば加熱時間計数カウンタ 98 が 2 分相当，加熱時間計数カウンタ 90 が 10 分相当になり，システム状態が加熱状態になる．（UT1-1-1-3）

　　加熱状態

- 加熱状態ではヒータ制御状態指示がヒータオン，LED 表示状態指示が LED 点灯になる．（UT1-1-2-1）
- 平均温度が−40℃以下になると，システム状態がサーミスタ故障状態になる．（UT1-1-2-2-1）
- 平均温度が 150℃以上になると，システム状態がサーミスタ故障状態になる．（UT1-1-2-2-2）
- スイッチ押下確定情報がセットされれば，システム状態が待機状態になる．（UT1-1-2-3）
- 平均温度が 110℃以上では，システム状態が空焚き状態になる．（UT1-1-2-4）
- 平均温度が 98℃以上では，メイン周期（8 ms）ごとに加熱時間計数カウンタ 98 がダウンカウントされる．（UT1-1-2-5）
- 加熱時間計数カウンタ 98 が 0 になったらシステム状態が加熱完了状態になる．（UT1-1-2-6）

- 平均温度が 90℃ 以上では，メイン周期（8 ms）ごとに加熱時間計数カウンタ 90 がダウンカウントされる．（UT1-1-2-7）
- 加熱時間計数カウンタ 90 が 0 になったらシステム状態が加熱完了状態になる．（UT1-1-2-8）

＊＊＊　　以下省略　　＊＊＊

異常時の処理

システム状態値が設定値以外になった場合は無条件でサーミスタ故障状態になる．（UT1-2）

スイッチ入力検知モジュール（UT2）

スイッチ入力初期化処理ユニット（UT2-0）

- スイッチ入力端子のポート設定がディジタル入力である．（UT2-0-1）
- マイコンリセット直後にスイッチ入力レベルの確定値がオフ，スイッチ押下確定情報がリセットされている．（UT2-0-2）

スイッチ入力確定処理ユニット（UT2-1）

- 8 ms ごとにスイッチ入力が取得され，8 回連続同一レベルであればレベルが確定する（H および L）．（UT2-1-1-1）
- 8 ms ごとにスイッチ入力が取得され，8 回連続同一レベルでなければ，前回の確定レベルが継続する．（UT2-1-1-2）
- 確定したスイッチ入力レベルが H から L になったとき，スイッチ押下確定情報が出力される．（UT2-1-2-1）
- 確定したスイッチ入力レベルが L から H になったとき，スイッチ押下確定情報が出力されない．（UT2-1-2-2）

紙面の都合上，他のモジュールの詳細設計についてはモジュールおよびユニットとその識別番号のみ列挙します．

サーミスタ温度検知モジュール（UT3）

A/D 変換初期化処理ユニット（UT3-0）

温度検知処理ユニット（UT3-1）

ヒータ制御モジュール（UT4）

ヒータ制御初期化処理ユニット（UT4-0）

ヒータ制御処理ユニット（UT4-1）

LED 表示制御モジュール（UT5）

LED 表示制御初期化処理ユニット（UT5-0）

LED 表示制御処理ユニット（UT5-1）

定周期生成モジュール（UT6）

定周期生成タイマ初期化処理ユニット（UT6-0）

定周期生成処理ユニット（UT6-1）

タスク切替えモジュール（UT7）

メイン処理ユニット（UT7-1）

マイコン暴走停止モジュール（UT8）

ウォッチドッグタイマカウンタクリアユニット（UT8-1）

5 ソフトウェア要求仕様とソフトウェアアーキテクチャのトレーサビリティ

仕様と設計，試験の識別番号が明確になりましたので，トレーサビリティをトレーサビリティマトリクスで表していきます．

表5.3にソフトウェア要求仕様とソフトウェアアーキテクチャのトレーサビリティマトリクスを示します．記号は以下の通りです．

○：一般仕様のトレーサビリティ

●：安全に関わるトレーサビリティ

◎：故障に関わるトレーサビリティ

安全に関わる仕様とトレーサビリティが関連付けられているソフトウェアアイテム（モジュールやユニット）は，安全に関わるソフトウェアアイテムとなります．そのようなソフトウェアアイテムは，基本的にはその仕様のソフトウェア安全クラスとなります．しかし，IEC 62304は対象のソフトウェアアイテムが危険状態の一因にならない正当な根拠を文書で示せば，安全クラスAに分類できるとしています．そのため，SR1-8は安全に関わる仕様ですが，それに関連するLED表示制御処理は加熱には関連しませんから，危険状態の一因にならないソフトウェアと判断し，安全クラスAとしています．

マイコン暴走機能に関わる定周期生成処理やウォッチドッグタイマカウンタクリア処理も一般仕様のトレーサビリティとしています．これは，これらの処理が機能しなければ，そもそもソフトウェア全体が機能せず，危険状態の一因にならないと判断したからです．

マイコン暴走停止仕様のSR8-1とSR8-2はソフトウェアモジュールのユニットが設定するのではなく，マイコンへのプログラム書込み時にオプションバイト（フラッシュメモリ）に設定するため，ソフトウェアユニットとのトレーサビリティはありません．ただし，ウォッチドッグタイマが動作していなければ，マイコン暴走時に出力が不定となり，火災などの可能性がありますから，ハードウェアの機能として安全上重要な仕様となります．

電気ケトルは医療機器ではありませんが，医療機器であれば，火災は死亡または重傷の可能性があるソフトウェア安全クラスCとなります．そのため，表5.3で安全性に関わるモジュールとユニットはソフトウェア安全クラスCとなります．しかし，ハードウェア（温度ヒューズ）で対策をしていますので，電気ケトルのソフトウェア安全クラスはAとなります．ソフトウェア安全クラスがAとなれば，すべてのアイテムは安全クラスAとなり，リスクはなくなりますが，本書ではアーキテクチャ設計とトレーサビリティの説明のため，ソフ

■ 表 5.3　ソフトウェア要求仕様とソフトウェアアーキテクチャのトレーサビリティマトリクス

		ソフトウェアアーキテクチャ												
モジュール名		タスク切替え制御	システム状態制御	スイッチ入力検知		温度検知サーミスタ		ヒータ制御		LED表示制御		定周期生成		マイコン暴走停止制御
		M7	M1	M2		M3		M4		M5		M6		M8
ユニット名		メイン処理	システム状態制御処理	検知初期化処理	スイッチ入力検知処理	A/D変換初期化処理	温度検知処理	ヒータ制御初期化処理	ヒータ制御処理	LED表示制御初期化処理	LED表示制御処理	定周期生成タイマ初期化処理	定周期生成処理	WDTカウンタクリア処理
		U7-1	U1-1	U2-0	U2-1	U3-0	U3-1	U4-0	U4-1	U5-0	U5-1	U6-0	U6-1	U8-1
関数名		void main(void)	void system(void)	void init_sw(void)	void input_sw(void)	void init_temp(void)	void input_temp(void)	void init_heater(void)	void output_heater(void)	void init_led(void)	void output_led(void)	void init_it(void)	void int_it(void)	void clear_wdt(void)
識別番号		DD7	DD1-1	DD2-0	DD2-1	DD3-0	DD3-1	DD4-0	DD4-1	DD5-0	DD5-1	DD6-0	DD6-1	DD8-1
システム	SR1-1	○	○	○						○		○		
	SR1-2	○	○						○		○			
	SR1-3	○	○		○									
	SR1-4	○	○						○		○			
	SR1-5	○	○				○					○	○	
	SR1-6	○	○						○		○			
	SR1-7	●	●				●							
	SR1-8	●	●						●		○			
	SR1-9	○	○				○							
	SR1-10	●	●				●							
	SR1-11	◎	◎				◎							
	SR1-12	●	●						●					
	SR1-13	○	○								○			
	SR1-14	○	○		○									
スイッチ入力	SR2-1	○		○										
	SR2-2	○											○	
	SR2-3	○			○									
温度検知	SR3-1	●				●								
	SR3-2	●					●					●	●	
	SR3-3	●					●							
	SR3-4		●				●							
ヒータ制御	SR4-1	●	●					●						
	SR4-2	●	●						●					
LED表示制御	SR5-1	○	○							○				
	SR5-2	○	○								○		○	
定周期生成	SR6-1	○										○		
	SR6-2	○										○		
	SR6-3	○											○	
タスク切替え	SR7-1	○		○		○		○		○				
	SR7-2	○	○		○		○		○		○		○	○
	SR7-3	○											○	
マイコン暴走停止	SR8-1													
	SR8-2													
	SR8-3	●											○	○

トウェア安全クラスをCとしています．また，ソフトウェア安全クラスがAとなっても，ソフトウェアでの対策を行うことにより，不安全になることを抑制したり，故障リスクを低減したりすることができ，機器の信頼性が向上します．

6　ソフトウェア要求仕様とソフトウェア詳細設計のトレーサビリティ

　ソフトウェアアーキテクチャ設計で区分けするのはソフトウェアユニットまでです．そのため，表5.3ではソフトウェア要求仕様とソフトウェア詳細設計の項目ごとのトレーサビリティが明らかになっていません．表5.3に詳細設計の各項目を展開すれば可能ですが，システム全体の把握がしにくくなるため，別の表としました．

　表5.4にソフトウェア要求仕様とソフトウェア詳細設計の項目ごとのトレーサビリティマトリクスの一部を示します．

　以降では，仕様，設計と試験との間のトレーサビリティの例を紹介します．

■表5.4　ソフトウェア要求仕様とソフトウェア詳細設計のトレーサビリティマトリクス（詳細）

			DD1-1-0	DD1-1-1	DD1-1-2	DD1-1-3	DD1-2-1	DD1-2-2	DD1-2-3	DD1-2-4	DD1-2-5	DD1-2-6	DD1-2-7	DD1-2-8	DD1-3-1	DD1-3-2	DD1-3-3	DD1-3-4	DD1-3-5	DD1-4-1	DD1-4-2	DD1-4-3	DD1-4-4
ソフトウェア要求仕様	システム動作仕様	SR1-1	○																				
		SR1-2		○																			
		SR1-3				○																	
		SR1-4					○																
		SR1-5									○	○	○	○									
		SR1-6													○								
		SR1-7								●									●				
		SR1-8																		●			
		SR1-9																					○
		SR1-10			●			●								●					●		
		SR1-11			◎			◎									◎				◎		
		SR1-12																					
		SR1-13																					
		SR1-14							○									○				○	
	入力検知 スイッチ	SR2-0																					
		SR2-1																					
		SR2-2																					
	温度検知 サーミスタ	SR3-0																					
		SR3-1																					
		SR3-2																					

93

第5章 トレーサビリティ

7 ソフトウェア要求仕様とソフトウェアシステム試験のトレーサビリティ

表5.5にソフトウェア要求仕様とソフトウェアシステム試験のトレーサビリティマトリクスの一部を示します.

既に説明しましたように,システム動作仕様の中で状態遷移に関わる部分は,仕様の文章に表れない暗黙の仕様が多く存在します.そのため,状態遷移に関わる仕様のトレーサビリティは状態遷移表で確保することにします.表5.5の動作仕様は文章として表れるもののみを記載しています.

■ 表5.5 ソフトウェア要求仕様とソフトウェアシステム試験のトレーサビリティマトリクス

			ST1	ST2-1	ST2-2-1	ST2-2-2	ST2-3-1	ST2-3-2	ST3-1	ST3-2-1	ST3-2-2	ST3-3-1	ST3-3-2	ST3-3-3	ST3-3-4	ST3-3-5	ST3-3-6	ST3-3-7	ST3-3-8	ST3-3-9	ST3-3-10	ST3-3-11
ソフトウェア要求仕様	システム動作仕様	SR1-1	○																			
		SR1-2	○																			
		SR1-3			○																	
		SR1-4	○																			
		SR1-5	○																			
		SR1-6	○																			
		SR1-7	●																			
		SR1-8	●																			
		SR1-9	○																			
		SR1-10	●																			
		SR1-11	◎																			
		SR1-12	●																			
		SR1-13	○																			
		SR1-14	○																			
	入力検知 スイッチ	SR2-1		○																		
		SR2-2			○	○																
		SR2-3					○	○														
	温度検知 サーミスタ	SR3-1							●													
		SR3-2																				
		SR3-3																				

（上部ヘッダ: ソフトウェアシステム試験 / システム制御処理ユニット詳細設計 / ST1, ST2, ST3）

8 ソフトウェア詳細設計とソフトウェアユニット試験のトレーサビリティ

表5.6にソフトウェア詳細設計とソフトウェアユニット試験のトレーサビリティマトリクスの一部を示します.

■表5.6　ソフトウェア詳細設計とソフトウェアユニット試験のトレーサビリティマトリクス

| | | | | ソフトウェアユニット試験 | | | | | | | | | | | | | | | スイッチ入力検知 | | | | | |
| | | | | システム制御 | | | | | | | | | | | | | | | | | | | | |
				UT1-1-0	UT1-1-1	UT1-1-2-1	UT1-1-2-2	UT1-1-3	UT1-1-2-1	UT1-1-2-2-1	UT1-1-2-2-2	UT1-1-2-3	UT1-1-2-4	UT1-1-2-5	UT1-1-2-6	UT1-1-2-7	UT1-1-2-8	…	UT1-2	UT2-0-1	UT2-0-2	UT2-1-1	UT2-1-2	UT2-1-2-1	UT2-1-2-2
ソフトウェア詳細設計	システム動作仕様	DD1	DD1-1-0	○																					
			DD1-1-1-1		○																				
			DD1-1-1-2			●	◎																		
			DD1-1-1-3					○																	
			DD1-1-2-1						○																
			DD1-1-2-2							●	◎														
			DD1-1-2-3									○													
			DD1-1-2-4										●												
			DD1-1-2-5											○											
			DD1-1-2-6												○										
			DD1-1-2-7													○									
			DD1-1-2-8														○								
			DD1-2																○						
	スイッチ入力検知	DD2-0	DD2-0-1																						
			DD2-0-2																						
		DD2-1	DD2-1-1																						
			DD2-1-2																						

　IEC 62304ではトレーサビリティの表記の仕方を規定していません．一方，試験の各項目は仕様や設計の各項目に対して設定されます．そのため「ソフトウェア要求仕様とソフトウェアシステム試験」や「ソフトウェア詳細設計とソフトウェアユニット試験」のトレーサビリティは，トレーサビリティマトリクスの形式ではなく，ハザードからリスクコントロール手段の検証までのトレーサビリティと同様に，それら仕様や設計の詳細項目と試験項目を対として併記した表形式で記載することで表すこともできます．

5.5　トレーサビリティを活用した変更における影響範囲の特定と試験項目抽出の例

　この節では，トレーサビリティを活用して，ソフトウェアの変更箇所を特定して設計を変更し，変更による影響範囲を特定して試験項目を抽出する例を説明します．ベースとなる電気ケトルの仕様は第4章で説明したものとします．変更は保温機能の追加とし，保温温度の精度は $90 \pm 2℃$ とします．

　状態遷移図から，完了状態を保温状態に変更することで，保温機能の追加が達成できることが分かります（**図5.5**）．

第 5 章　トレーサビリティ

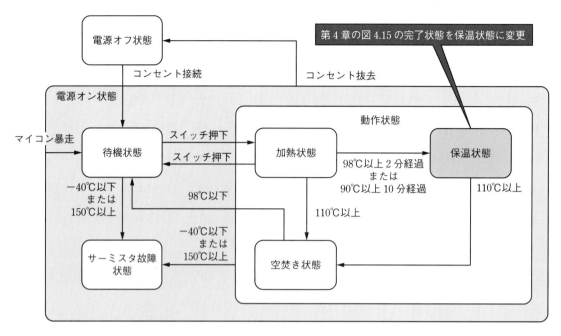

■ 図 5.5　電気ケトルの状態遷移図

　　つまり，以下の 2 点のソフトウェア要求仕様の変更です．
　（SR1-6）
　　変更前
　　　完了状態ではヒータオフ，LED 長周期点滅とする．
　　変更後
　　　保温状態ではヒータ保温，LED 長周期点滅とする．
　（SR4-2）
　　変更前
　　　システム状態制御モジュールから通知されたヒータ制御状態（オン・オフ）の指示に従って，ヒータをオン・オフする．
　　変更後
　　　システム状態制御モジュールから通知されたヒータ制御状態（オン・オフ・保温）の指示に従って，ヒータをオン・オフ・保温制御する．保温温度は 90 ± 2℃ とする．
　ただし，要求仕様および状態遷移表，詳細設計などの完了状態は保温状態と名称を変更する必要があります．
　表 5.3 ソフトウェア要求仕様とソフトウェアアーキテクチャのトレーサビリティマトリクスより，変更する仕様 SR1-6 と SR4-2 に関連するユニットは以下のようになります．

メイン処理ユニット

システム状態制御処理ユニット

ヒータ制御処理ユニット

LED 表示制御処理ユニット

ただし，メイン処理ユニットは，各処理ユニットを定期的に呼び出すだけであり変更の必要がないため，変更対象から除外します．LED 表示制御処理ユニットも，LED 表示の変更がないため，変更対象から除外します．

表 5.4 ソフトウェア要求仕様とソフトウェア詳細設計のトレーサビリティマトリクスより，SR1-6 に関連する詳細設計は，システム制御モジュールのシステム状態制御処理ユニットの詳細設計 DD1-1-3-1 になります．保温制御にするには現在の温度の情報をヒータ制御処理ユニットへ渡す必要があります．そこで，この詳細設計を次のように変更します．

変更前

完了状態ではヒータ制御状態指示をヒータオフ，LED 表示状態指示を LED 長周期点滅とする．

変更後

保温状態ではヒータ制御状態指示を保温，LED 表示状態指示を LED 長周期点滅とする．

SR4-2 に関連する詳細設計は，ヒータ制御モジュールのヒータ制御処理ユニットの詳細設計 DD4-1 になります．そこで，この詳細設計を次のように変更します．

変更前

ヒータ制御指示がオフであれば，ヒータをオフにする．

ヒータ制御指示がオンであれば，ヒータをオンにする．

変更後

ヒータ制御指示がオフであれば，ヒータをオフにする．

ヒータ制御指示がオンであれば，ヒータをオンにする．

ヒータ制御指示が保温であれば，平均温度が89℃以下になればヒータをオンにし，91℃以上になればヒータをオフにする[†1]．

この変更に伴い，ヒータ制御モジュールの入力インタフェースには以下の追加が必要になります．

ヒータ制御状態指示への保温の追加

平均温度の追加

以上より，ソフトウェアアーキテクチャは，第3章の図3.15で示したようになり，ソース

[†1]　90±2℃の保温制御は「ヒータ制御状態指示が保温のとき，平均温度が89℃以下になればヒータをオンし，91℃以上になればヒータをオフする」としました．ただし，この制御が妥当かはハードウェアや給水量などによる熱慣性などの考慮もいりますので十分な検討が必要です．

第 5 章　トレーサビリティ

コードの修正は以下のようになります.

❖ SR1-6 に関する修正

ファイル（system.c）の関数 void system(void) の case COMPLETE: のヒータ制御状態指示のアクティビティをヒータオフ（e_heat_output = HEAT_OFF;）からヒータ保温（e_heat_output = KEEP_90;）に変更します. 平均温度をヒータ制御処理モジュールへ渡します（s16_temperatue_h = s16_temperature;）（ソースコード 5.1）.

■ ソースコード 5.1　SR1-6 に関する修正箇所（システム状態制御処理ユニット）

```
case COMPLETE:                            /* 保温状態 */
   if((s16_temperature <= TEMP_M40) || (TEMP_150 <= s16_temperature)){
      e_system_state = TH_BREAKDOWN;   /* サーミスタ故障であればサーミスタ故障状態へ */
   }else if(f_switch.on_off == ON){    /* スイッチが押下された場合 */
      f_switch.on_off = OFF;           /* スイッチ押下フラグクリア */
      e_system_state = WAIT;           /* 待機状態へ */
   }else if(TEMP_110 <= s16_temperature){
      e_system_state = OVERHEAT;       /* 110℃以上であれば空焚き状態へ */
   }
   e_heat_output = KEEP_90;            /* ヒータ保温指示 */
   s16_temperature_h = s16_temperature;      /* 平均温度の設定 */
   u8_lighting_type_oder = COMPLETION_INFORM;  /* LED 長周期点滅 */
   break;
```

❖ SR4-2 に関する修正

ファイル（heat.h）のヒータ制御状態を表す列挙型定数に保温指示（KEEP_90）を追加します. 平均温度を取得するインタフェース変数（s16_temperature_h）も追加します（ソースコード 5.2）.

■ ソースコード 5.2　SR4-2 に関する修正箇所（インタフェースの追加）

```
enum HEAT_OUTPUT{HEAT_OFF = 0,HEAT_ON,KEEP_90};   /* ヒータ制御状態指示 */
extern enum HEAT_OUTPUT e_heat_output;
extern unsigned int s16_temperature_h;            /* 平均温度のインタフェース */
```

ファイル（heat.c）の関数 void output_heater(void) にヒータ制御状態の保温指示の場合の処理を追加します（ソースコード 5.3）.

■ ソースコード 5.3　保温指示の場合の処理を追加（ヒータ制御処理ユニット）

```
. . . . . . . . . . . . . . . . . . . . . . . . . . . . . . . . . . . . . . .
unsigned s16_temperature_h = 0x0100U;    /* 平均温度 */
. . . . . . . . . . . . . . . . . . . . . . . . . . . . . . . . . . . . . . .
   switch(e_heat_output){              /* ヒータ制御指示により処理を実行する */
   case HEAT_OFF:                      /* ヒータ制御指示オフの場合 */
   /* ヒータ制御指示を異常の場合と同じ処置とするため break; を記載せず */
   defult:                            /* ヒータ制御指示が異常の場合 */
```

98

```
        P1_bit.no0 = 0U;           /* ヒータオフ */
        break;
    case HEAT_ON:                  /* ヒータ制御指示オンの場合 */
        P1_bit.no0 = 1U;           /* ヒータオフ */
        break;
    case KEEP_90:                  /* ヒータ制御指示保温の場合 */
        if(s16_temperature_h >= TEMP_91){   /* 平均温度が 91℃以上の場合 */
            P1_bit.no0 = 0U;       /* ヒータオフ */
        }else if(s16_temperature_h <= TEMP_89){    /* 平均温度が 89℃以下の場合 */
            P1_bit.no0 = 1U;       /* ヒータオン */
        }else{                     /* 平均温度 89℃を超え 91℃未満ではヒータ制御を以前のままとする */
        }
        break;
}
```

次に，これらの変更による影響を検討します．

❖ SR1-6 の変更による影響

ソフトウェア要求仕様とソフトウェアアーキテクチャのトレーサビリティマトリクスより，この仕様に関連のあるユニットは，メイン処理ユニット，システム状態制御処理ユニット，ヒータ制御処理ユニット，LED 表示制御処理ユニットであることが分かります．

メイン処理ユニットは変更がなく，各処理の実行割付けのみであるためメイン処理ユニットへの影響はないと考えられます．

システム状態制御処理ユニットはこの処理が属するユニットです．この処理は状態のアクティビティとして保温状態のみで実行されるため，他の状態へは影響を与えないと考えられます．

ヒータ制御処理ユニットは，保温制御の指示があった場合に，現在の温度によりヒータを制御します．変更した SR4-2 の仕様通りに変更されていれば問題ないと考えられます．

LED 表示制御処理ユニットは，この処理の指示で長周期点滅をしますが，その部分の変更はないため変更の影響は受けないと考えられます．

❖ SR4-2 の変更による影響

ソフトウェア要求仕様とソフトウェアアーキテクチャのトレーサビリティマトリクスより，この仕様に関連のあるユニットはメイン処理ユニット，システム状態制御処理ユニット，ヒータ制御処理ユニットであることが分かります．

SR1-6 と同じ理由により，メイン処理ユニットへの影響はないと考えられます．

システム状態制御処理ユニットは，保温状態のときに状態のアクティビティとしてこの処理へ保温処理の指示と現在の温度を通知します．変更した SR1-6 の仕様通りに変更されているので問題ないと考えられます．

ヒータ制御処理ユニットは，この処理が属するユニットです．変更した SR4-2 の仕様

第 5 章　トレーサビリティ

通りに変更されているので問題ないと考えられます．

以上の検討結果より，変更により確認を必要とする試験を抽出します．

❖ SR1-6 の変更による確認

システム試験は仕様 SR1-6 に対応する試験「ST1-6 保温状態ではヒータ保温，LED 長周期点滅になる」が必要になります．

ユニット試験は，システム制御処理ユニットの保温状態における試験項目，UT1-1-3-1 から UT1-1-3-5 が必要になります．ただし，UT1-1-3-1 のみ「保温状態では，ヒータ制御状態指示がヒータ保温，LED 表示状態指示が LED 長周期点滅になる．」と変更されます．

❖ SR4-2 の変更に関する確認

システム試験は仕様 SR4-2 に対応する試験 ST4-2-1 から ST4-2-6 が必要になります．

ユニット試験は影響範囲の検討結果から，ヒータ制御処理ユニットの試験 UT4-1-1 から UT4-1-3 が必要になります．

以上の仕様 SR4-2 の変更は安全性に関わる仕様変更ですが，トレーサビリティを活用すると，ソフトウェアの変更箇所および影響範囲の特定と漏れのない試験項目の抽出ができ，見落としのない修正が可能です．

5.6　実使用を想定した非機能試験

前の節では，仕様や設計とトレーサビリティが確保できる機能試験を示してきました．IEC 62304 ではソフトウェアユニット試験やソフトウェア結合試験，ソフトウェアシステム試験などの個々の設計や仕様に対応した設計検証のための試験を規定しています．

しかし，ノイズの混入や設計が意図していない使われ方や，複数の仕様や設計が同時に関連する状況などで思いもよらないトラブルが発生することがあります．そのようなトラブルを洗い出す試験は，仕様や設計などと直接的な対応付け（トレーサビリティ）を確保することが困難なため，的確で効率的な試験項目の抽出は比較的難しくなります．ハードウェアでは，信頼性，耐久性試験やフィールド試験，意地悪試験（A worst case scenario test）と呼ばれるものです．

しかし，ソフトウェアの安全性，信頼性を確保するためには，そのような非機能試験も重要です．そこで，実使用を想定した非機能試験の例を紹介します．このような試験は製品固有の側面があります．読者の皆さんが，担当される製品について適切な非機能試験を考案し，ソフトウェアの安全性，信頼性の確保に取り組んでいかれることを期待します．

❖状態遷移に関して

- 複数の状態間の遷移のルートに依存する問題がないかを確認する．

（用途への適合の視点から）

製品の連続使用や長時間使用により発現する問題がないか.

間欠的な使用により発現する問題がないか.

ユーザーの様々な使い方により発現する問題がないか.

（設計の視点から）

アクティビティが適切に実装されているか.

記憶要素を伴うアクションの抜けがないか.

ソフトウェアタイマの設定, クリアに不備はないか.

- 短時間における複数のイベントの発生により問題が発生しないか確認する.

（用途への適合の視点から）

お客様の素早いボタンスイッチ操作に対応できているか（1秒以内に3回操作）.

お客様のスイッチの連打で不安全事象や再使用不能が発生しないか（1秒以内に3回連打）.

（設計の視点から）

状態の切替えの瞬間に意図しない短時間の状態が発生し, 意図しない遷移が発生することがないか.

❖**機能・設定の組合せに関して**

- 機能や設定の組合せおよびそれらの設定順序により, 問題が発生しないか確認する.

（用途への適合の視点からの確認の目的）

製品機能や設定の組合せに対応できているか.

その切替え操作の順序による問題はないか.

（設計の視点からの確認の目的）

機能間に意図せぬ相関関係がないか.

＜注＞

最近の製品は高機能になってきており, 機能の組合せが数百万を超えるものもあります. そのような製品においては, すべての機能の組合せにおける評価を開発期間内に完了することは不可能です. 設計において各機能の独立性を確保することも重要ですが, 直交表やオールペア法を用いた評価により, 評価の信頼性を高めることができます.

❖**外乱に対するロバスト性（堅牢性）に関して**

- 電磁気ノイズやチャタリングなどの外乱に対する耐性を確認する.

（用途への適合の視点・設計の視点からの確認の目的）

製品の使用環境下における電磁気ノイズに対応できているか.

お客様の様々なスイッチの押し方に対応できているか.

機構のガタ（歯車のバックラッシュなど）に対応できているか.

CHAPTER 6

C言語が備える
モジュール化のしくみ

この章では，C言語が備えるモジュール化のしくみとモジュール化のしくみを活用するための利用の仕方の例を説明し，サンプルプログラムを紹介します．利用の仕方の例はあくまで一例であり，そうすべきと言うものではありませんが，モジュールの独立性を高め，着脱・交換の容易性，信頼性を向上させます．

C言語が備えるモジュール化のしくみには以下のようなものがあります．

- 関数・変数の有効範囲
- ヘッダファイル（インクルードガード）
- ファイル
- 関数

6.1　関数・変数の有効範囲

モジュール化するためのC言語が備える重要なしくみとして，関数，変数などがどの範囲で使用できるかを決めた有効範囲（scope）があります．有効範囲はプログラムの各部分が影響を及ぼす範囲を規定するものです．

有効範囲には次の3つがあります．

- ブロックスコープ
- ファイルスコープ
- 外部スコープ

ブロックスコープは，変数などが {} で囲まれた範囲内（ブロック内）でのみ利用が可能となるものです．ブロックの外では利用できなくなります．変数などの宣言・定義はブロックの先頭で行います．その内側の {} の中でも変数の使用は有効となりますが，内側の {} の中に同一名で宣言された変数があった場合，内側の {} の中と外側の {} の中の変数は別物となります．関数はブロックスコープにできません．

ファイルスコープは，関数・変数などがファイル内で利用が可能となるものです．該当ファイル以外では利用できなくなります．ブロック {} の外のファイルの先頭で宣言します．変数の宣言は定義にもなります．宣言・定義時に static を付けます．static を付けなくても，他のファイルで extern の付いた外部宣言をしなければ参照できませんが，static を付けたほうが無難です．記述ミスなどで他のファイルで誤って使用してしまう可能性があるからです．

103

第6章 C言語が備えるモジュール化のしくみ

　外部スコープは，関数・変数などが他のファイルでも利用が可能となるものです．ブロック {} の外のファイルの先頭で定義します．定義時に記憶域クラス指定子（auto, register, static, extern）は付けません．外部スコープの関数・変数を利用する場合，ヘッダファイルで extern を付けて宣言し，使用しようとする他のファイルで #include 指令を用いヘッダファイルを取り込んで使用します．extern の付いた宣言は宣言のみでメモリに領域を確保しません．

　外部スコープの関数・変数は，使用するCソースファイルで extern を付けて宣言し使用することもできますが，参照関係を分かりやすくするため，ヘッダファイルで宣言した方がよいでしょう．

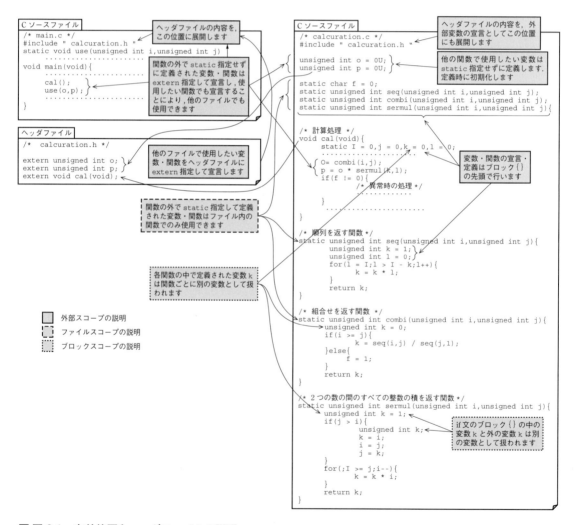

■ 図 6.1　有効範囲とヘッダファイルの説明

変数や関数は有効範囲が広がるほど多くの関数から利用可能になりますから，変数の変更や関数呼出しが，どのような順序でどのようなタイミングで行われるかを把握することが難しくなります．そのため，変数や関数の有効範囲は必要最小限に留めておいたほうが無難です．

6.2　ヘッダファイル

C 言語のプログラミングで作成するファイルに C ソースファイル（***.c）とヘッダファイル（***.h）があります．

C ソースファイルにはプログラムの実体などを記述します．実体を記述するとは，変数の初期化を伴う宣言や関数の実行内容を記述した定義など，メモリ上に変数や関数を割り付ける文を記述することです．これは，変数や関数を定義するとも言います．

ヘッダファイルには，あるソースコードで定義した変数や関数などを他のソースコードで使用できるようにするために，関数・変数などの extern 付き宣言やマクロなどのメモリ上へ実体を割り付けない宣言のみを記述します．

ある C ソースファイルに記述した変数や関数を他の C ソースファイルで利用するためには，ある C ソースファイルで定義した関数や変数などの宣言を記述したヘッダファイルを，利用する C ソースファイルにおいて #include 文で指定し，取り込みます．

つまり，ヘッダファイルはファイル間のインタフェースを提供するためのしくみです．

#include 文において，ヘッダファイル名を <> で囲んだ場合と "" で囲んだ場合とでヘッダファイルを探しに行くフォルダの順番が異なります．取り込む順番は IDE の設定により異なりますので注意が必要です．

"" でヘッダファイル名を囲んだ場合は，一般的にカレントディレクトリからヘッダファイルを探しに行きます．<> でヘッダファイル名を囲んだ場合は標準ディレクトリからファイルを探しに行きます．そのため，C ソースファイルと同じディレクトリにあるヘッダファイルを取り込む場合は "" を使ったほうが無難です．<> を使った場合，他のディレクトリに同一ファイル名のヘッダがありますと，意図したものとは違うヘッダファイルを取り込み，トラブルになる可能性があります．

また，ヘッダファイルには実体を記述できてしまいますが，ヘッダファイルに実体を記述しますと，同じ名前の変数や関数がメモリに複数割り当てられ，トラブルが発生する可能性がありますので避けるべきです．

インクルードガード

#include 文が書かれたファイルもインクルードできますので，プログラマが気付かないうちに同じファイルを複数回取り込んでしまう恐れがあります．これを防止するために，一

第 6 章　Ｃ言語が備えるモジュール化のしくみ

つのＣソースファイルに同じファイルを複数回取り込まないようにするしかけがインクルードガードです．ヘッダファイルに以下のように記述します．

```
#ifndef SYSTEM_H
#define SYSTEM_H

～～～～～各種宣言など～～～～～

#endif
```

ここでは SYSTEM_H としていますが，ヘッダファイルごとに異なる名前を使わなければなりません．

インクルードガードの働きは次の通りです．

コンパイルの前処理において最初に #include 文でＣソースファイルにヘッダファイル

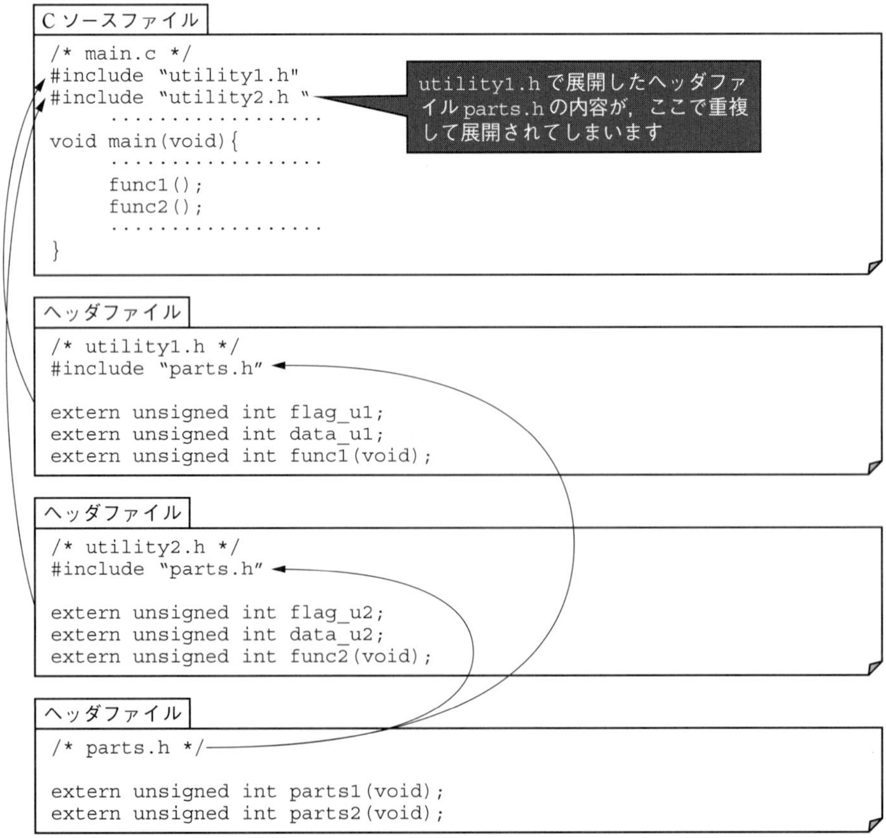

Ｃソースファイル

```
/* main.c */
#include "utility1.h"
#include "utility2.h "
    ..................
void main(void){
    ..................
    func1();
    func2();
    ..................
}
```

> utility1.h で展開したヘッダファイル parts.h の内容が，ここで重複して展開されてしまいます

ヘッダファイル

```
/* utility1.h */
#include "parts.h"

extern unsigned int flag_u1;
extern unsigned int data_u1;
extern unsigned int func1(void);
```

ヘッダファイル

```
/* utility2.h */
#include "parts.h"

extern unsigned int flag_u2;
extern unsigned int data_u2;
extern unsigned int func2(void);
```

ヘッダファイル

```
/* parts.h */

extern unsigned int parts1(void);
extern unsigned int parts2(void);
```

■ 図 6.2　同じヘッダファイルが重複して展開されてしまう例

がインクルードされたときは，SYSTEM_H が定義されていませんので #define SYSTEM_H で SYSTEM_H を定義し，#endif までの各種宣言などが挿入されます．

同じ #include 文が複数箇所に記載されていても，二度目以降は SYSTEM_H が定義されていますので，そのソースファイルには挿入されません．

プログラムが複雑になって，#include 文が階層構造になったとき，インクルードガードがないと思わぬところで同じ #include 文が挿入されることがありますので，インクルードガードをしておいたほうがよいでしょう（**図 6.2**）．

6.3　C ソースファイル

プログラムは情報（変数・定数）と情報の処理および処理の実行順序の切替え処理の集合体です．C ソースファイルは処理と情報を局在化し，機能の独立性を高めてモジュール化するためのしくみです．C ソースファイルは関数や変数，定数などで構成されます．

C 言語では，C ソースファイル（.c）やオブジェクトファイル（.obj）をモジュールと呼ぶのが一般的です．JIS X 0015：2002 ではモジュールは「コンパイル，結合，実行などの動作に関して個々に区別又は識別できるように作成されたプログラムの部分」と定義されています．また，モジュールは，独立性が高く，追加や交換が可能な機能部品という意味合いで使われます．

そこで本書では，一つの C ソースファイルに単一機能を割り付け，ソフトウェアアイテムとし，第 4 章ソフトウェアアーキテクチャで説明したモジュールとすることにします．

6.4　関　　数

関数はプログラムの一部を局在化し，モジュールを構成するためのしくみです．関数はひとまとまりの処理や情報（変数，定数）などで構成されます．関数は，これ以上分解することができないひとまとまりの処理でできているソフトウェアユニットと言えます．本書では，関数をソフトウェアユニットとします．

関数から他の関数へ goto 文とラベルなどを用いてジャンプすることはできません．関数から他の関数へ処理の実行を移す場合は，関数呼出しで行います．そのため，関数呼出しは，関数間における処理実行の唯一のインタフェースと言えます．関数呼出しは引数の有無に関わらず，呼出しもとの関数が呼出し先の関数やモジュールに影響を与えることになります．

関数内で使用する変数を関数内で定義し，外部とのインタフェースを関数の引数と戻り値のみにすれば，情報の局在化ができます．ひとまとまりの処理と情報を局在化すれば，その部分のプログラムと他部分との影響を考える必要が少なくなり，プログラミングの負担が軽減し，潜在バグも低減することができます．

一般的にモジュール化の観点から言うと，グローバル変数の使用は外部結合や共通結合となり，モジュール結合度が強くなり，好ましくないとされます．グローバル変数は多くの関数が使用するため，設計者にとって想定外の変数の読み書きが発生し，不整合が発生するリスクが大きくなります．

　ところが，ワンチップマイコンのプログラミングでは，他の関数とのインタフェースとして，関数の引数や戻り値ではなく，外部スコープやファイルスコープの変数などのグローバル変数をインタフェースにすることがよく行われます．それは，次のような理由からです．

　関数の引数や戻り値を介してデータを引き渡すと，ローカルにデータをコピーするためのRAM領域の確保と引数や戻り値を待避・復帰するための処理が必要になります．利用できるRAM容量が少なく（数kB），処理速度が遅い（システムクロック：数十MHz以下），ワンチップマイコンでは，関数の引数，戻り値による情報の受渡しはRAM容量や処理時間などを圧迫します．

　ところで，グローバル変数をインタフェースにするには，不整合が発生するリスクを少なくする工夫が必要です．一つが変数の有効範囲を必要最小限にすることです．もう一つがアーキテクチャ設計図の利用です．

　ソフトウェアアーキテクチャ設計図を用いると，インタフェースにおける情報の流れや関

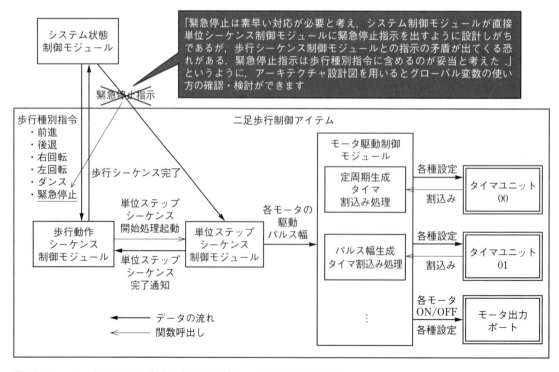

■ 図6.3　アーキテクチャ設計図を用いたグローバル変数の検討例

数呼出しが明確になり，インタフェースとなる変数の操作に矛盾が発生しないか確認することができます．一般的に，変数の操作で矛盾が発生するのは，一度に複数の関数が1つの変数の値を変更する場合です．変数の関数間での排他制御または調整ができているかアーキテクチャ設計図で確認し，その結果に基づき詳細設計やアーキテクチャ設計を見直すことで，不具合が発生するリスクを低減することができます．つまり，ソフトウェアアーキテクチャ設計図はインタフェースとなるグローバル変数や関数を確認し，管理するツールともなります．アーキテクチャ設計図を用いず，グローバル変数や関数の使用ルールを明確にすることも良い方法ですが，ルールの逸脱がないかを確認する意味でもアーキテクチャ設計図を用いたほうがよいでしょう（図6.3）．

ワンチップマイコンのプログラミングでは，以上のような工夫をして外部変数やファイル変数のインタフェースを管理すれば，不整合が発生するリスクを小さくすることができます．

6.5　モジュール化のしくみの利用の仕方の例

以上のしくみを利用して，本書では次のようにプログラムを構成していくことにします．

1 ソフトウェアシステムのアーキテクチャ設計

システムの概要やソフトウェア要求仕様の概要の動作仕様から必要な機能を抽出し，アイテムとします．アイテムの機能が複雑であれば，その機能の動作仕様をさらに詳細化し，複数のアイテムに分割します．

アイテムの機能が単一機能となれば，そのアイテムをモジュールとし，1つのCソースファイルに割り付けます．第4章でも説明しましたが，単一機能とは，スイッチ入力機能，温度検知機能，LED表示機能，ヒータ加熱制御機能，システム状態制御機能などです．

動作仕様からインタフェースを抽出し，モジュール間のインタフェースとなる情報やその伝達方向および処理（関数）の呼出しを決めます．

必要最小限の変数や関数のみをインタフェースとして公開し，アーキテクチャ設計図などでそのインタフェースを管理すればモジュールの独立性を高めることができます．他のモジュールとインタフェースを形成しなければ，他のモジュールとは完全に独立した仕事（タスク）をさせることもできます．

既に述べていますように，各機能モジュール間のインタフェースはグローバル変数や関数呼出しになります．あるモジュールのインタフェースになる変数や関数を他のモジュールで利用可能にするには，変数や関数を，外部スコープとし，ヘッダファイルで変数・関数をextern指定して宣言します．外部スコープの変数や関数の実体は，機能を提供する側のモジュール（Cソースファイル）に定義として記述します．なぜならば，それらの変数や関数はその機能に属しますし，インタフェースとなるヘッダファイルとCソースファイルを対

第6章　C言語が備えるモジュール化のしくみ

で追加・交換することでモジュールの追加や交換が可能になるためです.

　変数は，定義時に初期値を代入することをお薦めします．リセット直後に変数を初期化する文を記述する手間が省けますし，初期化忘れを防止することもできます.

　本書では，機能モジュールになるCソースファイルと対となるヘッダファイルを作成し，それをその機能モジュールが提供するインタフェースとします．それらのファイル名は拡張子".c"と".h"を除いて同じとします．他のソースファイルにおいて#include文でヘッダファイルの宣言を取り込んで使用します．他へ機能を提供しないファイルには対となるヘッダファイルを作成しません．例えば，タスク切替えの機能を持たせるmain関数を含むファイル"main.c"などです.

　変数による情報の伝達方向は，モジュール間の競合による情報の矛盾発生を防ぐため，一方向が望ましいです．つまり，あるモジュールでは変数の内容を変更し，他のモジュールでは変数の内容を参照するのみとします．そうでない場合はルールを明確にします.

　ルールの例は，次節の「モジュール内のアーキテクチャ設計」で示します.

2 モジュール内のアーキテクチャ設計

　ソフトウェアシステムのアーキテクチャが決まれば，次に，各機能モジュール内のアーキテクチャを設計します．各機能モジュールについてのソフトウェア要求仕様やハードウェアアイテムの制御仕様から，動作仕様を動作手順に分解します．動作手順から，モジュールを構成するアイテムとインタフェースを抽出します．抽出したアイテムが複雑であれば，さらにアイテムに分解し，インタフェースを明確にします．アイテムがそれ以上分解できないものであれば，それをソフトウェアユニットとし，一つの関数とします.

　モジュール間のインタフェースとなる関数や変数は外部スコープとします．ユニット間のインタフェースとなる変数や関数はファイルスコープとします.

　ファイルスコープとなる変数・関数は，Cソースファイルでstaticを指定して宣言します．変数はこれが定義にもなります．関数は関数定義にもstaticを指定します.

　1つの関数でのみ利用する変数はブロックスコープにします．ブロックの先頭で宣言します．ブロックスコープの変数は，関数に属しますので，ユニットの一部になります.

　ファイルスコープとブロックスコープのstatic指定した変数は0で初期化されることになっていますが，定義時に初期値を代入することをお薦めします．外部変数でも述べましたが，リセット直後に変数を初期化する文を記述する手間が省けますし，初期化忘れを防止することもできます.

　IEC 62304を厳密に解釈すると，外部スコープの変数とファイルスコープの変数はいずれかのユニットに属さなければなりませんが，関数やモジュールのインタフェースとしての働きのみとなりますので，モジュールの一部にはなりますが，ユニットには属さないことにします.

既に説明しているものもありますが，コーディングの際に留意すべき点は以下のことです．

関数が行う処理全体を把握しやすくするため，関数はプログラムが一度に見渡せる範囲である 100 行（1 頁）以内が望ましいとされています．ただし，必要以上に処理を細分化し，関数に分けることは，ROM，RAM や関数呼出しに関わる処理時間（スタックの待避・復旧，関数の呼出し・復帰など）を浪費することになりますし，逆に全体を俯瞰することが難しくなる場合もありますから，注意が必要です．

1 つの関数でしか使わない変数は，関数の内部（ブロック：{} の先頭）で定義し，ブロックスコープとします．auto 指定された変数や register 指定された変数はブロックにおける実行が開始されるたびに RAM に領域が確保され，ブロックから実行が外部へ移るとき領域が開放されますから，以前に呼出されたときの値を引き続き使いたいときは static 指定して定義します．static 指定して定義された変数は代入がないと 0 で初期化されることになっていますが，定義時に値を代入したほうがよいでしょう．

関数の内部にさらにブロック {} があるとき，そのブロック外の変数を読み書きすることは可能ですが，そのブロック内でブロック外の変数と同名の変数を定義すると別の変数となり，そのブロック内では外の同名の変数を読み書きすることができなくなります．ただし，同じ変数名を同一関数内で定義することは紛らわしいので避けたほうがよいでしょう．同様の理由で，外部スコープやファイルスコープの変数と同じ変数名をそのファイルの関数内で定義することも避けたほうがよいでしょう．

❖グローバル変数の使用について

グローバル変数となる外部スコープの変数やファイルスコープの変数は，ある関数での値の変更が他の関数に影響を与えますから，関数間での変数の利用方法にルールを設けたほうがよいでしょう．

以前説明したことと重複するものもありますが，例えば，以下のようなルールです．

- フラグの値をセットする関数と値を読みクリアをする関数を明確にする．
  フラグは，特に制約がなければ，読んだところでクリアするルールとしたほうが，フラグのクリア忘れを防止できます．
- 変数について，値を読み変更する関数と値を読むだけの関数，値を書くだけの関数を明確にする．
- メイン周期 1 周期で 1 つの変数の値の変更は 1 つの関数のみで行うことにする．
  メイン周期 1 周期のうちに複数の関数で同一変数の値を変更すると変更の整合性が分かりにくくなるためです．
- 同一変数を異なる用途で用いることは，バグ発生の原因になりやすいので避ける．
- 他のファイルで利用しないファイルスコープの変数や関数は必ず static 指定する．
- ソフトウェアアーキテクチャ設計図でデータフローを確認しながら設計する．

変数を static 指定すると，デバッグ時に変数の有効範囲外では変数の値を参照できなく

なることがありますが，デバッガのサプライヤーには工夫を期待したいところです．

　ある関数がインタフェースになる変数の処理が完了する前に他の関数がその変数を処理すると，問題が発生することがあります（図6.4）．そこで，例えば次のようなルールとします．

- 関数間で共通に参照する変数について，1回の関数呼出しで関数内での変数処理を完結させることにします．
- 割込み処理やメイン処理の関数間で共通に参照する変数の場合は，メイン処理の関数では，その変数の処理を開始し完了する間，割込み処理を禁止することにします．
- 割込み処理では，その変数の処理を開始し完了する間，多重割込みを禁止することに

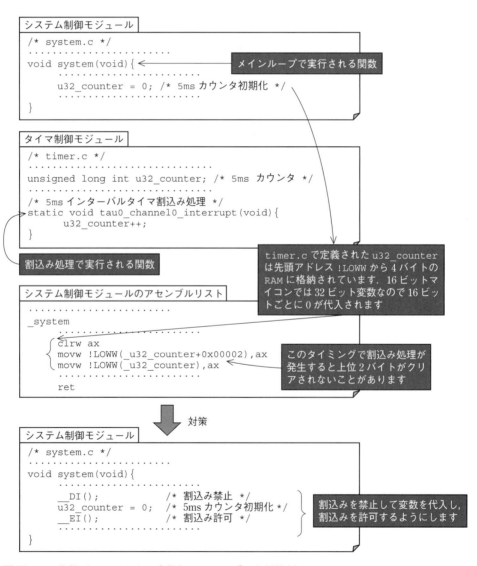

■ 図6.4　複数バイトからなる変数処理のトラブルと対策例

します．

　機械語1命令で処理が完了してしまう処理は割込みを禁止する必要はありません．シフト演算や1～2バイトの代入演算などは1命令で処理が完了することが多いです．ただし，アセンブルリストなどを確認し，1命令で処理が完了しているか確認する必要はあります．

　ビットアクセスができないRAM領域（SFRを含む）へのビットフィールドの記述による代入は，複数の機械語に展開されることがありますから注意が必要です．

3 多くの関数が使用する関数について

　多くの関数が共通に使用する標準関数のような関数が必要になった場合，その関数で使用する変数はすべて，autoまたはregister指定とすることが望ましいです．autoまたはregister指定した変数はその関数が呼出されたときのみに記憶領域を確保しますので，以前の関数呼出しの影響を受けることがありません．static指定をした変数やグローバル変数は値を保持しますので，以前の関数呼出しの影響を受けることになります（図6.5）．また，そのような関数は，標準ライブラリとして特別管理のソフトウェアユニットとしたほうがよ

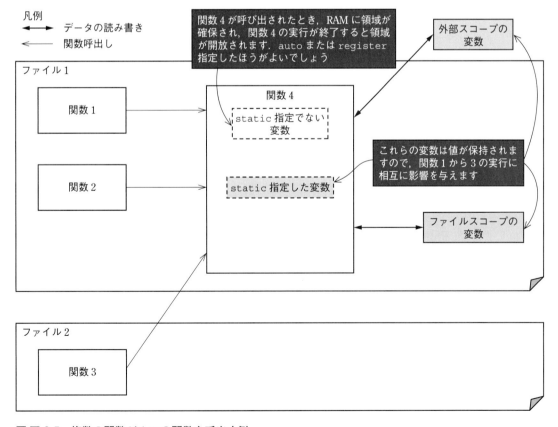

■図6.5　複数の関数が1つの関数を呼出す例

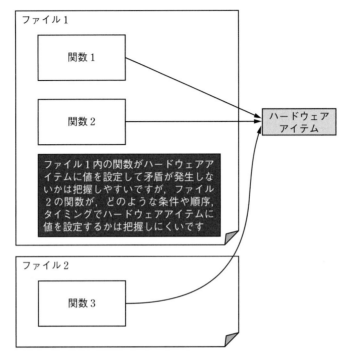

■図6.6 複数の関数が1つのハードウェアアイテムに値を設定する例

いでしょう．

　複数のモジュールの複数の関数から1つのハードウェアにアクセスすると，モジュール間での調整が行われず，意図しないハードウェア設定がされて，整合性がとれなくなり問題が発生するリスクが増大します．1つのハードウェアへのアクセスは，1つのモジュールだけとしたほうがよいでしょう（図6.6）．

4 ソフトウェアアイテムについての補足

　まとまった機能をする複数のモジュールの集合を，ソフトウェアアイテムとすることもあります．例えば，第7章で説明する二足歩行制御アイテムは，歩行動作シーケンス制御モジュールと単位ステップシーケンス制御モジュールとモータ駆動制御モジュールとからなるソフトウェアアイテムです（図6.7）．

　モジュール内において一つのグループを形成する複数の関数も，ソフトウェアアイテムとすることがあります．例えば，通信モジュールの中の受信に関係する関数の集合を受信アイテムとしたり，送信に関係する関数の集合を送信アイテムとしたりします（図6.8）．

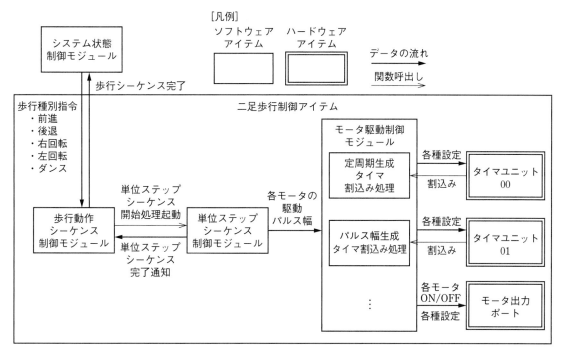

■ 図 6.7　複数のモジュールからなるアイテムの例

6.6　モジュール化のサンプルプログラム

　第 3 章で紹介した，LED を消灯，点灯，点滅と切り替えるプログラムを，これまで述べたモジュール化の方法を用いたプログラムに変更します．非常に簡単なシステムですので冗長に感ずるかも知れませんが，本章の内容を整理し，次章で紹介するおもちゃの二足歩行ロボットのプログラミングを理解するための導入部と考えてください．このプログラムは，おもちゃの二足歩行ロボットの制御基板で実行できます．

　第 4 章で紹介したソフトウェアアーキテクチャの設計手順に従い，動作仕様から状態遷移とソフトウェアアーキテクチャを導出し，ソースコードを作成します．

　動作仕様は以下の通りです．

- 電源投入時に LED は消灯状態とする．
- 消灯状態でスイッチを押下すると LED を点灯状態にする．
- 点灯状態でスイッチを押下すると LED を点滅状態にする．
- 点滅状態でスイッチを押下すると LED を消灯状態にする．
- 点滅は 0.5 秒の点灯と 0.5 秒の消灯を交互に行うことにする．
- スイッチを押下したことを分かりやすくするために，点滅は前の状態の反転状態から始めることにする．

第6章　C言語が備えるモジュール化のしくみ

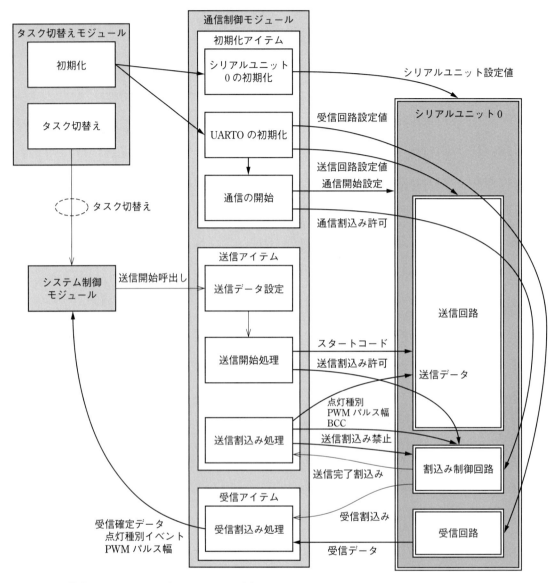

■ 図 6.8　複数のユニットからなるアイテムの例

動作仕様から状態とイベントを抽出します．
　状態
　　・非通電状態と通電状態がある．
　　・通電状態には LED の消灯状態，点灯状態，点滅状態がある．
　イベント
　　・電源投入，電源遮断，スイッチ押下がある．

116

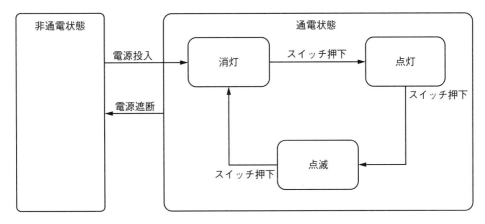

■ 図 6.9 LED の消灯・点灯・点滅システムの状態遷移図

抽出した状態とイベントから状態遷移図を作成します（図 6.9）．これを，システム状態制御モジュールの仕様とします．

その他の仕様を設定します．

メインループの周期は以下の通りとします．

- 点滅における点灯，消灯の時間計数とスイッチのチャタリングキャンセルのための入力サンプリング間隔を作り出すため，メインループの周期を 5 ms にする．

スイッチのチャタリング除去は以下の通りとします．

- スイッチを操作してから応答するまでの時間遅れで操作者に違和感がないようにし，かつ，数十 ms までのチャタリングがキャンセルできるようにするため，スイッチ入力を 5 ms 間隔でサンプリングし，8 回同一となればスイッチレベルを確定する．

動作仕様とその他の仕様より，必要な機能を抽出しそれぞれをモジュールとし，モジュールの仕様をまとめます．

スイッチ入力検知モジュール

- スイッチ入力のチャタリングを除去する．
- チャタリング除去したスイッチレベルが High から Low になったときスイッチ押下確定情報をシステム状態制御モジュールに通知する．

LED 表示制御モジュール

- システム状態制御モジュールからの LED 表示状態の指示をもとに LED を消灯・点灯・点滅表示する．

システム状態制御モジュール

- 現在のシステムの状態とスイッチ入力検知モジュールのスイッチ押下確定情報をもとに，LED の消灯・点灯・点滅を決定し，LED 表示状態の指示を LED 表示制御モジュールに通知する．

タスク切替えモジュール
- 上記機能を5msの周期で切り替えて実行する．

定周期生成モジュール
- タスク切替えを5ms間隔の定周期で行うため，5msごとに定周期到達情報をタスク切替えモジュールに通知する．

次に，モジュールの仕様から，以下のインタフェースを抽出します．
- スイッチ押下確定情報
- LED表示状態の指示
- 定周期到達情報

モジュールの仕様から，以下のハードウェアアイテムを抽出します．
- スイッチ（入力ポート）

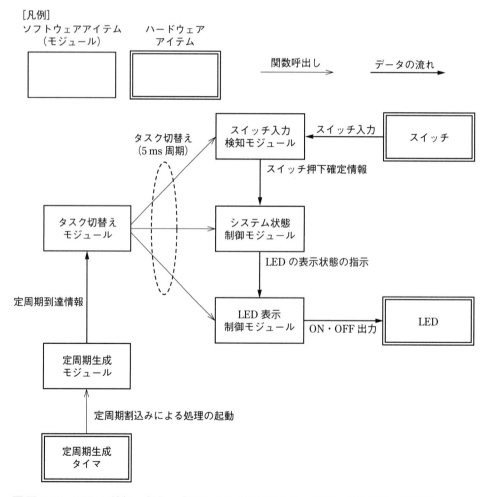

■ 図6.10　LEDの消灯・点灯・点滅システムのソフトウェアアーキテクチャ設計図

- LED（出力ポート）
- 定周期生成タイマ（インターバルタイマ）

モジュールのユニット構成

- モジュールには各機能を実行するユニットを配置する.
- ハードウェアを制御するモジュールにはハードウェアの設定を初期化するユニットを配置する.

抽出した機能とインタフェース，ハードウェアアイテムからソフトウェアアーキテクチャ設計図を作成します（**図6.10**）. この図では，モジュールの働きの概要を示すために，モジュールの各機能を実行するユニットに関してのみ表現しています. ハードウェアの設定を初期化するユニットに関しての図は省略します.

次に，プログラムで使用する各モジュールの関数を抽出し，インタフェースの名前を割り当てます.

スイッチ入力検知モジュール（`switch.h, switch.c`）

　　＜ソフトウェアユニット＞

　　　スイッチ入力検知初期化処理　ポート設定は初期状態のままでよいため設置せず.

　　　スイッチ入力検知処理　`void switch_input(void)`

　　＜インタフェース＞

　　　スイッチ押下確定情報　`unsigned char flag_switch_on`

　　　　スイッチ押下確定時　　1

　　　　スイッチ押下未確定時　0

　　　スイッチ入力検知処理　`void switch_input(void)`

LED 表示制御モジュール（`led.h, led.c`）

　　＜ソフトウェアユニット＞

　　　LED 表示制御初期化処理　`void led_port_initialize(void)`

　　　LED 表示制御処理　`void led_display(void)`

　　＜インタフェース＞

　　　LED 表示状態の指示

　　　　`enum LEDOUTPUT {LED_OFF = 0U,LED_ON,LED_BLINK}`

　　　　`enum LEDOUTPUT led_output`

　　　LED 表示制御初期化処理　`void led_port_initialize(void)`

　　　LED 表示制御処理　`void led_display(void)`

システム状態制御モジュール（`system.h, system.c`）

　　＜ソフトウェアユニット＞

　　　システム状態初期化処理　ハードウェア設定がないため設置せず.

　　　システム状態制御処理　`void system_control(void)`

＜インタフェース＞

　　システム状態制御処理　void system_control(void)

タスク切替えモジュール（main.c）

　＜ソフトウェアユニット＞

　　タスク切替え処理　void main(void)

　＜インタフェース＞

　　なし

定周期生成モジュール（it.h, it.c）

　＜ソフトウェアユニット＞

　　定周期生成タイマ初期化処理　void interval_timer_initialize(void)

　　定周期生成タイマ開始処理　void intervaltimer_start(void)

　　定周期生成タイマ割込み処理（5 ms 周期）　static void it_interrupt(void)

　＜インタフェース＞

　　5 ms 経過フラグ　unsigned char flag_5ms

　　　5 ms 経過　　　1

　　　5 ms 未経過　　0

　　定周期生成タイマの設定初期化　void interval_timer_initialize(void)

　　定周期生成タイマ開始　void intervaltimer_start(void)

モジュールの仕様と関数，インタフェースの名前をもとにソースコードを作成します．

❖スイッチ入力検知モジュール

■ ソースコード **6.1**　スイッチ入力検知モジュールインタフェース

```
/* switch.h  スイッチ入力検知モジュールインタフェース */

#ifndef SWITCH_H
#define SWITCH_H

/* 公開変数の宣言 */
extern unsigned char flag_switch_on;        /* スイッチ押下フラグ */

/* 公開関数の宣言 */
extern void switch_input(void);             /* スイッチ入力検知処理 */

#endif
```

■ ソースコード **6.2**　スイッチ入力検知モジュール

```
/* switch.c  スイッチ入力検知モジュール */

/* 特殊機能レジスタ（SFR）へのアクセス記述を使用する */
#include "iodefine.h"
```

6.6 モジュール化のサンプルプログラム

```c
#include "switch.h"                              /* スイッチ入力検知モジュール */

unsigned char flag_switch_on = 0U;              /* スイッチ押下フラグの実体定義・初期化 */

/* スイッチ入力検知処理 */
/* 出力  flag_switch_on: スイッチ押下確定フラグ */
void switch_input(void){
    static unsigned char switch_tmp = 0U;             /* スイッチ入力の1次記憶値 */
    static unsigned char switch_level = 1U;           /* スイッチ入力の確定値 */
    static unsigned char switch_level_before = 1U;    /* 前回のスイッチ入力の確定値 */

    /* チャタリング除去 */
    switch_tmp = (switch_tmp << 1) + P12_bit.no1;     /* スイッチ状態の履歴保存 */
    if(switch_tmp == 0xFFU){                           /* 最近8回連続スイッチオフ */
        switch_level = 1U;                             /* スイッチレベルHigh確定 */
    }else if(switch_tmp == 0x00U){                     /* 最近8回連続スイッチオン */
        switch_level = 0U;                             /* スイッチレベルLow確定 */
    }

    /* スイッチ押下判定 */
    if(switch_level != switch_level_before){           /* スイッチ確定レベルが変化 */
        switch_level_before = switch_level;            /* 前回スイッチレベルの更新 */
        if(switch_level == 0U){                         /* HighからLowに変化 */
            flag_switch_on = 1U;                        /* スイッチ押下確定 */
        }
    }
}
```

❖ LED表示制御モジュール

■ ソースコード6.3　LED表示制御モジュールインタフェース

```c
/* led.h  LED表示制御モジュールインタフェース */

#ifndef LED_H
#define LED_H

/* 公開変数の宣言 */
enum LEDOUTPUT {LED_OFF = 0U,LED_ON,LED_BLINK};  /* LED表示状態指示 */
extern enum LEDOUTPUT led_output;

/* 公開関数の宣言 */
extern void led_port_initialize(void);           /* LED表示制御初期化 */
extern void led_display(void);                    /* LED表示制御処理 */

#endif
```

■ ソースコード6.4　LED表示制御モジュール

```c
/* led.c  LED表示制御モジュール */

/* 特殊機能レジスタ（SFR）へのアクセス記述を使用する */
#include "iodefine.h"
```

第6章　C言語が備えるモジュール化のしくみ

```c
#include "led.h"                                    /* LED 表示制御モジュール */

#define LIGHT_ON 0U                                 /* LED　点灯 */
#define LIGHT_OFF 1U                                /* LED　消灯 */
#define ONOFF_TIME_05S 100U                         /* LED 点滅時間：ON と OFF 各 0.5 秒 */

enum LEDOUTPUT led_output = LED_OFF;

/* LED 表示制御初期化 */
void led_port_initialize(void){
    P1_bit.no4 = LIGHT_OFF;                         /* ポート 14 の出力を High(1) に設定 */
    PMC1_bit.no4 = 0U;                              /* ポート 14 をディジタル入出力に設定 */
    PM1_bit.no4 = 0U;                               /* ポート 14 を出力に設定 */
}

/* LED 表示制御処理 */
/* 入力　led_output:LED 表示状態指示 */
void led_display(void){
    static unsigned int counter_5ms = 0U;          /* 点滅用カウンタ（5ms 単位） */

    switch(led_output){                            /* LED 表示状態指示 */
        case LED_OFF:                              /* 消灯指示の場合 */
            P1_bit.no4 = LIGHT_OFF;                /* LED 出力消灯 */
            counter_5ms = 0U;                      /* 点滅カウンタクリア */
            break;
        case LED_ON:                               /* 点灯指示の場合 */
            P1_bit.no4 = LIGHT_ON;                 /* LED 出力点灯 */
            counter_5ms = 0U;                      /* 点滅カウンタクリア */
            break;
        case LED_BLINK:                            /* 点滅指示の場合 */
            /* 0.5 秒ごとに LED の点灯・消灯を切り替える */
            if(counter_5ms == 0U){                 /* カウンタが 0 になったら */
                P1_bit.no4 = ~P1_bit.no4;          /* LED 出力を反転（消灯⇔点灯） */
                counter_5ms = ONOFF_TIME_05S;      /* カウンタを 0.5 秒に設定 */
            }else{                                 /* カウンタが 0 より大きければ */
                /* カウンタをカウントダウン */
                counter_5ms = counter_5ms - 1U;
            }
            break;
    }
}
```

❖システム状態制御モジュール

■ ソースコード 6.5　システム状態制御モジュールインタフェース

```c
/* system.h　システム状態制御モジュールインタフェース */

#ifndef SYSTEM_H
#define SYSTEM_H

/* 公開関数の宣言 */
extern void system_control(void);                  /* システム状態制御 */

#endif
```

6.6　モジュール化のサンプルプログラム

■ ソースコード **6.6**　システム状態制御モジュール

```c
/* system.c  システム状態制御モジュール */

/* インタフェースの取込み */
#include "switch.h"                          /* スイッチ入力検知モジュール */
#include "led.h"                             /* LED表示制御モジュール */
#include "system.h"                          /* システム状態制御モジュール */


/* システム状態制御 */
/* 入力  flag_switch_on:スイッチ押下確定情報 */
/* 出力  led_output: LED表示状態指示 */
void system_control(void){
    /* システム状態（消灯，点灯，点滅） */
    enum SYSTEMSTATE {STATE_OFF = 0U,STATE_ON,STATE_BLINK};
    static enum SYSTEMSTATE system_state = STATE_OFF;
    switch(system_state){
        case STATE_OFF:                      /* 消灯状態の場合 */
            if(flag_switch_on == 1U){        /* スイッチ押下 */
                flag_switch_on = 0U;
                system_state = STATE_ON;     /* 点灯状態へ */
            }
            led_output = LED_OFF;            /* LED消灯指示 */
            break;
        case STATE_ON:                       /* 点灯状態の場合 */
            if(flag_switch_on == 1U){        /* スイッチ押下 */
                flag_switch_on = 0U;
                system_state = STATE_BLINK;  /* 点滅状態へ */
            }
            led_output = LED_ON;             /* LED点灯指示 */
            break;
        case STATE_BLINK:                    /* 点滅状態の場合 */
            if(flag_switch_on == 1U){        /* スイッチ押下 */
                flag_switch_on = 0U;
                system_state = STATE_OFF;    /* 消灯状態へ */
            }
            led_output = LED_BLINK;          /* LED点滅指示 */
            break;
    }
}
```

❖タスク切替えモジュール

■ ソースコード **6.7**　タスク切替えモジュール

```c
/* main.c  タスク切替えモジュール */

/* インタフェースの取込み */
#include "it.h"                              /* 定周期生成モジュール */
#include "switch.h"                          /* スイッチ入力検知モジュール */
#include "led.h"                             /* LED表示制御モジュール */
#include "system.h"                          /* システム状態制御モジュール */

/* メイン関数 */
/* 入力  flag_5ms:5ms経過フラグ */
```

123

第 6 章　C 言語が備えるモジュール化のしくみ

```c
void main(void){
    __DI();                                 /* 割込みを禁止する */

    /* マイコン周辺回路の設定（初期化）*/
    led_port_initialize();                  /* LED 表示制御初期化 */
    interval_timer_initialize();            /* 定周期生成タイマ初期化 */
    intervaltimer_start();                  /* 定周期生成タイマ開始 */

    __EI();                                 /* 割込みを許可する */

    while(1){                               /* メインループ */
        /* 5ms 周期となるように待つ */
        while(flag_5ms == 0U){              /* 5ms 経過していなければループ */
        }
        flag_5ms = 0U;                      /* 5ms 経過フラグをクリア */

        switch_input();                     /* スイッチ入力検知処理 */
        system_control();                   /* システム状態制御 */
        led_display();                      /* LED 表示制御処理 */
    }
}
```

❖定周期生成モジュール

■ ソースコード **6.8**　定周期生成モジュールインタフェース

```c
/* it.h  定周期生成モジュールインタフェース */

#ifndef TIMER_H
#define TIMER_H

/* 公開変数の宣言 */
extern unsigned char flag_5ms;                  /* 5ms 経過フラグ */

/* 公開関数の宣言 */
extern void interval_timer_initialize(void);    /* 定周期生成タイマの設定（初期化）*/
extern void intervaltimer_start(void);          /* 定周期生成タイマ開始 */

#endif
```

■ ソースコード **6.9**　定周期生成モジュール

```c
/* it.c  定周期生成モジュール */

/* 特殊機能レジスタ（SFR）へのアクセス記述を使用する */
#include "iodefine.h"

/* 定周期生成タイマ割込み処理割付け */
#pragma interrupt it_interrupt(vect = INTIT)

#include "it.h"                              /* 定周期生成モジュール */

unsigned char flag_5ms = 0U;                 /* 5ms 経過フラグの実体定義・初期化 */
```

6.6 モジュール化のサンプルプログラム

```c
/* 定周期生成タイマ初期化 */
void interval_timer_initialize(void){
    TMKAEN = 1U;                        /* クロック供給 */
    /* 低速オンチップオシレータクロック（fIL）供給 */
    OSMC = 0x10U;
    ITMC = 0x004AU;                     /* 割込み周期 5ms = [1/15kHz] × (74 + 1) */
    TMKAMK = 1U;                        /* INTIT 割込みの禁止 */
    TMKAIF = 0U;                        /* INTIT 割込み要求フラグのクリア */
    /* INTIT の割込み優先順位をレベル 3（最低優先順位）に設定 */
    TMKAPR0 = 1U;
    TMKAPR1 = 1U;
}


/* 定周期生成タイマ開始 */
void intervaltimer_start(void){
    TMKAIF = 0U;                        /* INTIT 割込み要求フラグのクリア */
    TMKAMK = 0U;                        /* INTIT 割込みの許可 */
    ITMC |= 0x8000U;                    /* カウンタ動作開始 */
}


/* 定周期生成タイマ割込み処理（5ms 周期） */
/* 出力  flag_5ms: 5ms 経過フラグ */
static void it_interrupt(void){
    flag_5ms = 1U;                      /* 5ms 経過ごとにフラグを立てる */
}
```

CHAPTER 7 具体例によるワンチップマイコンソフトウェア設計プロセスの解説

　この章では，これまで説明してきた安全性やソフトウェアアーキテクチャ，トレーサビリティも含め，顧客要求から詳細設計，トレーサビリティの確保までの設計のブレークダウンの仕方を，図7.1に示すようなプロセスで，おもちゃの二足歩行ロボットを題材に説明していきます．

　この手順は，第2章で説明したIEC 62304の開発プロセスのソフトウェア要求事項分析，ソフトウェアアーキテクチャの設計，ソフトウェア詳細設計にほぼ従っています．ただし，ソフトウェアユニットの実装以降の試験などは含めていません．

　ソフトウェア実装の結果であるサンプルソースコードと部品の入手情報の詳細は，オーム社のWebサイトに掲載します．

7.1 設計プロセスの背景

　詳細な説明に入る前に，各手順の背景などを説明します．

(1) 顧客要求の明確化

　開発の最初に顧客要求を明確にすることは非常に重要です．顧客要求を明確にし，商品を企画するのは，一般に商品企画担当者です．しかし，顧客要求を明らかにしないまま開発が進むと，途中で大きな仕様の変更が入るリスクが高まります．大きな仕様の変更が入ると，設計を最初からやり直さなければならなくなり，納期通りに商品を開発するために，開発者は非常な負担を強いられます．おもちゃのロボットは学習用の題材ですが，仮想の顧客要求を明確にしておきます．

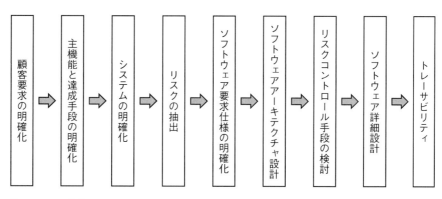

■ 図7.1　本章の説明手順

(2) 主機能と達成手段の明確化

顧客要求が明確になったら，それを実現するための主機能とその達成手段を明確にする必要があります．達成手段が決まらなければ商品は実現しません．

(3) システムの明確化

達成手段が明確になれば，それらを組み合わせてシステム全体の構造を決定します．ここで，ハードウェアの構成アイテムやソフトウェアの役割，ハードウェアとソフトウェアの関係が明確になります．

(4) リスクの抽出

不安全は，直接的にはハードウェアによってもたらされます．システムのハードウェアが明確になりましたので，第2章で説明したリスク分析手法（FMEA, FTA, HAZOP）などを用いてリスクを抽出し，安全要求事項を明確にします．

(5) ソフトウェア要求仕様の明確化

これまでに明確となった，顧客要求事項から安全要求事項までの情報をもとに，ソフトウェアに要求される仕様を明確にします．

(6) ソフトウェアアーキテクチャ設計

ソフトウェア要求仕様で明確になった，ソフトウェアの動作仕様をもとに，第4章で説明したソフトウェアアーキテクチャの設計ルールに基づき設計します．ここでは，全体設計から機能別設計へと詳細化していきます．全体設計では機能モジュールを抽出し，動作仕様からモジュールの振る舞いを検討し，概要インタフェースを抽出し，システム全体のソフトウェアアーキテクチャを構築します．機能別設計では機能モジュールごとにユニットを抽出し，詳細化した動作仕様からユニットの振る舞いを検討し，詳細インタフェースを抽出し，機能モジュールごとのソフトウェアアーキテクチャを構築します．

(7) リスクコントロール手段の検討

ソフトウェアアーキテクチャ設計により，アイテム（モジュール，ユニット）が明確になりましたので，第5章で説明したハザードからソフトウェアアイテム，…，リスクコントロール手段の検証までのトレーサビリティを明確にすることにより，リスクコントロール手段の妥当性を検討します．

(8) ソフトウェア詳細設計

ソフトウェアの仕様，リスクコントロール手段，ユニットが明確になりましたので，各ユニットの詳細内容を明確にします．ソースコードの作成は，このソフトウェア詳細設計をもとに行います．

(9) トレーサビリティ

要求仕様から詳細設計までが完了しましたので，第5章で説明した，要求仕様から詳細設計までの設計間のトレーサビリティを明確にします．紙面の都合上，今回は試験とのトレーサビリティまでは記述しませんでした．ここで，歩行動作を滑らかにするという仕様変更を

例に，トレーサビリティを活用することにより，仕様変更の効率化と変更による影響の検証が容易になるということを説明します．

それでは，顧客要求の明確化から説明します．

7.2　顧客要求の明確化

設計を開始する前に，顧客要求を明確にします．

今回はマイコンのプログラミング学習が目的なので，以下のように簡単なものにしました．外観や性能，ハードウェア上の制約も設定していません．

まず，抽象的な要求を列挙します．

- 対象は二本の足で歩くおもちゃのロボットとする．
  （注）以後おもちゃのロボットはロボットと呼ぶことにします．
- 外観は指定しない（腰から下のみで可とする）．
- 歩き回ることができる．
  　前進，後退ができる．
  　左右に方向転換できる．
- 人にアピールする動作ができる．
  　その場ダンス
  （注）前進，後退，左右の方向転換，その場ダンスの動作を歩行動作とします．
- 決められた歩行動作の順序で動くことができる．
- 歩行動作の順序を変えることができる．
- 歩行動作を遠隔操作できる．
- 歩行動作中であることが表示でも分かるようにする．
- 電池の消耗が表示で分かるようにする．

次に，上記要求の具体的手段などを明確にします．

- 左右の方向転換の動作は左回転，右回転とする．
- 歩行動作の順序の変更は，パソコンからデータをロボットに送り変更することにする．
- 歩行動作の順序による動作はボタンスイッチの押下で開始することにする．
- 歩行動作の遠隔操作はパソコンですることにする．
- 動作モードの切替えはパソコンですることにする．
- 歩行動作中はボタンスイッチの押下で動作を中断できることにする．
- 動作の終了，中断では正立して停止することにする．
- 歩行動作中であることを LED ランプのパルス点灯で表示する．
- 電池が消耗したら，正立して停止し，LED ランプを速く点滅することにする．

第 7 章　具体例によるワンチップマイコンソフトウェア設計プロセスの解説

後ほど説明しますが，これはモータの故障防止のためでもあります．

以上より，ソフトウェアに対しての顧客要求をまとめます．

① 二本の足で歩くおもちゃのロボットを設計する（歩行動作のみとする）．

② ロボットの歩行動作の種類は，前進・後退・右回転・左回転とその場ダンスとする．

③ ロボットは以下の 3 つの動作モードで動く．

- 内蔵プログラム動作モード

　マイコン内蔵の歩行動作順序のデータに従い歩行動作の順序を切り替え歩行する．

- 受信プログラム動作モード

　パソコンから送信した歩行動作順序のデータに従い歩行する．

- パソコン操作モード

　パソコンの操作画面から歩行動作の種類を遠隔操作で切り替える．

④ 動作モードの切替えはパソコンからの通信で行う．

⑤ 内蔵プログラム動作モードと受信プログラム動作モードは，押釦スイッチの押下で歩行を開始する．

⑥ 歩行動作中は押釦スイッチの押下で歩行を終了し，正立停止する．

⑦ 動作中は LED をパルス点灯する．

⑧ 電池が消耗したら，正立して停止し，LED ランプを速く点滅する．

これは要求ではありませんが，本書で扱う歩行は単純に，重心が足裏にある静歩行とします．

7.3　主要機能と達成手段の検討

顧客要求を実現するため，主要機能と達成手段を検討します．主要機能は二足歩行機能とパソコンとの通信機能，システムの制御機能です．プログラミング学習用なので，費用を抑えるため，できるだけ低価格な実現手段を採用することにします．

1　二足歩行機能

おもちゃの二足歩行ロボットには RC サーボモータがよく使われます．足の関節に RC サーボモータを用いて，関節の曲がり角を制御することで歩行に必要な姿勢を作ります．歩行を可能にするため片足には最低限 2 つの関節が必要になります．足が二本ですので，最低限必要な関節の数は 4 つになります．今回は 4 個の RC サーボモータを用いて二足歩行を行います．

ここでは，RC サーボモータの制御方法について説明します．今回使用する RC サーボモータは，おもちゃのロボットの駆動で実績のある ASV-15-A（浅草ギ研）とします．

RC サーボモータ（ASV-15-A）からは以下のように 3 本の線が出ています．

　橙　信号線　　モータへパルス信号を送り，回転軸の位置を制御する．

130

赤　電源+線　モータへ+電源を供給する（バッテリーのプラスにつなぐ）．
茶　GND 線　モータの電源と信号のグランドになる（バッテリーのマイナスにつなぐ）

　RC サーボモータは，モータの信号線へ定期的にパルスを送ることにより，パルス幅に応じた回転角に制御することができます．ASV-15-A は図 7.2 のように 160° の回転範囲があり，パルス幅が 1.3 ms のときに回転角がほぼ中心位置になります．パルス幅が 10 μs 変わるごとに回転角が約 1° 変わります．中心位置はサーボホーンの取付け方によりずれることがありますので，ソフトウェアで調整することができるようにしておく必要があります．

　パルス周期は 15〜20 ms にする必要がありますので，今回は 20 ms とします（図 7.3）（浅草ギ研のホームページ参照）．

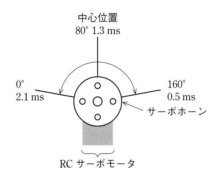

■ 図 7.2　RC サーボモータ（ASV-15-A）が制御可能な回転範囲

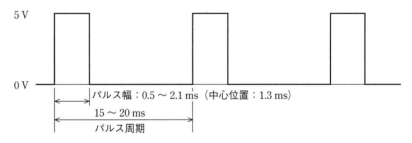

■ 図 7.3　信号線への印加パルス波形

　次に，RC サーボモータの駆動に必要な電源について説明します．
　RC サーボモータ駆動の動作電圧が 4.5〜6 V となっていますので，電源は単 4 型電池 4 本とします．モータの消費電流が，無負荷時 300 mA，ストール時 600 mA となっています．モータ駆動に比較的大電流が必要ですので，電池の交換頻度や電池の内部抵抗が低いことを考慮して電池の種類はニッケル水素電池にします（参考：単 4 形充電式エボルタ 4 本付充電器セット K-KJ83MLE04（Panasonic））．
　内部抵抗の大きいマンガン電池やアルカリイオン電池，残量の少ない電池を使うと，RC サーボモータが誤動作したりギアが破損したりする恐れがありますので注意してください．

電池電圧が低くなると，RC サーボモータ内蔵の制御回路が誤動作し，モータギアが破損する恐れがあります．そのため，電池電圧を監視し，電圧が RC サーボモータの仕様の下限以下に低下すると，RC サーボモータへの電源供給を遮断する機能も追加することにします．

2 パソコンとの通信機能

　パソコンとの通信は USB シリアル変換モジュールを介して，マイコン内蔵の UART（Universal Asynchronous Receiver-Transmitter：汎用非同期送受信回路）で行うことにします．UART は調歩同期方式によるシリアル信号をパラレル信号に変換したり，その逆方向の変換をするための集積回路です．この通信機能を用いれば，USB や Bluetooth を介してパソコンやスマートフォンと通信できます．ただし，USB や Bluetooth とシリアル変換するハードウェアモジュールが別途必要です．

　以下，UART で行われる調歩同期式通信の概要を説明します．

　調歩同期式通信はマイコンのデータ送信端子（TxD：Transmit Data）とデータ受信端子（RxD：Receive Data），グランド端子（GND）を通じて行われます．マイコンはデータ送信端子（TxD）から通信相手となる周辺機器へデータを送ります．また，周辺機器からデータ受信端子（RxD）を介してデータを受け取ります（**図 7.4**）．

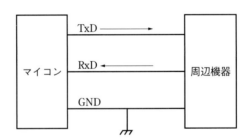

■ 図 7.4　UART 機器の接続

　図 7.4 では周辺機器としていますが，本書ではパソコンと通信するために USB シリアル変換モジュールを使います．USB シリアル変換モジュールとしては MPL2303SA 超小型 USB - シリアル変換モジュール（マルツエレック）などがあります．

　通信速度

　　通信速度は，ビットレート（1 秒当たりの通信ビット数 bps：bit per second）で表します．一般的に使用されるビットレートは，300 bps，600 bps，1 200 bps，…，9 600 bps，…，115 200 bps です．

　通信データの構成

　　調歩同期式通信では 1 つのデータを以下のような構成で送ります．

　　スタートビット　データの開始を知らせます（1 ビット幅）．

データ	送るデータです（8ビット幅がよく使われます）．
パリティビット	データが正確に送られたか検査するビットです．
	偶数パリティと奇数パリティ，パリティなしがあります．
	偶数パリティはデータビットとパリティビットの1の個数が偶数になるようにパリティビットを決めます．
ストップビット	データの終了を知らせます（1, 1.5, 2ビット幅の3種類があります）．
データ転送順序	パソコンなどでは一般的にデータのビットを下位ビットから送るLSBファーストとなっています[†1]．

図7.5に調歩同期式通信の通信波形の例を示します．

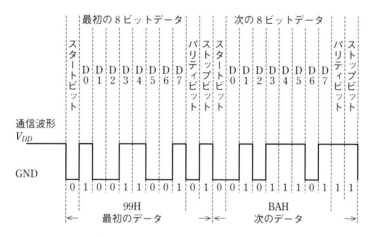

■ 図7.5　通信データの例

3　システムの制御機能

RCサーボモータを駆動し，パソコンと通信し，ロボット全体を制御するためにワンチップマイコンを用います．マイコンは以下で述べる必要機能と低価格を考慮し，RL78/G12（20ピン）とします．

　　　製品グループ　　RL78/G12
　　　型名　　　　　　R5F1026AGSP#V5

マイコンの選定は以下のようにしました．

最初に，主要部品との接続に必要なマイコンの機能や入出力などをリストアップします．

　　二足歩行機能

　　　RCサーボモータ4個が駆動できる．

　　　　・ディジタル出力ポート　4個

[†1] データのビットを上位ビットから送る場合はMSBファーストと言います．
　　LSB：Least Significant Bit，MSB：Most Significant Bit．

- タイマ　　　　　　　　2個

（注）RCサーボモータの駆動には定周期のタイマ（20 ms程度）とパルス出力用のタイマ（数ms）が必要となります．

パソコンとの通信機能

　パソコンと通信できる．
- UART送・受信機能　　1組

スイッチ入力検知機能

　スイッチにより歩行開始・停止できる．
- ディジタル入力ポート　1個

LED表示機能

　LEDを点灯・消灯できる．
- ディジタル出力ポート　1個

電池電圧入力検知機能

　電池電圧の低下，上昇を検知できる．
- アナログ入力ポート　　1個

モータ電源供給・遮断機能

　モータへの電池電源の供給，遮断ができる．
- ディジタル出力ポート　1個

　予定した機能を実現できそうな低価格のマイコンを，マイコンメーカーのホームページや電子部品販売店のホームページなどで調べます．

　ルネサスエレクトロニクスのホームページに，RL78/G12は「サブマイコンに最適な，小型・低消費・高機能な汎用マイコン」とあります．そこで，RL78/G12のユーザーズマニュアル　ハードウェア編の『特徴』や『端子接続図』，『端子機能』を参照し，さらに詳細に調べます．

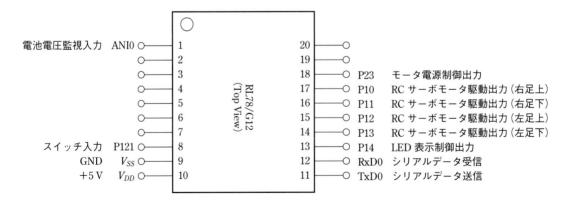

■ 図7.6　マイコン（RL78/G12 20ピン）端子接続図

RL78/G12 グループにはピン数と ROM, RAM 容量の異なる製品がありますが, 以下のように検討し, 『RL78/G12 の R5F1026AGSP#V5』を選定します.

ピン数　　20 ピン

端子接続図より, 必要な機能を実現するための配線ができるものを選びます（**図 7.6**）.

❖ ROM と RAM の容量

必要な ROM, RAM 容量を決めます.

ROM 容量　16 kB（6 kB）

RAM 容量　1.5 kB（0.4 kB）

（　）の中の数字は, 必要な ROM, RAM 量の推定値です.

必要な ROM, RAM 量の推定の例は以下の通りですが, 将来的な機能拡張のために余裕を持たせます. ROM, RAM 量の推定方法は一般的に確立したものはありません. 下記の推定はかなり大雑把なものですが目安にはなります.

（1）必要 ROM 量の推定

各機能とプログラム実行数を推測します.

- モータ駆動制御（タイマ制御）　⇒　100 行
- 歩行制御（単位動作＋前進・右回転・左回転・後退・ダンスシーケンス動作）

  100 行＋100 行×5 動作　⇒　600 行
- 通信制御　⇒　200 行
- システム制御（顧客要求の③で示した 3 つの動作モード）

  100 行×3 動作モード　⇒　300 行

以上を累計すると, 総実行数は 1 200 行と推定されます.

経験的に, C 言語の文 1 行につき ROM 5 byte 消費（平均）と想定します. したがって, 必要な ROM 量の推定値は 6 000 byte［6 kB］となります.

以上の推定は以下のような考えで行っています. 実際は, 制御の内容により各機能の実行行数がかなり変動します. しかし, このように推定しても大雑把な見積りはできます.

実行数の推定の考え方

- それほど複雑な制御でなければ機能ごとにおよそ 100 行程度と推定します.
- 通信制御などのように若干複雑な制御は 200 行程度として推定します.
- 大きなデータテーブルを使うときはそれも考慮します.

（2）必要 RAM 量の推定

制御により必要な RAM 量は異なってきますが, 各制御で必要な変数は平均的に 50 個/制御と想定します. 1 変数は 2 byte（整数）と想定します. すると, 必要な RAM 量の推定値は 2 byte×50 個/制御×4 制御＝400 byte となります.

❖ 未使用端子の設定

マイコン端子の回路を静電気やノイズなどから保護するために, 未使用の端子を処理しま

す．入力端子の場合は，ハイインピーダンスとなるため，抵抗でプルダウンまたはプルアップして，高電圧が印加され回路が破壊したり，ノイズが混入し誤動作したりすることを防止します．出力端子の場合は，ローインピーダンスとなりますので，High レベルまたは Low レベルに固定します．「RL78/G12 ユーザーズマニュアル ハードウェア編」を参考に**表 7.1** のように設定します．

7.4 システムの明確化

主要機能が明確になりましたので，必要な機能を組み合わせてシステムの構成を明確にします．まず，システム全体のイメージを明らかにするために，ハードウェアの概要を絵にします（**図 7.7**）．

ソフトウェアシステムとハードウェアアイテムの関係を明らかにするために，マイコンと制御するハードウェアとのつながりを絵にします（**図 7.8**）．

メカと電子回路のプロトタイプを設計します．ハードウェアの設計は本書の範囲外ですので，説明は省略します．メカの作成方法は付録を参照してください．電子回路図は図 1.2 を参照してください．部品情報はオーム社の Web サイトを参照してください．

■表 7.1　未使用端子の設定

端子番号	ポート番号	端子処理	ディジタルポート設定	出力設定
2	P42	open	出力	Low
3	P41	open	出力	Low
6	P137	pull up	入力	
7	P122	pull up	入力	
19	P22	open	出力	Low
20	P21	open	出力	Low

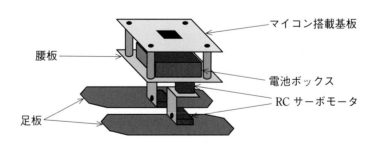

■図 7.7　ハードウェア概要

7.5 リスクの抽出

ハードウェアの全体概要を決めましたので，リスクを抽出します．ただし，おもちゃのロボットは学習用であり，安全上のリスクはないと考えられるため，故障や誤動作などのリスクについて抽出します．最初にFMEAで部品の故障の観点で抽出し，次にHAZOPで設計パラメータの設計意図からのずれという観点で抽出します．そして，FMEAとHAZOPの結

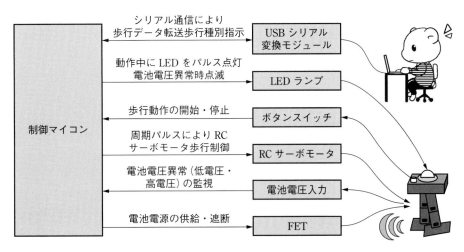

■ 図7.8　マイコンとハードウェアの接続図

■ 表7.2　RCサーボモータの故障に関するFMEA

部位	機能	故障モード	原因	影響		対策		識別番号
						ハードウェア	ソフトウェア	
RCサーボモータ	二足歩行	内蔵ギア破損	制御パルス幅<500μs	歩行不能	故障	—	パルス幅制限	BD1
		内蔵ギア破損	制御パルス幅>2 100μs	歩行不能	故障	—	パルス幅制限	BD2
		内蔵ギア破損	モータ駆動電圧<4.5 V	歩行不能	故障	電池電圧検知・遮断回路	低電圧電源遮断	BD3
		内蔵制御回路故障	モータ駆動電圧>6 V	歩行不能	故障	電池電圧検知・遮断回路	高電圧電源遮断	BD4
		内蔵ギア破損	左右の足が干渉しロック	歩行不能	故障	—	駆動データ誤り防止	BD5
		内蔵ギア破損	手などでの軸強制回転	歩行不能	故障	—	—	—
USBシリアル変換モジュール	通信	受信不能	受信回路故障	通信不能	故障	—	—	SE1
		受信誤り	電磁ノイズなど	受信データ誤り	動作異常	電磁ノイズ対策	垂直・水平パリティ	SE1
		送信不能	送信回路故障	通信不能	故障	—	—	—
		送信誤り	電磁ノイズなど	送信データ誤り	動作異常	電磁ノイズ対策	垂直・水平パリティ	SE2
押釦スイッチ	歩行開始・停止	常時オフ	断線	不動作	故障	—	—	—
		常時オン	短絡	不動作	故障	—	—	—
LEDランプ	動作状態報知	常時消灯	断線	報知不良	故障	—	—	—
		常時点灯	制御素子短絡	報知不良	故障	—	—	—
マイコン	二足歩行制御	制御不能	暴走（ノイズなど）	不動作	一時機能停止	—	リセット	SE3
ニッケル水素電池	電源供給	回路不動作	電池消耗	不動作	一時機能停止	—	—	—

■表7.3　RC サーボモータの故障に関する HAZOP

機能／ユニット	設計パラメータ・操作	ガイドワード	現象	モード	原因（ハードウェア・操作）	原因（ソフトウェア）	対策	対策 hardware	対策 software	識別番号
二足歩行機能 RCサーボモータ	制御電圧	no（無）	電源なし／歩行不能	パルス発生しない	電池なし	—	—			
		reverse（逆）	電池逆接続／故障	モータ内蔵制御回路破壊	電池逆接続	—	電池ホルダ逆接続防止	○		BD4
		other than・more（他・大）	高電圧／故障	モータ内蔵制御回路破壊	高電圧、他種類の電池装着	—	電池電圧検知によるモータ電源遮断		○	BD3
		less（小）	低電圧／故障	ギヤ破損	低電圧、消耗電池、モータ内蔵制御回路誤動作	—	電池電圧検知によるモータ電源遮断		○	SE4
	パルス幅	no（無）	無パルス／歩行停止	パルス発生しない	制御線 断線・短絡	パルス回路設定誤り	正しい設定		○	BD6
		reverse（逆）	パルス逆転／故障	パルス破損：パルス逆転によるオーバーラン	—	パルス回路設定誤り	正しい設定		○	BD2
		more（大）	パルス幅長い／故障	ギヤ破損：パルス幅上限超えによるオーバーラン	—	パルスデータ設定ミス	パルスデータの抑制		○	BD1
		less（小）	パルス幅短い／故障	ギヤ破損：パルス幅下限割れによるオーバーラン	—	パルスデータ設定ミス	パルスデータの抑制			
通信機能 USBシリアル変換モジュール	通信速度	no（無）	無通信／通信不能	無信号	通信線 断線・短絡	通信回路設定誤り	正しい設定		○	SE5
		more（大）	通信速度速い／通信不能	通信速度速い	発振周波数高い	通信回路設定誤り	正しい設定		○	SE6
		less（小）	通信速度遅い／通信不能	通信速度遅い	発振周波数低い	通信回路設定誤り	正しい設定		○	SE7
	信号電圧	no（無）	無通信／通信不能	無信号	通信線 断線・短絡	通信回路設定誤り	正しい設定		○	SE8
		reverse（逆）	信号反転／通信不能	信号反転	通信線 接続誤り	通信回路設定誤り	正しい設定		○	SE9
		more（大）	信号高電圧／故障	通信回路破壊	過電圧	—	—			
		less（小）	信号低電圧／通信不能	—	電源電圧低下：電池消耗	—	—			
歩行開始・停止機能 スイッチ	スイッチ	no（無）	無信号／歩行開始・停止不能	スイッチ断線・短絡	スイッチ接点不良	入力ポート設定誤り	正しい設定		○	SE10
		reverse（逆）	信号反転／応答ずれ	不正規判定	—	入力データ判定誤り	正しい判定		○	SE11
		part of（類）	信号不安定／操作誤認識	スイッチチャタリング	接点のバウンシング	チャタリング認識	チャタリングキャンセル		○	SE12
動作状態報知機能 LEDランプ	制御電圧	no（無）	無点灯／点灯せず	無通電	無通電	出力ポート設定誤り	正しい設定		○	SE13
		reverse（逆）	点灯反転／点灯・消灯逆転	—	—	出力データ設定誤り	正しい設定		○	SE14
		more（大）	過電圧／過電圧	LED故障	過電圧	—	—			
		less（小）	低電圧／低電圧	光量不足	電源電圧低下：電池消耗	—	—			
システム制御機能 マイコン										

果から，主要課題について FTA で見直してみます．

結果を**表 7.2**，**表 7.3** に示します．

FMEA は部品の故障に着目しており，HAZOP は設計パラメータの設計意図からのずれに着目しているため抽出される項目が一部異なっています．以上より，サーボモータの故障がソフトウェアで抑止可能な故障リスクとして抽出されましたので，FTA でまとめ，他の要因がないかも検討します（**図 7.9**）．

以上より，ソフトウェアに関連する故障や誤動作などのリスクを一覧表にまとめます（**表 7.4**）．

表 7.4 のリスク検討結果で実装欄が◎を記載してあるものは，対策として，ソフトウェアに機能として実装するものです．○を記載しているものは，対策として，ソフトウェアへ正しく実装されているか確認するだけのものです．リスクに関連する各モジュールの初期化処理ユニットと，それを呼び出すタスク切替え処理ユニットがリスクに含まれている場合と含まれていない場合があります．それは，初期化処理が正常に機能しなければリスクが発生する場合と，初期化処理が機能しなければその機能が働かずリスクが発生しない場合とがあるためです．識別番号の記号 BD は故障のリスクです．記号 SE は誤動作・不動作のリスクです．

ソフトウェアへ機能として実装するリスク対策は以下の通りです．

- モータ駆動制御パルス幅下限未達（500 μs）によるモータ駆動制御上限角度オーバー

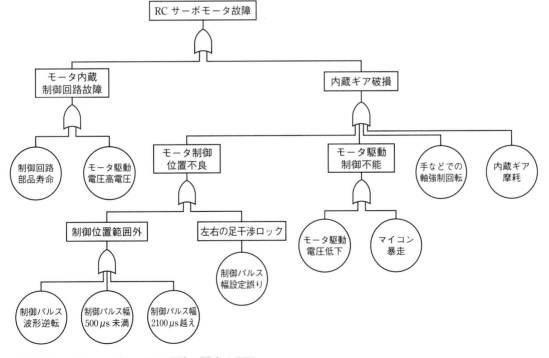

■ 図 7.9　RC サーボモータの故障に関する FTA

第7章 具体例によるワンチップマイコンソフトウェア設計プロセスの解説

■表7.4 ソフトウェアに関連する故障や誤動作などのリスク一覧表

設計パラメータ・操作	現象	モード	原因（ハードウェア・操作）	原因（ソフトウェア）	対策（ハードウェア）	対策（ソフトウェア）	実装	識別番号
二足歩行機能 RCサーボモータ								
制御電圧　モータ電源高電圧	故障	モータ内蔵制御回路破壊	高電圧、他種類の電池装着	—	電池高電圧検知・遮断回路	電池高電圧検知によるモータ電源遮断	◎	BD4
制御電圧　モータ電源低電圧	故障	ギア破損	低電圧、消耗電池、モータ内蔵制御回路誤動作	—	電池低電圧検知・遮断回路	電池低電圧検知によるモータ電源遮断	◎	BD3
パルス幅　無パルス	歩行停止	パルス発生しない	制御線断線・短絡	パルス回路設定誤り	—	パルス回路の正しい設定	—	SE4
パルス幅　パルス逆転	故障	内蔵ギア破損：パルス逆転によるオーバーラン	—	パルス回路設定誤り	—	パルス回路の正しい設定	◎	BD6
パルス幅　パルス幅長い	故障	内蔵ギア破損：パルス幅上限超えによるオーバーラン	—	パルスデータ設定ミス 制御パルス幅>2100μs	—	パルスデータの制限	◎	BD2
パルス幅　パルス幅短い	故障	ギア破損：パルス幅下限割れによるオーバーラン	—	パルスデータ設定ミス 制御パルス幅<500μs	—	パルスデータの制限	◎	BD1
歩行制御　パルスデータ誤り	故障	内蔵ギアロック	左右の足が干渉しロック	—	—	駆動データ誤り防止	◎	BD5
通信機能 USBシリアル変換モジュール								
無通信	通信不能	無信号	通信線断線・短絡	通信回路設定誤り	—	通信回路の正しい設定	○	SE5
通信速度　通信速度速い	通信不能	通信速度速い	発振周波数高い	通信回路設定誤り	—	通信回路の正しい設定	○	SE6
通信速度　通信速度遅い	通信不能	通信速度遅い	発振周波数低い	通信回路設定誤り	—	通信回路の正しい設定	○	SE7
信号電圧　無信号	通信不能	無信号	通信線断線・短絡	通信回路設定誤り	—	通信回路の正しい設定	○	SE8
信号電圧　信号反転	通信不能	信号反転	通信線接続誤り	通信回路設定誤り	—	通信レベルの正しい設定	○	SE9
受信　受信誤り	通信異常	受信誤り	電磁ノイズなど	—	電磁ノイズ対策	パリティ設定・誤り検出データ付加	◎	SE1
送信　送信誤り	通信異常	送信誤り	電磁ノイズなど	—	電磁ノイズ対策	パリティ設定・誤り検出データ付加	◎	SE2
歩行開始・停止機能 スイッチ								
無信号	歩行開始・停止不能	スイッチ断線・短絡	スイッチ接点不良	入力ポート設定誤り	垂直・水平パリティ付加	入力ポートの正しい設定	○	SE10
応答せず	不正規判定	—	データ判定誤り	垂直・水平パリティ付加	入力レベルの正しい判定	—	SE11
信号不安定	操作誤認識	スイッチチャタリング	接点のバウンシング	チャタリング誤認識	—	チャタリングキャンセル 50ms	◎	SE12
動作状態報知機能 LEDランプ								
制御電圧　無通電	点灯不能	不点灯	無通電	出力ポート設定誤り	—	出力ポートの正しい設定	—	SE13
制御電圧　点灯反転	誤動作	点灯・消灯逆転	—	出力データ設定誤り	—	出力データの正しい設定	—	SE14
二足歩行制御マイコン								
暴走（ノイズなど）	機能停止	制御不能	暴走（ノイズなど）	マイコン暴走	ウォッチドッグタイマ	ウォッチドッグタイマ機能（定周期クリア）利用	◎	SE3

140

ランに起因するモータギア破損対策（BD1）

- モータ駆動制御パルス幅上限超え（2 100 μs）によるモータ駆動制御下限角度オーバーランに起因するモータギア破損対策（BD2）
- 電池低電圧（4.5 V 未満）によるモータ内蔵制御回路誤動作に起因するモータギア破損防止対策（BD3）
- 電池高電圧（6.0 V 超え）によるモータ駆動制御回路破壊防止対策（BD4）
- 電磁ノイズなどによる受信信号異常に起因するデータ誤り対策（SE1）
- 電磁ノイズなどによる送信信号異常に起因するデータ誤り対策（SE2）
- 電磁ノイズなどによるマイコン暴走対策（SE3）
- スイッチのチャタリングによるスイッチ押下判定誤り防止対策（SE12）

ソフトウェアへ正しく実装されているか確認する項目は以下の通りです．

- パルス発生回路の設定誤り

  パルスが発生しない．（SE4）

  パルスの設定データ誤り．（BD5）

  パルスの波形が逆転する．（BD6）

- 通信回路の設定誤り

  通信出力しない．（SE5，SE8）

  通信速度の誤り．（SE6，SE7）

  送・受信信号レベル設定誤り．（SE9）

- スイッチ入力の誤り

  入・出力ポートの設定誤り．（SE10）

  入力レベルの判定誤り．（SE11）

- LED 制御の誤り

  入・出力ポートの設定誤り．（SE13）

  出力レベルの設定誤り．（SE14）

　後ほど，ソフトウェアアイテムが明確になった段階で，ハザードからリスクコントロール手段の検証のトレーサビリティの確保と同様の手順で，RC サーボモータの故障リスクについて詳細を検討します．

　参考までに，7.6 節「ソフトウェア要求仕様の明確化」と 7.9 節「ソフトウェア詳細設計」の文中に，モータ故障の各リスクの識別番号を記載しています．また，オーム社の Web サイトに掲載しているサンプルプログラムには，誤動作・不動作リスクも含め識別番号をコメントとして記載しています．

第 7 章　具体例によるワンチップマイコンソフトウェア設計プロセスの解説

7.6　ソフトウェア要求仕様の明確化

　この節では，マイコンのソフトウェア要求仕様の設定例を説明します．

　マイコンのソフトウェア要求仕様とはハードウェアをどのように動かすかや，プログラムを作成するうえで必要な制約条件などを記述したものです．顧客要求やシステムの概要，リスクの検討結果を考慮して，ソフトウェア要求仕様を設定します．

1 動作モードの仕様

　ロボットは以下の 3 つの動作モードで動くものとします．

　　内蔵プログラム動作モード

　　受信プログラム動作モード

　　パソコン操作モード

　電池電圧が異常になれば，動作を停止したモードとします．

　　電池電圧異常モード

　動作モードの内容は以下の通りとします．

(1) 内蔵プログラム動作モード（SR1-1）

- マイコン内蔵の ROM に記録された歩行動作順序のデータに従って歩行する動作モードです．

- この動作モードでは，停止状態でボタンスイッチを押すと歩行を開始することにします．

- 歩行動作順序のデータは歩行動作の種類と目標実行回数（目標歩数または目標停止時間）を 1 セットとし，実行順に複数並べたものとします．歩行動作の種類と目標実行回数の種別を**表 7.5** に示します．表 7.5 の歩行動作の種類の値は，プログラム内での識別番号とします．

- 歩行は，歩行動作順序のデータの先頭から 1 セットずつデータを取り出し，指定され

■ 表 7.5　歩行動作の種類と目標実行回数の種別

歩行動作の種類		目標実行回数の種別
名称	値	
停止	0x0F	目標停止時間
前進	0x01	目標歩数
右回転	0x02	目標歩数
後退	0x04	目標歩数
左回転	0x08	目標歩数
ダンス	0x06	目標歩数
シーケンス終了	0x00	―

142

た歩行動作の種類を目標歩数実行するか，目標停止時間のあいだ停止することで実行します．

- 内蔵プログラムの記憶形式は歩行動作の種類（1 byte）と目標実行回数（目標歩数または目標停止時間）（1 byte）を1セットとし，最大32セットとします．目標停止時間は0.5秒単位とします．
- 歩行動作の種類がシーケンス終了であるか，32セットのデータを実行し終えると，歩行動作を終了します．歩行動作中にボタンスイッチを押しても，歩行動作を終了します．歩行動作を終了すると，正立で停止した状態となります．

(2) 受信プログラム動作モード（SR1-2）

- パソコンからシリアル通信で送信された歩行動作順序のデータに従って歩行する動作モードです．
- 電源投入時は記憶している歩行動作順序のデータはありません．
- 歩行動作順序のデータはパソコンからシリアル通信で送信されて記憶されます．
- 歩行動作順序のデータの受信はすべての動作モードで可能とします．
- 電源をオフするか，新しい歩行動作順序のデータが送信されるまで記憶します．
- 受信した歩行動作順序のデータの記憶形式は内蔵プログラムの記憶形式と同じとします．
- パソコンから送信した歩行動作順序のデータを受信したことが分かるように，データを受信したら返信することにします．
- 歩行動作の開始から終了までの手順は，内蔵プログラム動作モードと同様とします．内蔵プログラム動作モードとの違いは，歩行動作順序のデータが受信したデータであることです．

(3) パソコン操作モード（SR1-3）

- パソコンからシリアル通信で送信された歩行動作指示のデータに従って歩行する動作モードです．
- パソコン操作モードにおいてパソコンからシリアル通信で歩行動作指示データが送信されると，停止状態であれば指示された歩行動作の種類で歩行を開始します．
- 歩行動作中であれば，以前の動作を終了し，正立で停止した後，指示された歩行動作の種類で歩行を開始します．
- 次の歩行動作指示データが送信されるか，ボタンスイッチが押下されるまで，同じ歩行動作を継続します．
- 歩行動作指示データの種類が停止であるか，歩行動作中にボタンスイッチを押すと，正立で停止した状態とします．
- パソコン操作モードにおいて歩行動作指示データを受信したら，肯定応答を返信します．パソコン操作モード以外において歩行動作指示データを受信したら，否定応答を

第7章 具体例によるワンチップマイコンソフトウェア設計プロセスの解説

返信します.

表7.6 にパソコンからの歩行動作指示のデータの値を示します.

(4) 電池電圧異常モード（SR1-4）

電池残量の低下やニッケル水素充電池以外の電池装着によるモータ故障のリスクを低減するために，モータへの電源供給を停止するモードを電池電圧異常モードとします.（SD3, 4）

- 電池電圧異常モードでは，モータへの電源供給を遮断し，LEDを速い点滅とします.

(5) モード切替え

動作モードの切替えは以下の通りとします.（SR1-5）

- 電池電圧が高電圧（6.0 V超え）または低電圧（4.5 V未満）となった場合に，歩行動作を終了し，正立で停止し，電池電圧異常モードに移行します.（SD3, 4）
- パソコンからシリアル通信により現在の動作モードと異なる動作モードへの変更指示があった場合に，動作モードの切替えをします.
- ただし，パソコンからシリアル通信により，電池電圧異常モードへの動作モードの変更と電池電圧異常モードから他の動作モードへの変更はしないものとします.
- 電池電圧異常モードにおいて，電池電圧が正常範囲に戻りボタンスイッチが押下されれば，LEDを消灯し，モータへ電源を供給し，内蔵プログラム動作モードの停止状態に復帰します.

パソコンからの動作モード変更指示のデータは**表7.7**の通りとします.

動作モードの状態遷移の概要は**図7.10**の通りとします.

電源投入時の状態は以下の通りとします.（SR1-6）

- 電源が入れられたら，動作モードを内蔵プログラム動作モードとし，正立の停止状態

■ **表7.6　パソコンからの歩行動作指示のデータ**

歩行動作指示の種類	値
停止	0x0F
前進	0x01
右回転	0x02
後退	0x04
左回転	0x08
ダンス	0x06

■ **表7.7　パソコンからの動作モード変更指示のデータ**

動作モード変更指示の種類	値
内蔵プログラム動作モードへの変更指示	0x01
受信プログラム動作モードへの変更指示	0x04
パソコン操作モードへの変更指示	0x10

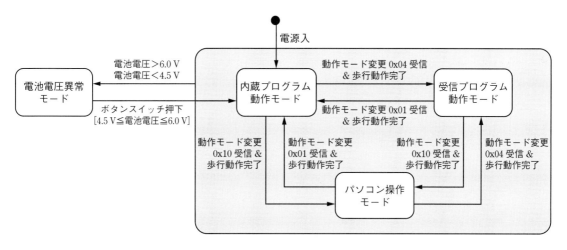

■ 図 7.10　動作モードの状態遷移の概要

にします．内蔵プログラム動作モードとしたのは，初期状態でパソコンと接続しなくても動作させることができるようにするためです．

2　歩行動作の制御の仕様

歩行動作の制御の仕様は以下の通りとします．（SR2）

(1) 前進・後退・右回転・左回転・ダンス・停止の歩行動作の実現（SR2-1）

- ロボットの歩行動作の種類は停止を含め以下の6つとします．
  前進・後退・右回転・左回転・ダンス・停止
- 停止状態では正立状態で停止することにします．
- パソコンからの通信による歩行動作の指示，または記憶した歩行動作順序のデータに基づく歩行動作の指示により，歩行動作を実行します．
- 歩行動作順序のデータは歩行動作の種類と目標実行回数のデータの複数の組合せからなります．
- 停止状態で歩行動作の指示があれば，すぐに該当歩行動作を開始します．（BD5）
- 歩行動作中に他の種類の歩行動作の指示があれば，歩行動作を終了し，正立停止の状態にします．その後に，指示があった歩行動作を開始します．（BD5）
- 動作モードによる違いを考慮し，歩行動作は，目標実行回数を指定して実行する場合と，指定しないで実行する場合とを設けます．目標実行回数を指定して実行する場合，前進または後退，右回転，左回転，ダンスでは目標歩数の歩行を実行し停止します．停止では目標停止時間停止します．その後，次の歩行動作を実行します．目標実行回数を指定しないで実行する場合は，目標歩数または目標停止時間の値を 0x8000 とし，次の歩行動作の指示があるまで同じ歩行動作または停止を継続します．

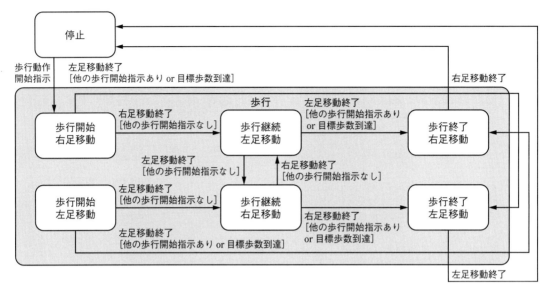

■ 図 7.11　歩行動作の状態遷移図

- 歩数の計数は，足の離地から次の着地までを一歩とします．ただし，歩行を終了し，足を揃えて正立する場合の一歩は歩数に計数しません．また，ダンスは，一連の動作1回を一歩とします．ここで，一歩の動作を単位ステップと呼ぶことにします．
- 歩行動作順序のデータの目標停止時間は 0.5 秒単位とします．
- 前進・後退・右回転・左回転の4つの歩行動作は，複数の一歩の動作からなります．例えば，前進は，前進開始の右足または左足を前に出す一歩の動作と，継続的に右足または左足を交互に前に出す一歩の動作と，右足または左足を揃えて停止する一歩の動作からなります．**図 7.11** に歩行動作の状態遷移図を示します．
- 図 7.11 から分かるように，前進と右回転，後退，左回転の4つの歩行動作は，それぞれ6種類の一歩の動作があります．

(2) 一歩の動作の実現（SR2-2）

- 一歩の動作は，片足の離地から着地まで，歩行姿勢を順次変化させることで実現できます．例えば，前進開始の一歩は，直立の姿勢から右足を上げ，その右足を前に出し，右足を着地させるという3つの姿勢を順々に切り替えることで達成できます．ここで，これらの一連の姿勢の切替えを，単位ステップシーケンスと呼ぶことにします．ただし，姿勢変更にはある程度の移行時間が必要になります．今回は，一歩の動作時間を約1秒とします．一歩の動作を3姿勢から4姿勢で構成しますので，1姿勢の移行時間を 0.3 秒とします．単位ステップシーケンスの各姿勢と姿勢の移行時間を**表 7.8** に示します．姿勢番号は表 7.9 の目標姿勢番号で，移行時間の単位は秒です．（BD1, 2, 5）

7.6 ソフトウェア要求仕様の明確化

■ 表 7.8 単位ステップシーケンスの各姿勢と移行時間一覧表

	単位ステップシーケンス名	姿勢数	姿勢1		姿勢2		姿勢3		姿勢4	
			姿勢番号	移行時間	姿勢番号	移行時間	姿勢番号	移行時間	姿勢番号	移行時間
前 進	前進開始右足移動	3	1	0.3	2	0.3	3	0.3	—	—
	前進開始左足移動	3	5	0.3	6	0.3	7	0.3	—	—
	前進継続右足移動	4	8	0.3	1	0.3	2	0.3	3	0.3
	前進継続左足移動	4	4	0.3	5	0.3	6	0.3	7	0.3
	前進終了右足移動	3	8	0.3	1	0.3	0	0.3	—	—
	前進終了左足移動	3	4	0.3	5	0.3	0	0.3	—	—
右回転	右回転開始右足移動	3	1	0.3	14	0.3	13	0.3	—	—
	右回転開始左足移動	3	5	0.3	11	0.3	10	0.3	—	—
	右回転継続右足移動	3	9	0.3	14	0.3	13	0.3	—	—
	右回転継続左足移動	3	12	0.3	11	0.3	10	0.3	—	—
	右回転終了右足移動	3	9	0.3	1	0.3	0	0.3	—	—
	右回転終了左足移動	3	12	0.3	5	0.3	0	0.3	—	—
後 退	後退開始右足移動	3	1	0.3	8	0.3	7	0.3	—	—
	後退開始左足移動	3	5	0.3	4	0.3	3	0.3	—	—
	後退継続右足移動	4	2	0.3	1	0.3	8	0.3	7	0.3
	後退継続左足移動	4	6	0.3	5	0.3	4	0.3	3	0.3
	後退終了右足移動	3	8	0.3	1	0.3	0	0.3	—	—
	後退終了左足移動	3	6	0.3	5	0.3	0	0.3	—	—
左回転	左回転開始右足移動	3	1	0.3	9	0.3	10	0.3	—	—
	左回転開始左足移動	3	5	0.3	12	0.3	13	0.3	—	—
	左回転継続右足移動	3	14	0.3	9	0.3	10	0.3	—	—
	左回転継続左足移動	3	11	0.3	12	0.3	13	0.3	—	—
	左回転終了右足移動	3	14	0.3	1	0.3	0	0.3	—	—
	左回転終了左足移動	3	11	0.3	5	0.3	0	0.3	—	—
ダンス	ダンス	4	15	0.3	0	0.3	16	0.3	0	0.3

■ 表 7.9 目標姿勢のモータ制御角度

目標姿勢	目標姿勢番号	制御角度〔度〕			
		No.1 右足上	No.2 右足下	No.3 左足上	No.4 左足下
正立	0	0	0	0	0
左傾右足上げ	1	0	−21	0	−21
左傾右足前	2	21	−21	21	−21
直立右足前	3	21	0	21	0
右傾右足前	4	21	21	21	21
右傾左足上げ	5	0	21	0	21
右傾左足前	6	−21	21	−21	21
直立左足前	7	−21	0	−21	0
左傾左足前	8	−21	−21	−21	−21
左傾右足閉じ	9	0	−21	8	−21
直立右足閉じ	10	0	0	8	0
右傾右足閉じ	11	0	21	8	21
右傾右足開き	12	0	21	−8	21
直立右足開き	13	0	0	−8	0
左傾右足開き	14	0	−21	−8	−21

- 歩行姿勢は4つのRCサーボモータの関節の角度で決まります．すべての歩行動作は，15種類の姿勢で実現することにします．これを目標姿勢と呼ぶことにします．各目標姿勢を形成するための4つのモータの正立姿勢からの制御角度を表7.9に示します．

3 モータ駆動の制御の仕様

モータ駆動制御の仕様は以下の通りとします．（SR3）（BD6）

- 5 msごとに各モータの信号端子へ順次制御パルスを印加し，20 msで4つのモータへのパルス印加を一巡します（図7.12）．
- 正立停止における4つのモータの制御パルス幅の当初設定は1 300 μsとします．ただし，ハードウェアの組み付けにより制御角度がずれますので，プログラミング時に定数として変更できるものとします．（BD1, 2）
- 指定されたモータ駆動制御パルス幅の値が上限値（2 100 μs）を超えた場合は，上限値（2 100 μs）に設定します．（BD2）
- 指定されたモータ駆動制御パルス幅の値が下限値（500 μs）未満となった場合は，下限値（500 μs）に設定します．（BD1）

4つのモータへの各駆動パルスは時間をずらして発生させることにします（図7.12）．時間をずらすのは，4つのモータへのパルスを同時に印加すると電流消費が大きくなり，電源電圧が大きく変動し制御回路が誤動作する恐れがあるためです．また，同時に印加するには，パルス発生のタイマがモータごとに必要になりますので，ハードウェア資源を節約するためこのようにしました．

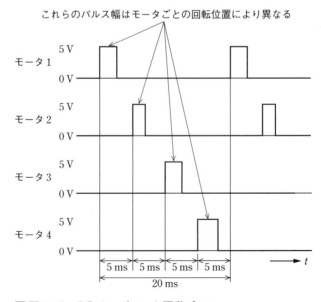

■ 図7.12　RCサーボモータ駆動パルス

4つのモータ駆動制御パルス印加の一巡と各種制御の処理を同期させるため，メインループの周期を 20 ms とします．（SR9）

メインループで各機能の処理を定周期で呼び出すタスク切替えを実施します．（SR10）

4 通信制御の仕様（SR4）

(1) パケット通信（SR4-1）

パソコンとロボットとの通信は以下の3種類が必要となります．

- パソコンからロボットの動作モードを変更する．
- パソコンで歩行動作順序のデータを作成しロボットに送り動作をさせる．
- パソコンの操作画面からボタンを操作することでロボットの歩行動作を変更する．

ロボットの動作モードの変更やパソコンからの遠隔操作では，動作モードや歩行動作の種類を送信するだけで，通信データ量は比較的少ないですが，応答性を良くするために短時間での通信が必要になります．歩行動作順序のデータの送付では，歩行動作の種類や目標歩数または目標停止時間など，一連の複数のデータの通信が必要となります．この2つの要求を満たすため，データを固定長のパケットで送ることとします．

ロボットへの動作モード変更や歩行動作指示は1パケットで送付します．ロボットへの歩行動作順序のデータは複数のパケットで送付します．

マイコンが正しく通信データを処理したことをパソコン側で把握するため，基本的に，1回の通信は，パソコンがマイコンへパケットを送信することで開始し，マイコンがパソコンへ返信することで終了することにします

パケットはスタートコード，データ種類，パケット番号，付加データ，誤り検出符号（BCC：Block Check Character）で構成します．

スタートコードは 0xAA とします．

データ種類は，動作モード変更，歩行動作指示，歩行動作順序データの3種類です．

パケット番号は動作モード変更，歩行動作指示の送信では0から255までとします．歩行動作順序データの送信では0から7までとします（最大8パケット）．

パソコンからロボットへの送信でパケット番号を指定し，ロボットからパソコンへの返信では対応する送信のパケット番号を設定します．パケット番号は，パケット送信の昇順に付与することを基本とします．ただし，歩行動作順序データの否定応答では，受信を期待するパケット番号を設定します．

付加データは 8 byte とします．

BCC はスタートコードから付加データの最後までの各バイトデータの排他的論理和（XOR）とします．スタートコードから付加データの最後までの各バイトデータの排他的論理和とBCC とが一致しなければデータに誤りがあると判断し受信データを破棄します．

パケット構成を**図 7.13** に示します．

第 7 章　具体例によるワンチップマイコンソフトウェア設計プロセスの解説

次に，データの種類ごとに通信の仕様を説明します．

(2) 動作モード変更の場合（SR4-2）

パソコンから動作モード変更指示のパケットを送ります．動作モードの変更は歩行停止中に行います．ロボットは，歩行停止中に動作モード変更指示のパケットを受信した場合は，動作モードを変更し肯定応答を返信します．歩行動作中に動作モード変更指示のパケットを受信した場合は，否定応答を返信し歩行動作を終了します．歩行動作が終了し停止したら，動作モードを変更し肯定応答を返信します．ただし，パソコンから動作モードの変更が送信されたときに，電池電圧異常モードであれば，常にマイコンは否定応答を返信します．

パソコンから送信されるパケットは**図 7.14** の通りです．

返信パケットは**図 7.15** の通りです．

(3) 歩行動作指示の場合（SR4-3）

パソコンから歩行動作指示のパケットを送ります．

ロボットは，パソコン操作モードであれば，肯定応答を返信し，指示のあった歩行動作に変更します．それ以外のモードでは，否定応答を返信します．

パケット構成

スタートコード	データ種類	パケット番号	DATA0	DATA1	DATA2	DATA3	DATA4	DATA5	DATA6	DATA7	BCC
			0	1	2	3	4	5	6	7	(Block Check Character)

スタートコード　AA　　　　　　　　　　　　　　　　　　　　　　　水平パリティ方式
データ種類
パケット番号　0x00 〜 0xFF　（歩行シーケンスデータ：0x00 〜 0x07）

■ 図 7.13　パケット構成

AA	01	パケット番号	動作モード	00	00	00	00	00	00	00	BCC

パケット番号
　0x00 〜 0xFF
動作モード
　内蔵プログラム動作モード　0x01
　受信プログラム動作モード　0x04
　パソコン操作モード　　　　0x10

■ 図 7.14　動作モード変更指示のパケットのデータ構成

AA	01	パケット番号	応答	00	00	00	00	00	00	00	BCC

パケット番号
　受信した動作モード変更指示のパケット番号
応答
　肯定応答　受信した動作モード
　否定応答　0x15

■ 図 7.15　動作モード変更指示の返信パケットのデータ構成

7.6 ソフトウェア要求仕様の明確化

パソコンから送信されるパケットは**図7.16**の通りです.

返信パケットは**図7.17**の通りです.

(4) 歩行動作順序データの場合（SR4-4)

パソコンから歩行動作順序データのパケットをパケット番号0から番号順に送ります．ロボットは，受信したパケット番号が0，または受信を期待するパケット番号（前回送られた番号＋1）の場合，歩行動作順序データを記憶し，正常受信の返信を行います．そうでない場合，パケット欠落の返信を行い，受信を期待するパケット番号を通知します．ただし，パケット番号が範囲外の場合，返信しません．

パソコンから送信されるパケットは**図7.18**の通りです.

歩行動作の種類の値と目標実行回数の種別は**表7.10**の通りです.

正常受信の場合の返信パケットは**図7.19**の通りです.

パケット欠落の場合の返信パケットは**図7.20**の通りです.

AA	04	パケット番号	動作種類	00	00	00	00	00	00	00	BCC

パケット番号
　0x00 ～ 0xFF
動作種類
　停止　　0x0F
　前進　　0x01
　右回転　0x02
　後退　　0x04
　左回転　0x08
　ダンス　0x06

■ 図7.16　歩行動作指示のパケットのデータ構成

AA	04	パケット番号	応答	00	00	00	00	00	00	00	BCC

パケット番号
　受信した歩行動作指示のパケット番号
応答
　肯定応答　　受信した動作種類
　否定応答　　0x15

■ 図7.17　歩行動作指示の返信パケットのデータ構成

AA	08	パケット番号	動作種類	実行回数	動作種類	実行回数	動作種類	実行回数	動作種類	実行回数	BCC

パケット番号
　0x00 ～ 0x07
歩行動作の種類と目標実行回数（表7.10参照）
（注）シーケンス終了の場合，それ以降の動作種類と歩数は0x00とする.

■ 図7.18　歩行動作順序データのパケットのデータ構成

151

■ 表7.10　歩行動作の種類の値と目標実行回数の種別

歩行動作の種類		目標実行回数の種別
名称	値	
停止	0x0F	目標停止時間
前進	0x01	目標歩数
右回転	0x02	目標歩数
後退	0x04	目標歩数
左回転	0x08	目標歩数
ダンス	0x06	目標歩数
シーケンス終了	0x00	―

目標歩数，目標停止時間は1から255の範囲とします．
目標停止時間の単位は0.5秒単位とします．

AA	08	パケット番号	06	00	00	00	00	00	00	00	BCC

パケット番号
　受信した歩行動作指示のパケット番号

■ 図7.19　正常受信の返信パケットのデータ構成

AA	08	パケット番号	15	00	00	00	00	00	00	00	BCC

パケット番号
　0〜7：受信を期待するパケット番号

■ 図7.20　パケット欠落の返信パケットのデータ構成

(5) UART の通信パラメータ（SR4-5）

UART の通信パラメータは以下のようにします．

通信速度	9 600 bps
スタートビット	1 bit
データビット長	8 bit
パリティ	奇数パリティ
ストップビット	1 bit
データ転送順序	LSB first

通信速度の設定理由は以下の通りです．

　1 byte のデータを送信するためには，送信ビットは11 bit必要です．すると，1パケットは 132 bit＝11×12 となります．132 bit をサーボモータ駆動の周期（20 ms）ごとに送信できるようにするためには，6 600 bps＝132 bit÷20 ms 以上の通信速度が必要となります．一般的には通信速度が遅いほうがノイズや通信線路の影響を受けにくいので，6 600 bps 以上

で最も近い標準的な通信速度 9 600 bps を採用することにします.

今回の電子回路において, シリアル通信はトランジスタでレベルを反転して通信するため, 信号レベル Low を "1", High を "0" とします.

5 スイッチ入力検知の仕様

スイッチ入力検知の仕様は以下の通りとします.（SR5）

チャタリングキャンセル

- メイン周期ごとにスイッチ入力レベルを取得します.
- 4 回連続して同一レベルであれば, スイッチのレベルを確定します.

スイッチ押下の判定

- 確定したスイッチのレベルが High から Low になったらスイッチ押下を確定します.

6 LED の表示制御の仕様

LED の表示制御は以下の通りとします.（SR6）

- 歩行動作中に LED は定周期でパルス点滅することとします.

点滅周期　1.5 秒

点灯期間　0.1 秒

- 3 つの動作モードの停止状態で歩行動作が完了していれば, LED は消灯とします.
- 電池電圧異常モードでは LED は速い点滅とします.

点滅周波数　2 Hz

7 電池電圧入力検知の仕様

電池電圧入力検知の仕様は, ノイズキャンセルのため以下の通りとします.（SR7）（BD3, 4）

- メイン周期（20 ms）ごとに 1 回電池電圧を取得し, 10 回サンプリングします.
- 最大値, 最小値を除き 8 つのデータの平均値を電池電圧の確定値とします.
- 電池電圧が 4.5 V 未満であれば電池低電圧とします.
- 電池電圧が 6.0 V を超えれば電池高電圧とします.
- 電池低電圧と電池高電圧を電池電圧異常とします.

8 モータ電源の供給・遮断の仕様

モータ電源の供給・遮断の仕様は以下の通りとします.（SR8）（BD3, 4）

- モータ電源の供給はモータ電源制御端子を High とします.
- モータ電源の遮断はモータ電源制御端子を Low とします.

第7章　具体例によるワンチップマイコンソフトウェア設計プロセスの解説

9 マイコンの発振回路の設定の仕様

マイコンの発振回路の設定は以下の通りとします．（SR11）
- マイコン内蔵の高速オンチップオシレータを使用します．
- 高速オンチップオシレータの周波数は 24 MHz とします，設定はプログラムのビルドアップ時に，オプションバイト（0x000c2）を 0xE0 に設定します．
- 12 ビットインターバルタイマの動作クロック供給は停止します．

10 マイコン暴走時の復帰対策の仕様

マイコン暴走対策は以下の通りとします．（SR12）
- ウォッチドッグタイマを動作させ，メイン周期ごとにウォッチドッグタイマのカウンタをクリアします．
- ウォッチドッグタイマのインターバル割り込みは使用せず，ウォッチドッグタイマのカウンタオーバーフローでマイコンをリセットするだけとします．
- ウォッチドッグタイマの設定はプログラムのビルドアップ時に，オプションバイト（0x000c0）を 0x76 に設定します．

  ウォッチドッグタイマのオーバーフロー時間 29.68 ms（代表値），25.228 ms（最小値）.

正常動作時にウォッチドッグタイマのオーバーフローが発生しないように，メイン処理一周期の処理時間の最大値（20.200 ms）がウォッチドッグタイマの最小値を超えないようにオーバーフロー時間を設定しました．

11 未使用端子の設定の仕様

未使用端子の設定の仕様は以下の通りとします．
- P21，P22，P41，P42 を Low 出力のディジタル出力ポートに設定します．
- P122 と P137 は default 設定のままとします．

次のソフトウェアアーキテクチャ設計から詳細設計までは，紙面の都合上，システム状態制御モジュールと二足歩行制御アイテムの各モジュールのみ説明します．他のモジュールの説明については，オーム社の Web サイトに掲載します．

7.7　ソフトウェアアーキテクチャ設計

7.7.1　全体設計

ソフトウェア要求仕様からソフトウェアアイテムとインタフェースを抽出し，ソフトウェ

アアーキテクチャを構築します.

まず,ソフトウェアアイテムを抽出します.ソフトウェアアイテムは機能ごとで構成することにします.ソフトウェア要求仕様から,以下の機能があることが分かります.

- 動作モードの制御機能
- 歩行動作の制御機能
- モータ駆動制御機能
- 通信制御機能
- スイッチ入力検知機能
- LED の表示制御機能
- 電池電圧入力検知機能
- モータ電源の供給・遮断制御機能
- マイコン発振回路制御機能
- マイコン暴走停止機能

これらの機能をそれぞれソフトウェアアイテムとし,本書ではソフトウェアモジュールと呼びます.ただし,歩行動作は比較的複雑な動作の組合せからなります.そのため,歩行動作の制御について,足を一歩動かす制御と,複数の一歩の動作を順次実行し前進または後退,右回転,左回転の歩行動作を達成する制御とに分解することにします.前者を単位ステップシーケンス制御モジュールとし,後者を歩行動作シーケンス制御モジュールとします.また,動作モードなどのシステム全体の状態を制御する機能を実現するモジュールをシステム状態制御モジュールとします.

それから,以上の機能に関わるハードウェアの設定を初期化し,抽出したモジュールの制御処理を定周期で切り替えるため,タスク切替え制御モジュールと,定周期生成モジュールが必要となります.ただし,定周期生成は,モータ駆動制御モジュールの定周期生成処理を共用することにします.基本的には1モジュールに1機能が望ましいですが,メイン周期の生成の処理は非常に単純であり,他の処理と相互に影響を及ぼしにくく,タイマ利用の節約になるため共用することにします.

また,比較的大量の歩行用のデータ管理をしやすくするため,データのみで構成される,歩行動作シーケンスデータモジュールと単位ステップシーケンスデータモジュールも配置します.機能というほどではありませんが,仕様にある未使用端子の設定もモジュールとします.

以上より,ロボットのソフトウェアシステムのモジュール構成を以下の通りとします.

- システム状態制御モジュール（M1）
- 歩行動作シーケンス制御モジュール（M2-1）
- 単位ステップシーケンス制御モジュール（M2-2）
- 歩行動作シーケンスデータモジュール（M2-3）

- 単位ステップシーケンスデータモジュール（M2-4）
- モータ駆動制御モジュール（M3）
- 通信制御モジュール（M4）
- スイッチ入力検知モジュール（M5）
- LED 表示制御モジュール（M6）
- 電池電圧入力検知モジュール（M7）
- モータ電源供給・遮断制御モジュール（M8）
- タスク切替え制御モジュール（M10）
- マイコン発振回路制御モジュール（M11）
- マイコン暴走停止モジュール（M12）
- 未使用端子設定モジュール（M13）

　次に，抽出したモジュールそれぞれの概要，概略動作を検討し，モジュール間の概略のインタフェースを明確にします．本紙面の都合上，本書では，ソフトウェアアーキテクチャ設計の全体設計と機能別設計に関して，システム状態制御モジュールと二足歩行制御アイテムの各モジュールのみ紹介します．他のモジュールについては，オーム社の Web サイトを参照ください．

1　システム状態制御モジュール（M1）

概　要

　システム状態制御モジュールは他のモジュールを統括し二足歩行を実現します．つまり，以下のモジュールと情報交換などをしてシステム全体の状態制御をします．

　　情報交換などをするモジュール

- 通信制御モジュール
- スイッチ入力検知モジュール
- 電池電圧入力検知モジュール
- モータ電源供給・遮断制御モジュール
- LED 表示制御モジュール
- 歩行動作シーケンス制御モジュール

　　状態制御の概要

- ロボットの動作モード変更
- 歩行動作順序データによる歩行動作順序の実行管理
- パソコンからの指示による歩行動作の切替え管理
- スイッチ押下情報による歩行の開始，停止指示
- 二足歩行制御アイテムへの歩行指示（上記管理の中で実施）
- LED 表示の切替え指示

7.7 ソフトウェアアーキテクチャ設計

- 電池電圧異常時のモータ電源の遮断指示

概略動作

- 通信制御モジュールから動作モード変更指示データや歩行動作順序のデータ, 歩行動作指示データなどを取得します.

ロボット動作モードの変更

動作モード変更指示データに基づきロボットの動作モードを変更します. 各動作モードの停止状態で, 通信制御モジュールから動作モード変更指示があれば, すぐに動作モードを変更します.

各動作モードの歩行動作実行状態で, 通信制御モジュールから動作モード変更指示があれば, 歩行動作シーケンス制御モジュールへ歩行停止を指示します. そして, 歩行動作シーケンス制御モジュールから歩行動作シーケンス完了が通知されれば, 状態を指示された動作モードの停止状態に変更します. このとき, 肯定応答未送信となっていますので, 通信制御モジュールの動作モード変更完了の送信開始処理を起動し, 肯定応答を送信し, 肯定応答送信済とします.

- 各動作モードの歩行動作状態へ移行するときに, 通信制御モジュールへ動作モード変更否を通知します. 各動作モードの停止状態へ移行した後に, 歩行動作シーケンス制御モジュールから歩行動作シーケンスの完了が通知されますと, 通信制御モジュールへ動作モード変更可能を通知します.

歩行動作順序データによる歩行動作順序の実行管理

動作が終了し, 停止状態になり, 歩行動作シーケンス制御モジュールから歩行動作完了通知を受けますと通信制御モジュールに動作モード変更可能を通知します.

- 内蔵プログラム動作モード, 受信プログラム動作モードでは, 内蔵の歩行動作順序のデータや受信した歩行動作順序のデータの情報などから, 歩行動作シーケンス制御モジュールに, 前進・右回転・後退・左回転・ダンス・停止と目標歩数または目標停止時間を指示します. 歩行動作シーケンス制御モジュールは, その指示に基づき歩行動作を実行します. システム状態制御モジュールは, 歩行動作シーケンス制御モジュールから歩行動作シーケンスの完了を通知されましたら, 次の歩行動作を指示します (図 7.21).

- 通信制御モジュールからの歩行動作順序のデータは, 割込み処理を禁止した状態で取得します. それは, 受信割込み処理とシステム状態制御モジュールとのデータへのアクセスの競合によるトラブルを避けるためです.

パソコンからの指示による歩行動作の切り替え指示

- パソコン操作モードでは, 通信制御モジュールからの歩行動作指示データにより, 歩行動作シーケンス制御モジュールに, 前進・右回転・後退・左回転・ダンス・停止を指示します. 歩行停止を指示したときは, 停止完了したときに, 歩行動作シーケンス

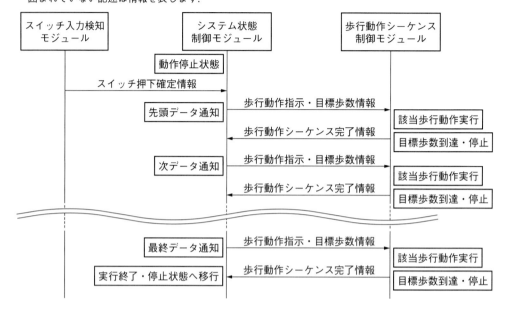

■ 図7.21　内蔵・受信プログラム動作モードのシーケンス

　　制御モジュールから歩行動作シーケンスの完了が通知されます．
- パソコン操作モードのときのみ歩行動作指示データが通知されるようにするため，動作モードをパソコン操作モードへ変更するときに，通信制御モジュールへ歩行動作変更可を通知し，他の動作モードへ変更するときは歩行動作変更否を通知します．通信制御モジュールは，歩行動作指示データを受信したときに，歩行動作変更可であれば，歩行動作シーケンス制御モジュールに歩行動作指示データを通知します．

　図7.22 にパソコン操作モードにおいて，歩行動作指示データを取得したときの歩行動作実行のシーケンスを示します．

スイッチ押下確定情報による歩行の開始，停止指示
　　スイッチ入力検知モジュールからスイッチ押下確定情報を取得し，動作を開始，実行，終了します．動作開始時に通信制御モジュールに動作モード変更否を通知します．動作が終了し，停止状態になり，歩行動作シーケンス制御モジュールから歩行動作完了通知を受けると通信制御モジュールに動作モード変更可能を通知します．

LED 表示の切替え指示
　　現在の動作状態により，消灯，パルス点灯，速い点滅を LED 表示制御モジュールに指示します．

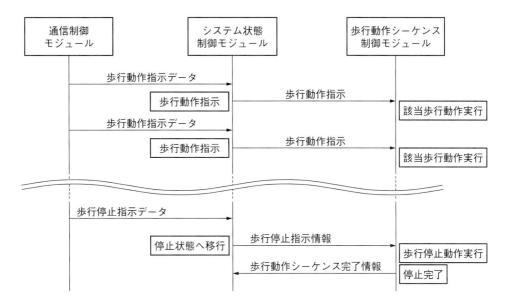

■ 図 7.22　パソコン操作モードのシーケンス

電池電圧異常時のモータ電源の遮断指示

　　電池が消耗し低電圧になったり，ニッケル水素二次電池以外の電池が装着され高電圧になったりして，モータ動作電圧の仕様範囲外となったら，電池電圧入力検知モジュールから電池電圧異常が通知されます．すると，モータの故障を防止するため，歩行動作シーケンス制御モジュールへ歩行停止を指示します．歩行が停止し歩行動作シーケンス制御モジュールから歩行動作シーケンスの完了が通知されますと，電源電圧異常モードとし，モータ電源供給・遮断制御モジュールにモータ電源遮断を指示し，LED表示制御モジュールへLEDの速い点滅を指示します．電池電圧が正常範囲に復帰し，電池電圧入力検知モジュールからの電池低電圧および電池高電圧の通知がなくなれば，スイッチ入力検知モジュールからスイッチ押下確定が通知されますと，電池電圧異常通知を消去し，モータ電源供給・遮断制御モジュールにモータ電源の供給を指示し，内蔵プログラム動作モードの停止状態にします．

　図 7.23 に電池電圧異常の移行および復帰における，モータ電源遮断と供給のシーケンスを示します．

　概要および概略動作からモジュール間のインタフェースを抽出します．以下，他のモジュールでも同様に概要および概略動作からモジュール間の概略インタフェースを抽出します．

概略インタフェース

　　提供インタフェース

　　　ユニット呼出し

　　　　• システム状態制御処理（タスク切替え制御モジュール）

第7章 具体例によるワンチップマイコンソフトウェア設計プロセスの解説

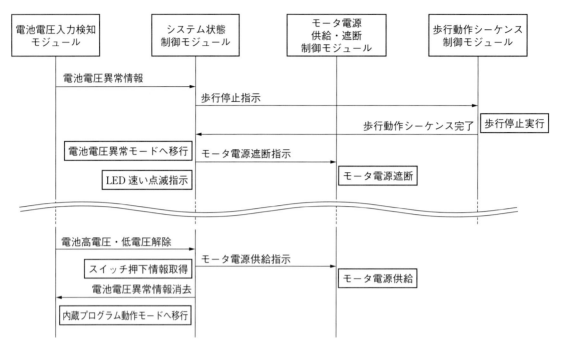

■ 図7.23　電池電圧異常モードへの移行・復帰シーケンス

　　利用インタフェース
　　入　力
　　　・動作モード変更指示データ（通信制御モジュール）
　　　・肯定応答未送信情報（通信制御モジュール）
　　　・歩行動作指示データ（通信制御モジュール）
　　　・スイッチ押下確定情報（スイッチ入力検知モジュール）
　　　・内蔵歩行動作順序データ（歩行動作シーケンスデータモジュール）
　　　・受信歩行動作順序データ（歩行動作シーケンスデータモジュール）
　　　・歩行動作シーケンス完了（歩行動作シーケンス制御モジュール）
　　　・電池電圧異常情報（電池電圧入力検知モジュール）
　　　・電池低電圧（電池電圧入力検知モジュール）
　　　・電池高電圧（電池電圧入力検知モジュール）
　　出　力
　　　・動作モード変更可否情報（通信制御モジュール）
　　　・肯定応答未送信情報（通信制御モジュール）
　　　・歩行動作変更可否情報（通信制御モジュール）
　　　・歩行動作指示（歩行動作シーケンス制御モジュール）

- 目標歩数または目標停止時間（歩行動作シーケンス制御モジュール）
- 電池電圧異常情報（電池電圧入力検知モジュール）
- LED 表示指示（LED 表示制御モジュール）
- モータ電源の供給・遮断指示（モータ電源供給・遮断制御モジュール）

ユニット呼出し
- 動作モード変更完了送信開始処理（通信制御モジュール）
- 受信歩行動作順序データ確定処理（通信制御モジュール）

2 二足歩行制御アイテム（M2）

（1）歩行動作シーケンス制御モジュール（M2-1）

概　要

歩行動作シーケンス制御モジュールは，指示した前進または右回転，後退，左回転，ダンス，停止などの各種の歩行動作を実現するため，単位ステップシーケンスの種類を順次切り替えます．例えば，前進は，「足を揃えた状態から，右足を前に出し，次に左足を前に出し，…，右足を前に出し，左足を引きつけて足を揃え停止する」というように，単位ステップシーケンスを切り替えます．

概略動作

- システム状態制御モジュールから，歩行動作の指示や目標実行回数（目標歩数または目標停止時間）が通知されます．その通知に従って，歩行動作シーケンス制御モジュールは，単位ステップシーケンス制御モジュールが実行する該当歩行動作開始の単位ステップシーケンスを起動します．
- 目標実行回数を指定して実行する設定であれば，単位ステップシーケンス制御モジュールが単位ステップシーケンスの完了を通知してきたら，歩数または停止時間を計数し，次に実行する単位ステップシーケンスを判断し，起動します．

  そして上記処理を該当歩数まで繰り返し，目標歩数または目標停止時間の実行が終了し，停止したら，システム状態制御モジュールに歩行動作シーケンスの完了を通知します．
- 目標実行回数を指定しないで実行する設定であれば，単位ステップシーケンス制御モジュールが単位ステップシーケンスの完了を通知してきたら，次に実行する単位ステップシーケンスを判断し，起動します．そして，次の歩行動作の指示があるか，歩行動作停止の指示があるまで，同じ歩行動作を継続するための単位ステップシーケンスを起動し続けます．

図 7.24 に目標実行回数を指定して実行する設定における歩行動作を実現するための歩行動作シーケンス制御モジュールのシーケンスを示します．

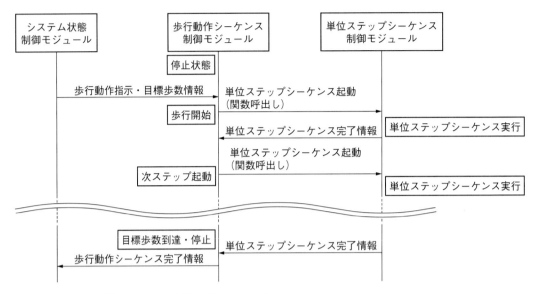

■ 図 7.24　歩行動作シーケンス制御モジュールのシーケンス

概略インタフェース

提供インタフェース

入　力
- 歩行動作指示（システム状態制御モジュール）
- 目標歩数または目標停止時間（システム状態制御モジュール）

出　力
- 歩行動作シーケンス完了情報（システム状態制御モジュール）

ユニット呼出し
- 歩行動作シーケンス制御処理（タスク切替え制御モジュール）

利用インタフェース

入　力
- 単位ステップシーケンス完了（単位ステップシーケンス制御モジュール）
- 姿勢の数（単位ステップシーケンス制御モジュール）
- 単位ステップシーケンスデータ配列（単位ステップシーケンス制御モジュール）

ユニット呼出し
- 単位ステップシーケンス開始処理（単位ステップシーケンス制御モジュール）

(2) 単位ステップシーケンス制御モジュール（M2-2）

概　要

　このモジュールは歩行の構成要素となる，足を上げてから下げるまでの一歩の歩行動作を制御します．まず表 7.11 から，実行する一歩の歩行動作を構成する姿勢番号の情報を得

■ 表7.11　単位ステップシーケンスの各姿勢と計数値一覧表

| | 単位ステップシーケンス配列名 | 姿勢数 | 単位ステップシーケンスデータ配列要素 | | | | | | | |
| | | | 姿勢1 | | 姿勢2 | | 姿勢3 | | 姿勢4 | |
			姿勢番号	計数値	姿勢番号	計数値	姿勢番号	計数値	姿勢番号	計数値
前進	前進開始右足移動	3	1	15	2	15	3	15	−	−
	前進開始左足移動	3	5	15	6	15	7	15	−	−
	前進継続右足移動	4	8	15	1	15	2	15	3	15
	前進継続左足移動	4	4	15	5	15	6	15	7	15
	前進終了右足移動	3	8	15	1	15	0	15	−	−
	前進終了左足移動	3	4	15	5	15	0	15	−	−
右回転	右回転開始右足移動	3	1	15	14	15	13	15	−	−
	右回転開始左足移動	3	5	15	11	15	10	15	−	−
	右回転継続右足移動	3	9	15	14	15	13	15	−	−
	右回転継続左足移動	3	12	15	11	15	10	15	−	−
	右回転終了右足移動	3	9	15	1	15	0	15	−	−
	右回転終了左足移動	3	12	15	5	15	0	15	−	−
後退	後退開始右足移動	3	1	15	8	15	7	15	−	−
	後退開始左足移動	3	5	15	4	15	3	15	−	−
	後退継続右足移動	4	2	15	1	15	8	15	7	15
	後退継続左足移動	4	6	15	5	15	4	15	3	15
	後退終了右足移動	3	8	15	1	15	0	15	−	−
	後退終了左足移動	3	6	15	5	15	0	15	−	−
左回転	左回転開始右足移動	3	1	15	9	15	10	15	−	−
	左回転開始左足移動	3	5	15	12	15	13	15	−	−
	左回転継続右足移動	3	14	15	9	15	10	15	−	−
	左回転継続左足移動	3	11	15	12	15	13	15	−	−
	左回転終了右足移動	3	14	15	1	15	0	15	−	−
	左回転終了左足移動	3	11	15	5	15	0	15	−	−
ダンス	ダンス	4	15	15	0	15	16	15	0	15

ます．次に**表7.12**を対照し，姿勢に対応するパルス幅をモータ駆動制御モジュールに順々に渡します．これらの表を利用して単位ステップシーケンスを制御する手順を次に示します．

概略動作

- マイコンがリセットから復帰した直後に，ポジション初期化処理でモータ駆動パルス幅を正立停止の値に設定します．
- 歩行動作シーケンス制御モジュールは，一歩の歩行動作を実現するために，実行したい単位ステップシーケンスデータ配列（表7.11の単位ステップシーケンス名のうちの一つに該当する姿勢番号と計数値の配列）と姿勢の数を指定し，単位ステップシーケンスの開始処理を起動します．
- 単位ステップシーケンスの開始処理は，姿勢の数を記憶し，指定された単位ステップシーケンスデータ配列の先頭から開始姿勢の目標姿勢番号を取得し，目標姿勢のモー

■ 表 7.12 目標姿勢のモータ駆動差分パルス幅一覧表

目標姿勢	目標姿勢番号	差分パルス幅 No.1 右足上	No.2 右足下	No.3 左足上	No.4 左足下
正立	0	0	0	0	0
左傾右足上げ	1	0	−5000	0	−5000
左傾右足前	2	5000	−5000	5000	−5000
直立右足前	3	5000	0	5000	0
右傾右足前	4	5000	5000	5000	5000
右傾左足上げ	5	0	5000	0	5000
右傾左足前	6	−5000	5000	−5000	5000
直立左足前	7	−5000	0	−5000	0
左傾左足前	8	−5000	−5000	−5000	−5000
左傾右足閉じ	9	0	−5000	2000	−5000
直立右足閉じ	10	0	0	2000	0
右傾右足閉じ	11	0	5000	2000	5000
右傾右足開き	12	0	5000	−2000	5000
直立右足開き	13	0	0	−2000	0
左傾右足開き	14	0	−5000	−2000	−5000

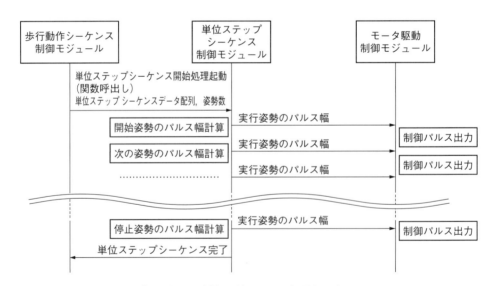

■ 図 7.25 単位ステップシーケンス制御モジュールの処理シーケンス

タ駆動差分パルス幅データ配列（表 7.12）からその目標姿勢番号に該当するモータ駆動差分パルス幅を取得し，正立姿勢のパルス幅を加算して目標姿勢のパルス幅とし，姿勢移行時間の計数値も取得し設定します．

- 単位ステップシーケンス制御モジュールは，メイン周期（20 ms）ごとに姿勢移行時間の計数値をダウンカウントします．また，目標姿勢のパルス幅を実行姿勢のパルス

幅としてモータ駆動制御モジュールに渡します．計数値が0になりましたら，次の目標姿勢番号に該当する目標姿勢のモータ駆動差分パルス幅を取得し，正立姿勢のパルス幅を加算して目標姿勢のパルス幅とします．また，姿勢移行時間の計数値も取得し設定します．以上を，指定された姿勢の数にあたる回数実行します．

- 指定された姿勢の数を実行し終えたら，歩行動作シーケンス制御モジュールに単位ステップシーケンス完了を通知します．

図 **7.25** に一歩の歩行動作を実現するための単位ステップシーケンス制御モジュールのシーケンスを示します．

概略インタフェース

提供インタフェース

出　力

- 単位ステップシーケンス完了（歩行動作シーケンス制御モジュール）

ユニット呼出し

- 単位ステップシーケンス制御処理（タスク切替え制御モジュール）
- 単位ステップシーケンスの開始処理（歩行動作シーケンス制御モジュール）
- ポジション初期化処理（タスク切替え制御モジュール）

利用インタフェース

入　力

- 単位ステップシーケンスデータ配列（単位ステップシーケンスデータモジュール）
   目標姿勢番号，姿勢移行時間
- 目標姿勢のモータ駆動差分パルス幅データ配列（単位ステップシーケンスデータモジュール）
- 姿勢の数（単位ステップシーケンスデータモジュール）
- 目標姿勢のパルス幅（単位ステップシーケンスデータモジュール）
- 実行姿勢のパルス幅（モータ駆動制御モジュール）

出　力

- 目標姿勢のパルス幅（単位ステップシーケンスデータモジュール）
- 実行姿勢のパルス幅（モータ駆動制御モジュール）

(3) 歩行動作シーケンスデータモジュール（M2-3）

既に述べた内蔵の歩行動作順序のデータと受信した歩行動作順序のデータは，管理をしや

■ 表 **7.13**　歩行動作順序データの記憶イメージ

要素番号	0	1	2	3	4		30	31
歩行動作種類	0x0F	0x01	0x06	0x02	0x08		0x02	0x04
目標歩数停止時間	0x02	0x04	0x02	0x04	0x08		0x04	0x04

すくするため，歩行動作シーケンスデータモジュールに配置することにします．歩行動作順序のデータのフォーマットは**表7.13**の通りとします．

概略インタフェース

提供インタフェース

入　力

- 受信歩行動作順序データ（通信制御モジュール）

出　力

- 内蔵歩行動作順序データ（システム状態制御モジュール）
- 受信歩行動作順序データ（システム状態制御モジュール）

(4) 単位ステップシーケンスデータモジュール（M2-4）

データの管理をしやすくするため，複数の単位ステップシーケンス（表7.11）と目標姿勢のモータ駆動差分パルス幅（表7.12）と各単位ステップシーケンスの姿勢の数を，単位ステップシーケンスデータモジュールに配置します．

概略インタフェース

提供インタフェース

出　力

- 姿勢の数（歩行動作シーケンス制御モジュール，単位ステップシーケンス制御モジュール）
- 単位ステップシーケンスデータ配列（歩行動作シーケンス制御モジュール，単位ステップシーケンス制御モジュール）

    目標姿勢番号，姿勢移行時間
- 目標姿勢のモータ駆動差分パルス幅配列（単位ステップシーケンス制御モジュール）
- 目標姿勢のパルス幅配列（単位ステップシーケンス制御モジュール）
- ホームポジションのパルス幅配列（単位ステップシーケンス制御モジュール）

3 モータ駆動制御モジュール（M3）

概　要

単位ステップシーケンス制御モジュールが設定した実行姿勢のパルスを，5 ms 定周期タイマとパルス幅生成タイマの2つのタイマユニットで生成し，4つのモータ出力ポートに順番に出力します．パルス幅に応じて，RC サーボモータは関節の角度を形成し，個々の姿勢を作ります．ソフトウェア要求仕様でも示しましたが，このモジュールの5 ms 定周期割込みを利用し，20 ms の定周期到達情報をタスク切替え処理に通知します．

概略動作

ハードウェアの設定

- 5 ms の定周期生成タイマとパルス幅生成タイマ，モータ出力ポートの設定を初期

7.7 ソフトウェアアーキテクチャ設計

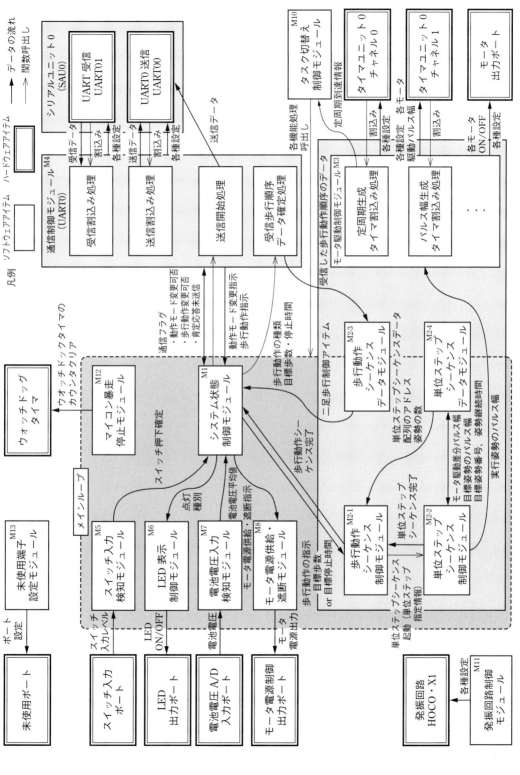

■ 図 7.26 ソフトウェアアーキテクチャ設計図（システム全体）

化します.

- 5 ms の定周期生成タイマを起動します.

モータ駆動

- 各モータの実行姿勢のパルス幅を単位ステップシーケンス制御モジュールから取得します.
- 5 ms の定周期生成タイマの割込みごとに,1つの実行姿勢のパルス幅をパルス幅生成タイマのカウンタに設定し,タイマをスタートし,対応するモータ出力ポートをオンにします.
- パルス幅生成タイマの割込みでパルス幅生成タイマを停止し,モータ出力ポートをオフします.
- 以上のように,定周期生成タイマの割込みごとに,順に1つずつモータパルスを発生させます.

20 ms 定周期生成

- 5 ms の定周期生成タイマの割込み4回につき1回タスク切替え制御モジュールに定周期到達情報を通知します.

概略インタフェース

提供インタフェース

入　力

- 実行姿勢のパルス幅(単位ステップシーケンス制御モジュール)

出　力

- 定周期生成タイマの設定(定周期生成タイマ)
- パルス幅生成タイマの設定(パルス幅生成タイマ)
- モータ出力ポートの設定(モータ出力ポート)
- 実行姿勢のパルス幅(パルス幅生成タイマ)
- モータオン・オフ出力(モータ出力ポート)
- 定周期到達情報(タスク切替え制御モジュール)

ユニット呼出し

- 定周期生成タイマ割込み処理(定周期生成タイマ)
- パルス幅生成タイマ割込み処理(パルス幅生成タイマ)
- モータ制御回路設定初期化処理(タスク切替え制御モジュール)
- 定周期生成タイマ起動処理(タスク切替え制御モジュール)

他のモジュールについても同様にインタフェースを抽出します.モジュールとインタフェースの概要が明確になりましたら,抽出したモジュールとインタフェースを用いてシステム全体のソフトウェアアーキテクチャ設計図を作成します(**図 7.26**).

7.7.2 機能別設計

この節では各モジュール内のユニットのアーキテクチャを設計します.

ハードウェアを制御するモジュールには,ハードウェアを初期化設定するユニットを配置します.ただし,変数の初期化は,変数の定義時に行いますので,ハードウェア設定のないモジュールは基本的に初期化処理ユニットを配置しません.

設計の手順は以下の通りです.

- 前節のソフトウェアアーキテクチャの全体設計でまとめた各機能モジュールの概要や概略動作などから,モジュールに必要なユニットを抽出します.
- ユニットの振る舞いを検討することによりインタフェースを明確にします.
- ユニットとそのインタフェースから各モジュールのソフトウェアアーキテクチャを構築します.

1 システム状態制御モジュール（M1）

全体設計で説明したように,このモジュールの処理の内容は以下の通りです.

① ロボットの動作モード変更
② 歩行動作順序データによる歩行動作順序の実行管理
③ パソコンからの指示による歩行動作の切替え管理
④ スイッチ押下情報による歩行の開始,停止
⑤ 二足歩行制御アイテムへの歩行指示
⑥ LED 表示の切替え
⑦ 電池電圧異常時のモータ電源の遮断

①の動作モードの変更は,ある程度のボリュームがあり,ソースコードの複数箇所で行うことが必要になりますので,一つのユニットとして独立させます.（U1-2）

②と③の処理は,それぞれに一連の作業が必要と考えられますから,それぞれをユニットとします.（U1-3）（U1-4）

①から⑦の処理を統括し,システム状態の制御機能を実現するユニットも配置します.（U1-1）

システム状態制御モジュールはハードウェアを直接制御しませんので,初期化処理ユニットは配置しません.

以上より,以下のソフトウェアユニットを配置します.

- システム状態制御処理ユニット（U1-1）
- 動作モード変更処理ユニット（U1-2）
- 歩行動作順序データ実行処理ユニット（U1-3）
- パソコン操作実行処理ユニット（U1-4）

①から⑦の処理について，上記ユニットの振る舞いを検討し，インタフェースを明確にします．インタフェースがモジュールの内部であるか，外部であるかも明確にします．ただし，⑤の処理は②と③の処理の中に記述します．

① ロボットの動作モード変更

- システム状態制御処理ユニットは，通信制御モジュールからの動作モード変更指示または電池電圧入力検知モジュールからの電池電圧異常通知により，動作モードの変更処理ユニットを呼び出して動作モードを切り替えます．
- 動作モード変更指示があったとき，各動作モードの停止状態で歩行動作シーケンスが完了していれば，動作モード変更処理ユニットは，状態を通知された動作モードの停止状態に変更します．
- 動作モード変更指示があったとき，歩行動作シーケンスが完了していなければ，動作モード変更処理ユニットは，歩行動作シーケンス制御モジュールに歩行停止を指示します．歩行動作シーケンス制御モジュールから歩行動作シーケンス完了が通知されれば，指定された動作モードの停止状態に変更します．このとき，肯定応答未送信となっていますので，動作モード変更完了の送信開始処理を呼び出し，肯定応答送信済とします．
- パソコン操作モードへの変更の場合は，通信制御モジュールへ歩行動作指示が有効であることを歩行動作変更可として通知します．その他のモードへの変更の場合は，歩行動作指示が無効であることを歩行動作変更否として通知します．
- 電池電圧異常モードへの変更の場合は，通信制御モジュールへ動作モード変更否を通知します．
- 動作モードを変更するとき，動作モード変更処理ユニットは，要求目標歩数をカウン

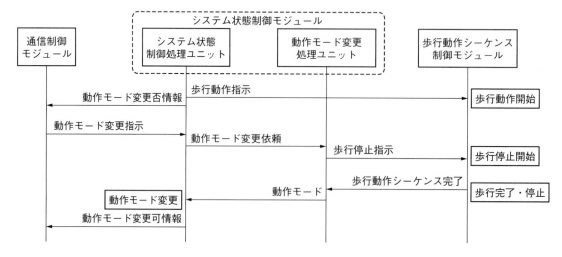

■ 図 7.27　歩行動作中に，通信制御モジュールから動作モード変更情報があったときの動作モード変更シーケンス

トしない設定（0x8000）とし，歩行動作指示の記憶を消去します．

図 **7.27** に歩行動作中において，通信制御モジュールから動作モード変更指示があったときの，システム状態制御モジュール内のユニットのシーケンスを示します．

② 歩行動作順序データによる歩行動作順序の実行管理

- システム状態制御処理ユニットは，内蔵プログラム動作モードまたは受信プログラム動作モードの停止状態で，歩行動作シーケンス制御モジュールから歩行動作シーケンス完了が通知されているとき，スイッチ入力検知モジュールからスイッチ押下確定情報を取得しますと，通信制御モジュールへ動作モード変更否を通知し，歩行動作シーケンス番号を初期設定し，動作状態に移行し，歩行動作順序データの格納アドレスを指定し，歩行動作順序データ実行処理ユニットを呼び出します．このとき，受信プログラム動作モードであれば，受信順序データ確定処理ユニットを呼び出し，受信した歩行動作順序データを確定します．
- 歩行動作順序データ実行処理ユニットは，内蔵歩行動作順序データまたは受信した歩行動作順序データを指定し，歩行動作シーケンス番号に当たる歩行動作指示と要求目標歩数を，歩行動作シーケンス制御モジュールに通知し，歩行動作シーケンス番号をカウントアップします．
- 歩行が完了し，歩行動作シーケンス制御モジュールから，歩行動作シーケンス完了が通知されますと，システム状態制御処理ユニットは，歩行動作順序データ実行処理ユニットを呼び出し，上述の処理を繰り返します．
- 歩行動作順序データ実行処理ユニットは，歩行動作の種類が 0x00 であるか，歩行動作シーケンス番号が 32 に達すると，要求目標歩数をカウントしない設定とし，現在の動作モードの停止状態とし，歩行動作シーケンス制御モジュールに歩行動作の停止を指示します．
- システム状態制御処理ユニットは，スイッチ入力検知モジュールからスイッチ押下確定情報が通知されますと，歩行動作シーケンス制御モジュールに歩行動作の停止を指示します．
- システム状態制御処理ユニットは，各動作モードの停止状態において，歩行動作シーケンス制御モジュールから歩行動作シーケンス完了が通知されますと，スイッチ操作を有効とし，動作モード変更可とし，LED を消灯します．

図 **7.28** に内蔵または受信プログラム動作モードで歩行動作が完了しているときに，スイッチを押下したときの，システム状態制御モジュール内のユニットのシーケンスを示します．

③ パソコンからの指示による歩行動作の切替え管理

- パソコン操作モードの停止状態で，歩行動作シーケンス制御モジュールから歩行動作シーケンスの完了を通知されているときに，歩行動作停止以外の歩行動作指示を通信制御モジュールから通知されますと，システム状態制御処理ユニットはパソコン操作

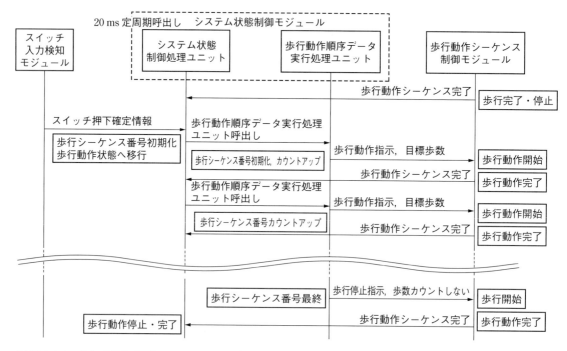

■ 図 7.28　歩行動作順序データ実行処理のシーケンス

　　　　　モードを実行状態にし，通信制御モジュールへ動作モード変更否を通知します．
　　　・パソコン操作モードの実行状態で，システム状態制御処理ユニットはパソコン操作実行処理ユニットを呼び出します．
　　　・パソコン操作実行処理ユニットは通信制御モジュールから取得した歩行動作指示に対応した歩行動作指示を，歩行動作シーケンス制御モジュールへ通知します．
　　　・パソコン操作モードの実行状態で，通信制御モジュールから歩行動作停止を通知されますと，パソコン操作実行処理ユニットは，歩行動作シーケンス制御モジュールへ歩行動作停止を指示し，パソコン操作モードを停止状態にします．
　　　・パソコン操作モードの実行状態でスイッチ入力検知モジュールからスイッチ押下確定情報を通知されますと，システム状態制御処理ユニットは，歩行動作シーケンス制御モジュールへ歩行動作停止を指示し，パソコン操作モードを停止状態にします．
　　図 7.29 にパソコン操作モードで歩行動作が完了しているときに，通信制御モジュールから歩行動作の指示を受けたときの，システム状態制御処理モジュール内のユニットのシーケンスを示します．
　⑥　LED 表示の切替え
　　　・各動作モードの停止状態で歩行動作シーケンス制御モジュールから歩行動作シーケンス完了が通知されていれば，システム状態制御処理ユニットは LED 表示制御モ

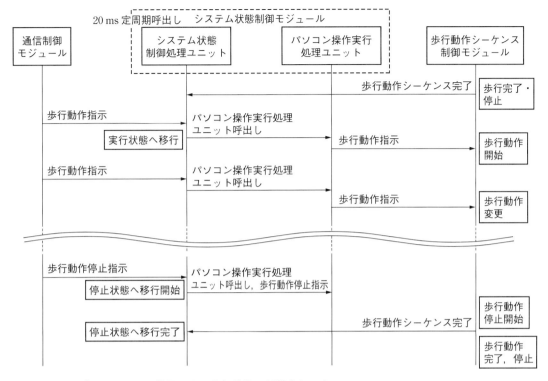

■図 7.29　パソコンからの指示による歩行動作の切替えシーケンス

ジュールへ消灯を指示します．そうでなければ，パルス点灯を指示します．ただし，電池電圧異常モードでは速い点滅を指示します．

⑦ 電池電圧異常時のモータ電源の遮断
- モータ電源供給・遮断の初期値は供給に設定されます．
- 電池電圧異常モードで，システム状態制御処理ユニットはモータ電源供給・遮断制御モジュールへモータ電源遮断を指示します．
- 電池電圧異常モードで，電池電圧入力検知モジュールからの電池低電圧および電池高電圧の通知がなくなったときに，スイッチ入力検知モジュールからスイッチ押下確定情報の通知を受けますと，システム状態制御処理ユニットは，電池電圧異常通知を消去し，モータ電源供給・遮断制御モジュールにモータ電源の供給を指示し，内蔵プログラム動作モードの停止状態にします．

以上より，各ソフトウェアユニットのインタフェースを抽出します．

システム状態制御処理ユニット（U1-1）

入　力
- 動作モード変更指示（通信制御モジュール）
- 歩行動作指示（通信制御モジュール）

- 電池電圧異常通知（電池電圧入力検知モジュール）
- 電池低電圧（電池電圧入力検知モジュール）
- 電池高電圧（電池電圧入力検知モジュール）
- 歩行動作シーケンス完了（歩行動作シーケンス制御モジュール）
- 動作モード（モジュール内インタフェース）
- 各動作モードの状態（モジュール内インタフェース）
- スイッチ押下確定情報（スイッチ入力検知モジュール）
- 内蔵歩行動作順序データ：アドレス（歩行動作シーケンスデータモジュール）
- 受信歩行動作順序データ：アドレス（歩行動作シーケンスデータモジュール）

出　力
- LED 表示指示：消灯，パルス点灯，速い点滅（LED 表示制御モジュール）
- 電池電圧異常通知（電池電圧入力検知モジュール）
- モータ電源供給・遮断指示（モータ電源供給・遮断制御モジュール）
- 動作モード変更可否情報（通信制御モジュール）
- 肯定応答未送信情報（通信制御モジュール）
- 歩行動作指示（歩行動作シーケンス制御モジュール）
- 内蔵プログラム動作モードの状態（モジュール内インタフェース）
- 受信プログラム動作モードの状態（モジュール内インタフェース）
- パソコン操作モードの状態（モジュール内インタフェース）
- 歩行動作シーケンス番号（モジュール内インタフェース）
- 要求目標歩数（歩行動作シーケンス制御モジュール）

ユニット呼出し
- 受信順序データ確定処理ユニット（通信制御モジュール）
- 動作モード変更処理ユニット（モジュール内インタフェース）
- 歩行動作順序データ実行処理ユニット（モジュール内インタフェース）
- パソコン操作実行処理ユニット（モジュール内インタフェース）

歩行動作順序データ実行処理ユニット（U1-3）

入　力
- 内蔵歩行動作順序データ（歩行動作シーケンスデータモジュール）
- 受信歩行動作順序データ（歩行動作シーケンスデータモジュール）
- 歩行動作シーケンス番号（モジュール内インタフェース）
- 動作モード（モジュール内インタフェース）

出　力
- 要求目標歩数（歩行動作シーケンス制御モジュール）
- 内蔵プログラム動作モードの状態（モジュール内インタフェース）

- 受信プログラム動作モードの状態（モジュール内インタフェース）
- 歩行動作指示（歩行動作シーケンス制御モジュール）
- 歩行動作シーケンス番号（モジュール内インタフェース）

パソコン操作実行処理ユニット（U1-4）

入　力
- 歩行動作指示（通信制御モジュール）

出　力
- 歩行動作指示（歩行動作シーケンス制御モジュール）
- パソコン操作モードの状態（モジュール内インタフェース）

動作モード変更処理ユニット（U1-2）

入　力
- 歩行動作シーケンス完了（歩行動作シーケンス制御モジュール）
- 肯定応答未送信情報（通信制御モジュール）
- 変更先モード（システム状態制御処理ユニット）

出　力
- 歩行動作指示（歩行動作シーケンス制御モジュール）
- 要求目標歩数（歩行動作シーケンス制御モジュール）
- 動作モード（モジュール内インタフェース）
- 内蔵プログラム動作モードの状態（モジュール内インタフェース）
- 受信プログラム動作モードの状態（モジュール内インタフェース）
- パソコン操作モードの状態（モジュール内インタフェース）
- 動作モード変更可否（通信制御モジュール）
- 肯定応答未送信情報（通信制御モジュール）
- 歩行動作変更可否情報（通信制御モジュール）
- 歩行動作指示記憶（歩行動作シーケンス制御モジュール）

ユニット呼出し
- 動作モード変更完了時送信開始処理ユニット（通信制御モジュール）

　以上，抽出したユニットとインタフェースを構成し，システム状態制御モジュールのソフトウェアアーキテクチャ設計図は**図 7.30** のようになります．

　システム状態制御モジュール内の複数のユニットが，同じ他のモジュールとインタフェースを形成しています．第 4 章で説明しましたように，一般的に，複数の上位アイテムが同じ下位アイテムとインタフェースを形成すると制御の競合を起こしやすくなります．そのため，このモジュールを統括するシステム状態制御処理ユニットは，同じモジュール内のユニットが同時に他のモジュールとインタフェースを形成しないように調整しています．

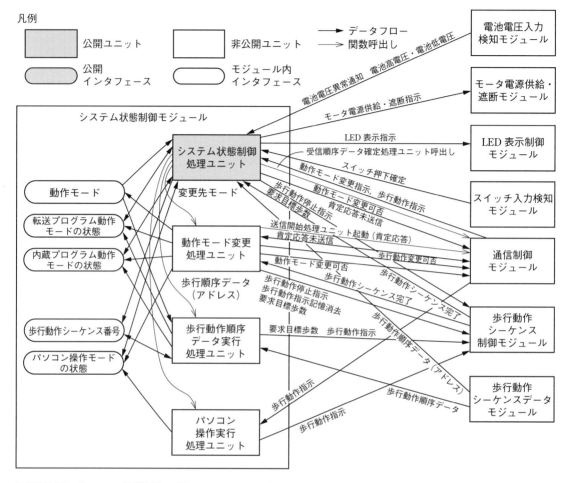

■ 図 7.30　システム状態制御モジュールのソフトウェアアーキテクチャ設計図

2　二足歩行制御アイテム（M2）

（1）歩行動作シーケンス制御モジュール（M2-1）

最初に，このモジュールを構成するソフトウェアユニットを検討します．

歩行動作シーケンス制御機能を統括するユニットとして歩行動作シーケンス制御処理ユニットを配置します．このユニットが，次に示す前進，右回転，後退などの各歩行動作の歩行状態を制御するユニットを選択して呼び出して歩行の動作状態を制御します．

・歩行動作シーケンス制御処理ユニット（U2-1-1）

6種類の歩行動作の状態を制御する処理ユニットを，それぞれ以下の通りとします．

これらのユニットとその次に示すユニットが，一歩の歩行動作を次々と選択し，起動することで歩行が実現されます．

- 前進状態制御処理ユニット（U2-1-2-1）
- 右回転状態制御処理ユニット（U2-1-2-2）
- 後退状態制御処理ユニット（U2-1-2-3）
- 左回転状態制御処理ユニット（U2-1-2-4）
- ダンス状態制御処理ユニット（U2-1-2-5）
- 停止状態制御処理ユニット（U2-1-2-6）

前進と右回転，後退，左回転の状態制御処理ユニットの制御内容を検討します．この4つの歩行動作は右足と左足を交互に移動させる状態からなります（**図7.31**）．

図7.31から歩行開始右足移動の状態と歩行継続右足移動の状態のイベントとガード条件，遷移先が同じになっていることが分かります．また，歩行開始左足移動と歩行継続左足移動の状態遷移のイベントとガード条件，遷移先も同じになっています．そこで，それらの判定処理を，それぞれ歩行中次ステップ左足制御処理ユニット，歩行中次ステップ右足制御処理ユニットとして，記述の手間とROM容量の削減を図ります．

それらは以下のようになります．

歩行中次ステップ右足制御処理ユニット
- 前進中次ステップ右足制御処理ユニット（U2-1-2-1-1）
- 右回転中次ステップ右足制御処理ユニット（U2-1-2-2-1）
- 後退中次ステップ右足制御処理ユニット（U2-1-2-3-1）
- 左回転中次ステップ右足制御処理ユニット（U2-1-2-4-1）

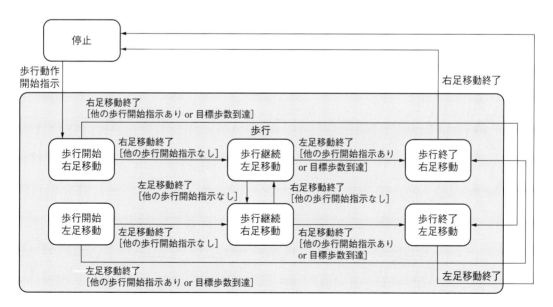

■ 図 7.31 歩行動作の状態遷移図

第7章　具体例によるワンチップマイコンソフトウェア設計プロセスの解説

歩行中次ステップ左足制御処理ユニット

- 前進中次ステップ左足制御処理ユニット（U2-1-2-1-2）
- 右回転中次ステップ左足制御処理ユニット（U2-1-2-2-2）
- 後退中次ステップ左足制御処理ユニット（U2-1-2-3-2）
- 左回転中次ステップ左足制御処理ユニット（U2-1-2-4-2）

ダンス状態制御処理ユニットは，その場で右，正面，左，正面に向く一つの単位ステップシーケンスとしますので，判定処理ユニットを別途配置しません．

このモジュールは，ハードウェアを直接制御しませんので，初期化処理ユニットは配置しません．

次に，上記ユニットの振る舞いを検討し，インタフェースを明確にします．

歩行動作シーケンス制御には，二種類の歩行動作の指示に対応する必要があります．

一つは，内蔵プログラム動作モードと受信プログラム動作モードにおける歩行動作順序データに従っての制御です．この制御では，システム状態制御モジュールから歩行動作の種類と目標歩数を指定されます．歩行動作シーケンス制御モジュールは，指定された歩行動作の種類を目標歩数実行します．目標歩数に到達するか，歩行停止指示により実行を完了し，正立で停止したら，システム状態制御モジュールへ歩行動作の完了を通知します．

もう一つは，パソコン操作モードにおける歩行動作の種類の指定に従っての制御です．この制御で目標歩数は 0x8000 に固定され，次の歩行動作の指示があるまで同じ歩行動作を継続します．歩行途中で歩行動作の指示があった場合，その歩行動作の指示を記憶し，現在の歩行を終了させます．そして，歩行停止状態になったときに記憶した歩行指示を発行します．システム状態制御モジュールは，歩行停止指示により動作モードの停止状態となったとき，歩行動作が完了しているか判断する必要があります．そのため，歩行停止状態になり歩行停止指示が発行されたときに，歩行動作の状態を制御する処理ユニットは，システム状態制御モジュールへ歩行動作の完了を通知することにします．

これらのことを念頭に，歩行動作状態の制御を検討していきます．

まず，歩行停止状態での振る舞いを検討します．

- 歩行停止状態において，歩行動作シーケンス制御処理ユニットは，停止状態制御処理ユニットを呼び出します．
- 停止状態制御処理ユニットは，目標停止時間がカウントする設定であれば，停止時間をカウントアップし，目標停止時間になれば，歩行動作シーケンスの完了をシステム状態制御モジュールに通知します．
- 停止状態制御処理ユニットは，目標停止時間（目標歩数）がカウントをしない設定（0x8000）で，記憶した歩行動作の指示があれば，歩行動作の指示を発行します．
- システム状態制御モジュールから歩行動作の指示が発行されるか，上記の処理で歩行動作の指示が発行されれば，停止状態制御処理ユニットは以下のように処理します．

① 歩行状態を歩行動作の指示に対応する歩行状態とする．
② 該当する歩行ステップの状態を開始状態とする．
③ 要求目標歩数を目標歩数に設定する．
④ 歩数を0に設定する．
⑤ 該当単位ステップシーケンスデータ配列のアドレスとその姿勢数を指定して，歩行動作開始の単位ステップシーケンスの開始処理ユニットを呼び出す．

- ただし，歩行動作の指示が停止，目標停止時間（目標歩数）がカウントをしない設定であれば，歩行動作シーケンス完了を通知します．ダンスの場合は，歩行ステップの状態を設定しません．

図 7.32 に，歩行停止状態で歩行動作を開始するまでの，歩行動作シーケンス制御モジュール内のユニットのシーケンスを示します．

次に，各種歩行動作状態での振る舞いを検討します．

- 歩行停止状態以外の歩行状態において，歩行動作シーケンス制御処理ユニットは，単位ステップシーケンス制御モジュールから単位ステップシーケンスの完了が通知されますと，現在の歩行状態に対応する歩行状態制御処理ユニットを呼び出します．
- 前進または右回り，後退，左回りの歩行状態制御処理ユニットは図 7.31 に示す歩行動作の状態遷移を実行します．つまり，各歩行ステップの状態で以下のように処理します．

　　歩行開始右足移動状態：歩行中次ステップ左足制御処理ユニットを呼び出します．
　　歩行開始左足移動状態：歩行中次ステップ右足制御処理ユニットを呼び出します．
　　歩行継続右足移動状態：歩行中次ステップ左足制御処理ユニットを呼び出します．

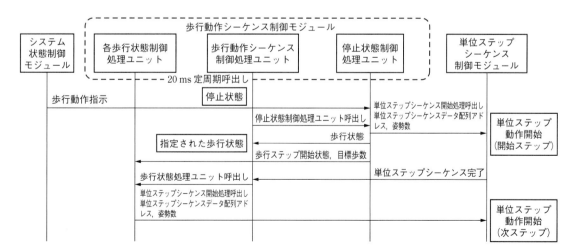

■ 図 7.32　歩行停止状態において，歩行動作を開始するまでの歩行動作シーケンス制御モジュールのユニットのシーケンス

歩行継続左足移動状態：歩行中次ステップ右足制御処理ユニットを呼び出します．

歩行終了右足揃え状態：歩行状態を歩行停止状態とし，歩数をカウントする設定であれば歩行動作シーケンス完了を通知します．

歩行終了左足揃え状態：歩行状態を歩行停止状態とし，歩数をカウントする設定であれば歩行動作シーケンス完了を通知します．

- 歩行中次ステップ右または左足制御処理ユニットは，目標歩数がカウントしない設定（0x8000）のとき，現在実行中ではない歩行動作指示があれば，歩行動作指示を記憶し，歩行ステップの状態を歩行終了状態（左または右足揃え）にし，歩行終了（右または左足揃え）の単位ステップシーケンスの開始処理を呼び出します．そうでなければ，歩行継続（右または左足移動）の単位ステップシーケンスの開始処理を呼び出します．

- 歩行中次ステップ右または左足制御処理ユニットは，目標歩数が設定されているとき，歩数をカウントアップし目標歩数に達しなければ，歩行継続（右または左足移動）の単位ステップシーケンスの開始処理を呼び出します．目標歩数に達するか，歩行停止が指示されれば，歩行終了（右または左足揃え）の単位ステップシーケンスの開始処理を呼び出します．

図7.33に前進または右回転，後退，左回転の歩行動作について，歩数をカウントする設定のときの，歩行動作シーケンス制御モジュール内のユニットのシーケンスを示します．

- ダンス状態制御処理ユニットは，目標歩数がカウントを利用しない設定（0x8000）のとき，ダンス以外の歩行動作指示があれば，歩行動作指示を記憶し，歩行状態を歩行

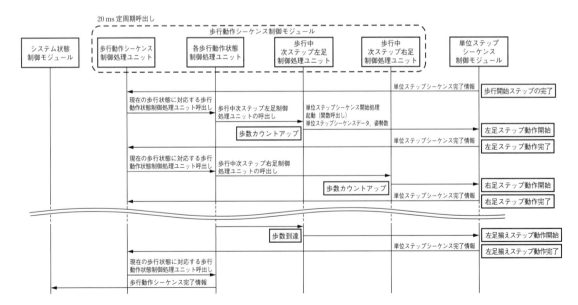

■図7.33　前進または右回転，後退，左回転の歩数をカウントする設定のシーケンス

停止状態にします．そうでなければ，ダンスの単位ステップシーケンスの開始処理を呼び出します．

- ダンス状態制御処理ユニットは，目標歩数が設定されているとき，歩数をカウントアップし，目標歩数に達しなければ，ダンスの単位ステップシーケンスの開始処理を呼び出します．目標歩数に達するか，歩行停止が指示されれば，歩行動作シーケンスの完了を通知し，歩行状態を歩行停止状態にします．

以上より，各ソフトウェアユニットのインタフェースを抽出します．

歩行動作シーケンス制御処理ユニット（U2-1-1）

入　力

- 歩行状態（モジュール内インタフェース）
- 単位ステップシーケンス完了（単位ステップシーケンス制御モジュール）

ユニット呼出し

歩行状態制御処理ユニット呼出し（モジュール内インタフェース）

- 停止状態制御処理ユニット
- 前進状態制御処理ユニット
- 右回転状態制御処理ユニット
- 後退状態制御処理ユニット
- 左回転状態制御処理ユニット
- ダンス状態制御処理ユニット

停止状態制御処理ユニット（U2-1-2-6）

入　力

- 目標停止時間（モジュール内インタフェース）
- 停止時間（モジュール内インタフェース）
- 歩行動作指示記憶（公開インタフェース）
- 歩行動作指示（公開インタフェース）
- 要求目標歩数・停止時間（公開インタフェース）
- 単位ステップシーケンスデータ配列のアドレス（単位ステップシーケンスデータモジュール）
- 姿勢数（単位ステップシーケンスデータモジュール）

出　力

- 歩行動作指示（公開インタフェース）
- 停止時間（モジュール内インタフェース）
- 歩行動作シーケンス完了（公開インタフェース）
- 歩行状態（モジュール内インタフェース）
- 歩行ステップの状態（モジュール内インタフェース）

　　　　前進の歩行ステップの状態

　　　　右回転の歩行ステップの状態

　　　　後退の歩行ステップの状態

　　　　左回転の歩行ステップの状態

- 目標歩数・停止時間（モジュール内インタフェース）

- 歩数（モジュール内インタフェース）

- 単位ステップシーケンスデータ配列のアドレス（単位ステップシーケンス制御モジュール）

- 姿勢数（単位ステップシーケンス制御モジュール）

ユニット呼出し

- 単位ステップシーケンス開始処理ユニット（単位ステップシーケンス制御モジュール）

歩行状態制御処理ユニット

- 前進状態制御処理ユニット（U2-1-2-1）

- 右回転状態制御処理ユニット（U2-1-2-2）

- 後退状態制御処理ユニット（U2-1-2-3）

- 左回転状態制御処理ユニット（U2-1-2-4）

入　力

- 歩行動作指示（公開インタフェース）

- 目標歩数（モジュール内インタフェース）

- 歩行ステップの状態（モジュール内インタフェース）

　　　　前進の歩行ステップの状態

　　　　右回転の歩行ステップの状態

　　　　後退の歩行ステップの状態

　　　　左回転の歩行ステップの状態

出　力

- 歩行動作指示記憶（公開インタフェース）

- 歩行動作シーケンス完了（公開インタフェース）

- 歩行状態（モジュール内インタフェース）

ユニット呼出し

- 歩行中次ステップ左足制御処理ユニット

　　　　前進中次ステップ左足制御処理ユニット（U2-1-2-1-2）

　　　　右回転中次ステップ左足制御処理ユニット（U2-1-2-2-2）

　　　　後退中次ステップ左足制御処理ユニット（U2-1-2-3-2）

　　　　左回転中次ステップ左足制御処理ユニット（U2-1-2-4-2）

- 歩行中次ステップ右足制御処理ユニット

前進中次ステップ右足制御処理ユニット（U2-1-2-1-1）

右回転中次ステップ右足制御処理ユニット（U2-1-2-2-1）

後退中次ステップ右足制御処理ユニット（U2-1-2-3-1）

左回転中次ステップ右足制御処理ユニット（U2-1-2-4-1）

歩行中次ステップ右（左）足制御処理ユニット

- 前進中次ステップ右（左）足制御処理ユニット（U2-1-2-1-1）（U2-1-2-1-2）
- 右回転中次ステップ右（左）足制御処理ユニット（U2-1-2-2-1）（U2-1-2-2-2）
- 後退中次ステップ右（左）足制御処理ユニット（U2-1-2-3-1）（U2-1-2-3-2）
- 左回転中次ステップ右（左）足制御処理ユニット（U2-1-2-4-1）（U2-1-2-4-2）

入　力

- 目標歩数（モジュール内インタフェース）
- 歩行動作指示（公開インタフェース）
- 歩数（モジュール内インタフェース）
- 単位ステップシーケンスデータ配列のアドレス（単位ステップシーケンスデータモジュール）
- 姿勢数（単位ステップシーケンスデータモジュール）

出　力

- 歩行動作指示記憶（公開インタフェース）
- 歩行動作指示（公開インタフェース）
- 歩行ステップの状態（モジュール内インタフェース）
- 歩数（モジュール内インタフェース）
- 歩行状態（モジュール内インタフェース）
- 単位ステップシーケンスデータ配列のアドレス（単位ステップシーケンスデータモジュール）
- 姿勢数（単位ステップシーケンスデータモジュール）

ユニット呼出し

- 単位ステップシーケンス開始処理ユニット（単位ステップシーケンス制御モジュール）

歩行状態制御処理ユニットと歩行中次ステップ右足制御処理ユニットと歩行中次ステップ左足制御処理ユニットを歩行種別ごとにくくり，それぞれ，前進または右回転，後退，左回転の制御アイテムとします．

ダンス状態制御処理ユニット（U2-1-2-5）

入　力

- 単位ステップシーケンスデータ配列のアドレス（単位ステップシーケンスデータモジュール）

- 姿勢数（単位ステップシーケンスデータモジュール）

出　力
- 単位ステップシーケンスデータ配列のアドレス（単位ステップシーケンスデータモジュール）
- 姿勢数（単位ステップシーケンスデータモジュール）

ユニット呼出し
- 単位ステップシーケンス開始処理ユニット（単位ステップシーケンス制御モジュール）

　以上より，抽出したユニットとインタフェースを構成し，システム状態制御モジュールの詳細ソフトウェアアーキテクチャ設計図を作成します．図7.34に歩行動作シーケンス制御モジュール全体の概要のソフトウェアアーキテクチャ設計図を示します．

　図7.35に停止状態の制御に関わるソフトウェアアーキテクチャ設計図を示します．

　前進，右回転，後退，左回転の各歩行制御アイテムは同様の構造となりますので，代表して前進制御アイテムのソフトウェアアーキテクチャ設計図を示します（図7.36）．

　図7.37にダンス状態の制御に関わるソフトウェアアーキテクチャ設計図を示します．

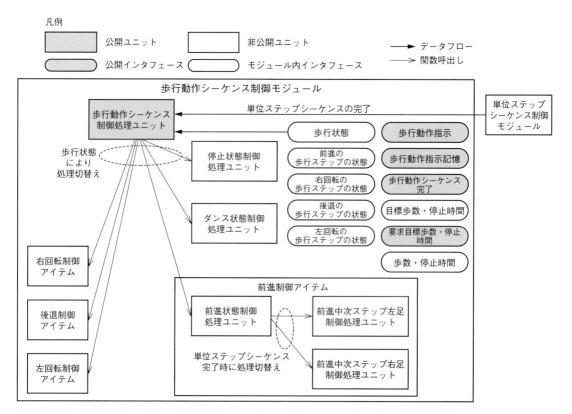

■図7.34　歩行動作シーケンス制御モジュールのソフトウェアアーキテクチャ設計図概要

7.7 ソフトウェアアーキテクチャ設計

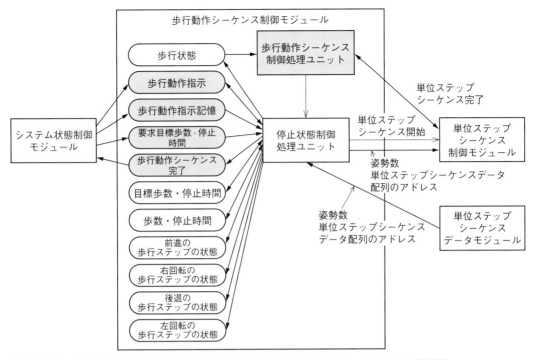

■図7.35 停止状態制御処理ユニット実行に関するソフトウェアアーキテクチャ設計図

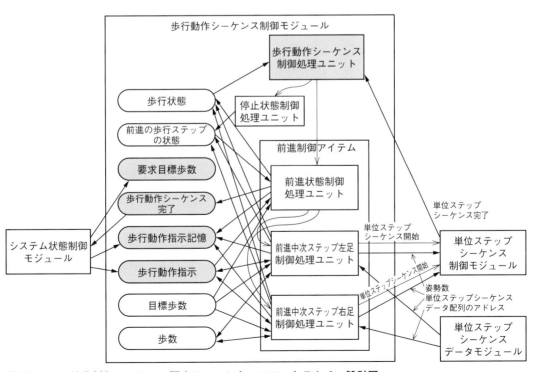

■図7.36 前進制御アイテムに関するソフトウェアアーキテクチャ設計図

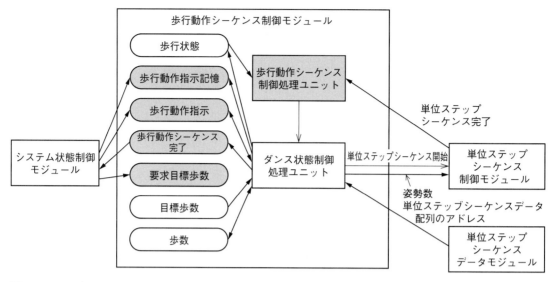

■ 図 7.37　ダンス状態制御処理ユニットに関するソフトウェアアーキテクチャ設計図

(2) 単位ステップシーケンス制御モジュール（M2-2）

既に説明しましたように，単位ステップシーケンス制御モジュールは，配列を用いて，モータ駆動制御モジュールへ一歩の歩行動作を実現するモータの制御パルス幅を順次設定します．

- そのためには，単位ステップの実行開始時に，どの単位ステップシーケンスを実施するかを，設定するユニットを配置します．（U2-2-1）
- それから，指定された配列を参照し，モータパルス幅を順次設定し，歩行姿勢を制御するユニットを配置します．（U2-2-2）
- また，ロボットを正立状態にするために，正立姿勢のパルス幅を設定するユニットも配置することにします．（U2-2-3）

このモジュールは，ハードウェアを直接制御しませんので，このモジュールの初期化処理ユニットは配置しません．

以上より，以下のソフトウェアユニットを配置します．

- 単位ステップシーケンス開始処理ユニット（U2-2-1）
- 単位ステップシーケンス制御処理ユニット（U2-2-2）
- ポジション初期化処理ユニット（U2-2-3）

次に，インタフェースを検討します．

単位ステップシーケンスは，単位ステップシーケンス開始処理ユニットにより，次のように開始されます．

- 歩行動作シーケンス制御モジュールは実行したい単位ステップシーケンスデータ配列

のアドレスと姿勢数を指定し，単位ステップシーケンス開始処理ユニットを呼び出して，単位ステップシーケンスを開始します．

- 単位ステップシーケンス開始処理ユニットは，単位ステップシーケンスデータ配列のアドレスと姿勢数を取得し，配列の実行要素番号を初期化します．
- 単位ステップシーケンスデータ配列から先頭要素番号の目標姿勢番号と姿勢移行時間の計数値を取得します．
- 目標姿勢のモータ駆動差分パルス幅データ配列から目標姿勢番号にあたるモータ駆動差分パルス幅を取得し，正立姿勢のパルス幅と加算し，目標姿勢のパルス幅を設定します．

その後，単位ステップシーケンスは，単位ステップシーケンス制御処理ユニットにより，次のように実行されます．

- 単位ステップシーケンス制御処理ユニットは，メイン周期（20 ms）ごとに姿勢移行時間を計数し，目標姿勢のパルス幅を，実行姿勢のパルス幅に設定しモータ駆動制御モジュールへ通知します．
- 姿勢移行時間が目標姿勢移行時間に達するごとに，実行要素番号を増加し，単位ステップシーケンスデータ配列から実行要素番号にあたる目標姿勢番号と目標姿勢移行時間の計数値を取得します．そして，目標姿勢のモータ駆動差分パルス幅データ配列から目標姿勢番号にあたる目標姿勢のモータ駆動差分パルス幅を取得し，正立姿勢のパルス幅と加算し，目標姿勢のパルス幅を設定します．
- 実行要素番号が姿勢数に達したら，単位ステップシーケンスの完了を歩行動作シーケンス制御モジュールに通知し，単位ステップシーケンスの実行を終了します．

マイコンリセット直後にロボットを正立姿勢とするため，ポジション初期化処理ユニットは次のように処理します．

- ポジション初期化処理ユニットは，単位ステップシーケンスデータモジュールから正立姿勢のパルス幅を取得し，目標姿勢のパルス幅に設定するとともに，モータ駆動制御モジュールに実行姿勢のパルス幅として通知します．

図 **7.38** に一歩の歩行動作を実現するための，単位ステップシーケンス制御モジュール内のユニットのシーケンスを示します．

以上より，各ソフトウェアユニットのインタフェースを抽出します．

単位ステップシーケンス開始処理ユニット（U2-2-1）

入　力

- 単位ステップシーケンスデータ配列のアドレス（単位ステップシーケンスデータモジュール）
- 姿勢数（単位ステップシーケンスデータモジュール）
- 単位ステップシーケンスデータ配列（単位ステップシーケンスデータモジュール）

187

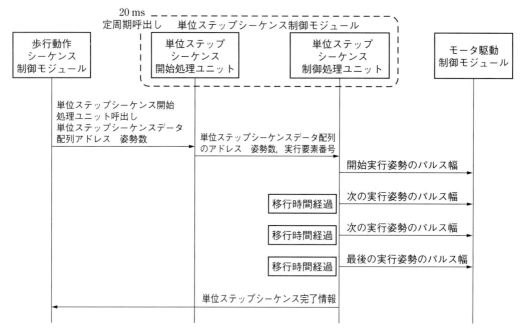

■ 図7.38 単位ステップシーケンス制御モジュール内のユニットのシーケンス

　　　　　　目標姿勢番号
　　　　　　目標姿勢移行時間の計数値
　　　・目標姿勢モータ駆動差分パルス幅データ配列（単位ステップシーケンスデータモジュール）
　　　・正立姿勢のパルス幅（単位ステップシーケンスデータモジュール）
　　出　力
　　　・単位ステップシーケンスデータ配列のアドレス（モジュール内インタフェース）
　　　・実行要素番号（モジュール内インタフェース）
　　　・目標姿勢のパルス幅（単位ステップシーケンスデータモジュール）
　　　・姿勢数（モジュール内インタフェース）
　　　　姿勢移行時間の計数値（モジュール内インタフェース）
単位ステップシーケンス制御処理ユニット（U2-2-2）
　　入　力
　　　・姿勢移行時間の計数値（モジュール内インタフェース）
　　　・実行要素番号（モジュール内インタフェース）
　　　・単位ステップシーケンスデータ配列（単位ステップシーケンスデータモジュール）
　　　　目標姿勢番号
　　　　目標姿勢移行時間の計数値

- 単位ステップシーケンスデータ配列のアドレス（モジュール内インタフェース）
- 姿勢数（モジュール内インタフェース）
- 目標姿勢のモータ駆動差分パルス幅データ配列（単位ステップシーケンスデータモジュール）
- 目標姿勢のパルス幅（単位ステップシーケンスデータモジュール）
- 正立姿勢のパルス幅（単位ステップシーケンスデータモジュール）
- 実行姿勢のパルス幅（モータ駆動制御モジュール）

出　力
- 姿勢移行時間の計数値（モジュール内インタフェース）
- 目標姿勢のパルス幅（単位ステップシーケンスデータモジュール）
- 実行要素番号（モジュール内インタフェース）
- 実行姿勢のパルス幅（モータ駆動制御モジュール）
- 単位ステップシーケンス完了（公開インタフェース）

ポジション初期化処理ユニット（U2-2-3）

入　力
- 正立姿勢のパルス幅（単位ステップシーケンスデータモジュール）

出　力
- 目標姿勢のパルス幅（単位ステップシーケンスデータモジュール）
- 実行姿勢のパルス幅（モータ駆動制御モジュール）

以上より，単位ステップシーケンス制御モジュールのソフトウェアアーキテクチャ設計図は**図7.39**のようになります．

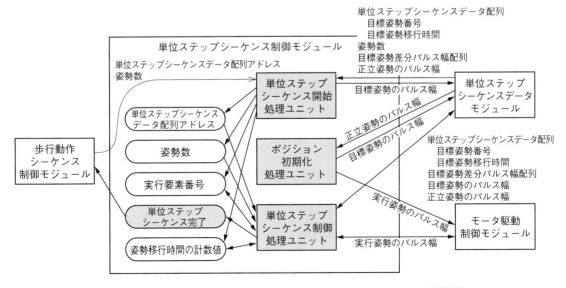

■ 図7.39　単位ステップシーケンス制御モジュールのソフトウェアアーキテクチャ設計図

第7章 具体例によるワンチップマイコンソフトウェア設計プロセスの解説

3 モータ駆動制御モジュール（M3）

このモジュールでは，タイマ2つとモータ駆動の出力ポート4つを利用します.

- タイマとモータ駆動の出力ポートを初期化設定するための初期化処理ユニット（U3-1）を配置します.
- 5 ms 定周期タイマを起動するためのユニット（U3-2）も配置します.
- パルスの生成は，5 ms の定周期生成タイマ割込み処理とパルス幅生成タイマの割込み処理で行います. そのため，その割込みを処理するためのユニット（U3-3）（U3-4）も配置します.

以上より，以下のソフトウェアユニットを配置します.

- モータ駆動制御初期化処理ユニット（U3-1）
- 定周期生成タイマ起動処理ユニット（U3-2）
- 定周期生成タイマ割込み処理ユニット（U3-3）
- パルス幅生成タイマ割込み処理ユニット（U3-4）

次に，インタフェースを検討します.

モータを駆動するための制御手順は以下の通りです.（SR3-1）

① モータ駆動制御初期化処理ユニットは，5 ms の定周期タイマとパルス幅を設定するタイマおよびモータ出力ポートの初期設定をします.

② 定周期生成タイマ起動処理ユニットは5 ms の定周期タイマを起動します.

③ 定周期生成タイマの5 ms 経過の割込みで，定周期生成タイマ割込み処理ユニットは，駆動しようとするモータ出力をオンします. 単位ステップシーケンス制御モジュールから取得した実行姿勢のパルス幅をパルス幅生成タイマのカウンタレジスタにセットし，タイマを起動します.

④ パルス幅生成タイマのカウント完了の割込みで，パルス幅生成タイマ割込み処理ユニットはモータ出力をオフし，パルス幅生成タイマを停止します.

⑤ 定周期生成タイマの5 ms 経過の割込みで，次のモータについて③から実行します.

これを繰り返すことによって，図7.12のようなタイミングパルスを発生します.

モータ駆動制御モジュールで，タスク切替え処理で利用する20 ms の定周期到達情報も生成することを既に述べました. これを実現するため，図7.12のモータ1の出力をオンするときに，定周期到達情報をタスク切替え処理に通知します.

以上より，各ソフトウェアユニットのインタフェースを抽出します.

モータ駆動制御初期化処理ユニット（U3-1）

出　力

- タイマ初期設定
- モータ出力ポート初期設定

定周期生成タイマ起動処理ユニット（U3-2）

出　力
- カウント開始（5 ms 定周期タイマ）

定周期生成タイマ割込み処理ユニット（U3-3）

入　力
- 実行姿勢のパルス幅（外部インタフェース）

出　力
- 20 ms 定周期到達情報（外部インタフェース）
- パルス幅設定（パルス幅生成タイマ）
- カウント開始（パルス幅生成タイマ）
- 該当モータ出力オン（モータ出力ポート）

パルス幅生成タイマ割込み処理ユニット（U3-4）

出　力
- カウント停止（パルス幅生成タイマ）
- 該当モータ出力オフ（モータ出力ポート）

図 7.40 にモータ駆動制御モジュールのソフトウェアアーキテクチャ設計図を示します．

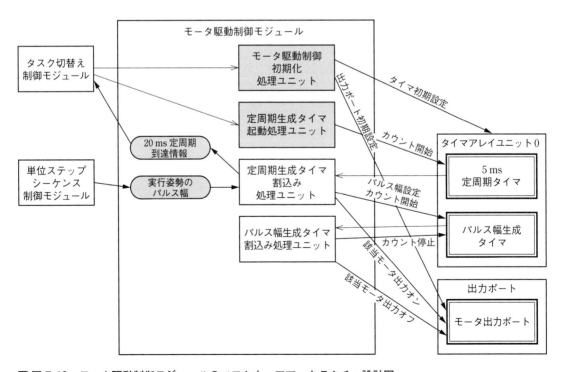

■ 図 7.40　モータ駆動制御モジュールのソフトウェアアーキテクチャ設計図

第7章　具体例によるワンチップマイコンソフトウェア設計プロセスの解説

7.8　リスクコントロール手段の検討

7.4 節でリスクを抽出しましたが，アイテムが明確になりましたので，危険状態からリスクコントロール手段の検証までのトレーサビリティを検討することにより，リスクコントロール手段の妥当性を検討します．ただし，おもちゃの二足歩行ロボットには人に危害を及ぼす安全上のリスクがないため，モータ故障を安全リスクに置き換えて検討します．**表 7.14** が検討結果です．例として，表 7.14 から BD1（制御パルス幅が範囲外の設定値（500 μs 未満）となることで RC サーボモータの回転角度が範囲外となり，ギアが破損する恐れのあるリスクについて，検討内容を説明します．このリスクの対象となるソフトウェアユニットは，制御パルス幅に関連するデータを取得し，計算し，設定するユニットになります．

ポジション初期化処理ユニットは，電源投入時に制御パルス幅を正立姿勢に設定します．制御パルス幅を正しく初期化設定しなければ，パルス幅が不定となり故障リスクが発生します．また，このユニットをタスク切替え処理ユニットが正しく呼び出さない場合もリスクが発生します．

単位ステップシーケンス開始処理ユニットは，一歩の動作開始時に目標制御パルス幅を設定します．このユニットが，パルス幅の設定を誤れば故障リスクが発生します．

停止とダンスの歩行状態制御処理ユニットと歩行中次ステップ右・左制御処理ユニット（前進，右回転，後退，左回転）は目標制御パルス幅を指定して単位ステップシーケンス開始処理ユニットを呼び出します．これらのユニットが正しくユニットを呼び出さない場合にリスクが発生します．また，これらのユニットが利用する単位ステップシーケンスデータモジュールのデータが正しくない場合もリスクが発生します．

定周期タイマ割込み処理ユニットは，パルス幅生成タイマに制御パルス幅を設定します．そのため，そのデータが正しく設定されなければリスクが発生します．

モータ駆動制御初期化処理ユニットは，タイマの動作クロックを設定しますので，正しく設定しなければパルス幅が期待通りとならずリスクが発生します．

そのため，以上のユニットのソフトウェアの原因は表 7.14 に示すようになります．

そして，これらのユニットのリスクコントロール手段は表に示したとおり，処理やデータが正しく実装されているか確認（検証）することとします．

単位ステップシーケンス制御処理ユニットは歩行動作シーケンス制御モジュールが指定したデータに基づき制御パルス幅を演算し，定周期タイマ割込み処理ユニットへ渡します．そして，定周期タイマ割込み処理ユニットは，制御パルス幅をパルス幅生成タイマに設定し，RC サーボモータの回転角度を制御するだけとなります．そこで，指定した制御パルス幅が何らかの原因で範囲外の設定値（500 μs 未満）となることが，リスクについてのソフトウェアの原因となります．そのため，設定値が範囲外となった場合に強制的に 500 μs とする機能を実装することを単位ステップシーケンス制御処理ユニットのリスクコントロール手段と

します.

　そして，以上のリスクコントロール手段の各々に対して表7.14のように検証方法を設定します.

　これで，リスクBD1に関わるすべてのソフトウェアアイテムについて，危険状態からリスクコントロール手段の検証までのトレーサビリティが確保できました.

　このようにしてリスクコントロール手段の妥当性を検証します.

　また，IEC 62304では，各ソフトウェアアイテムをソフトウェア安全クラスA, BまたはCに分類し，文書化することを要求しています. つまり，ソフトウェアをどのようにアイテムに分割したか，そしてソフトウェア安全クラスをどのように各ソフトウェアに割り当てたかを示すことです. おもちゃのロボットでは危害「人の受ける身体的傷害若しくは健康障害，又は財産若しくは環境の受ける害」がないので，ここでは，モータ故障を例に安全のリスク分析に変えて，その文書化例を示します. それが図7.41 ～図7.44です. 図では，各アイテム（ユニット）を四角で表した右側に故障のリスクを示しています.

　ところで，BD1からBD6のリスクの割り当てはいくつかのユニットに限定されたものになっています. IEC 62304では，そのように限定できる根拠も文書で示す必要があります（分離の根拠）. その根拠の示し方の例をBD1, BD2のリスクで説明します.

　BD1, BD2のリスクはモータ駆動制御処理モジュールへ実行姿勢のパルス幅を範囲外に設定することで発生するリスクです.

　実行姿勢のパルス幅を演算・設定しているのは，単位ステップシーケンス制御モジュールの各処理ユニットとモータ駆動制御モジュールの定周期生成タイマ割込み処理ユニットです.

　単位ステップシーケンス制御モジュールにパルス幅のデータを指定しているのは，歩行動作シーケンス制御モジュールの停止状態制御処理ユニットとダンス状態制御処理ユニット，前進，右回転，後退，左回転の次ステップ右足または左足制御処理ユニットです. そのパルス幅が記録されているのは，単位ステップシーケンスデータモジュールです. そのパルス幅のクロック周波数を規定しているのはモータ駆動制御初期化処理ユニットです. また，タスク切替え処理ユニットがモータ駆動制御初期化処理ユニットの呼出しを忘れると実行姿勢のパルス幅が範囲外になるリスクがあります.

　他のユニットは関係しませんので，これらのリスクに関連するユニットは以上となります.

　他のリスクについても，同様に文書化する必要がありますが，ここでは省略します.

　IEC 62304ではソフトウェアアイテムの分割例を「図B.1 －ソフトウェアアイテムの分割例」として掲載しています. IEC 62304に準拠する必要がある場合は規格を参考にしてください（医療機器ソフトウェア―ソフトウェアライフサイクルプロセス JIS T 2304：2017（IEC 62304：2006, Amd.1：2015）37頁 図B.1）.

193

■ 表7.14　モータ故障のリスクコントロール手段の検討

故障	故障原因	ソフトウェアアイテム		ハードウェア・操作の原因	ソフトウェアの原因	リスクコントロール手段	リスクコントロール手段の検証	識別番号
		ソフトウェアモジュール	ソフトウェアユニット					
RCサーボモータ故障	制御パルス幅 500μs 未満	単位ステップシーケンス制御モジュール	単位ステップシーケンス制御処理ユニット	−	制御パルス幅範囲外設定 500μs 未満	設定する制御パルス幅が500μs未満であれば500μsに設定する	0, 250, 499, 500μsに設定した制御パルス幅が500μsになり，501μsに設定した場合は501μsのままであることを確認する	BD1
			ポジション初期化処理ユニット					
			単位ステップシーケンス開始処理ユニット					
		単位ステップシーケンスデータモジュール						
		歩行動作シーケンス制御モジュール	歩行状態制御処理ユニット 停止，ダンス		制御パルス幅設定誤り	制御パルス幅を正しく設定する	制御パルス幅が正しく設定されていることを確認する	
			歩行中次ステップ右・左足制御処理ユニット 前進・右回転・後退・左回転					
		モータ駆動制御モジュール	定周期生成タイマ割込み処理ユニット		制御パルス幅生成タイマクロックの設定誤り	制御パルス幅生成タイマクロックを正しく設定する	制御パルス幅生成タイマクロックが正しく設定されていることを確認する	
			モータ駆動制御初期化処理ユニット					
		タスク切替え制御モジュール	タスク切替え処理ユニット		制御パルス幅初期設定の未実施	ポジション初期化処理ユニットを正しく呼び出す	リセット直後に初期化処理ユニットが正しく呼び出されていることを確認する	
	制御パルス幅 2100μs 超え	単位ステップシーケンス制御モジュール	単位ステップシーケンス制御処理ユニット	−	制御パルス幅範囲外設定 2100μs 超え	設定する制御パルス幅が2100μs超えれば2100μsに設定する	2100, 2101, 2200μsに設定した制御パルス幅が2200μsになり，2099μsに設定した場合は2099μsのままであることを確認する	BD2
			ポジション初期化処理ユニット					
			単位ステップシーケンス開始処理ユニット					
		単位ステップシーケンスデータモジュール						
		歩行動作シーケンス制御モジュール	歩行状態制御処理ユニット 停止，ダンス		制御パルス幅設定誤り	制御パルス幅を正しく設定する	制御パルス幅が正しく設定されていることを確認する	
			歩行中次ステップ右・左足制御処理ユニット 前進・右回転・後退・左回転					
		モータ駆動制御モジュール	定周期生成タイマ割込み処理ユニット		制御パルス幅生成タイマクロックの設定誤り	制御パルス幅生成タイマクロックを正しく設定する	制御パルス幅生成タイマクロックが正しく設定されていることを確認する	
			モータ駆動制御初期化処理ユニット					
		タスク切替え制御モジュール	タスク切替え処理ユニット		制御パルス幅初期設定の未実施	ポジション初期化処理ユニットを正しく呼び出す	制御パルス幅初期設定が実施されていることを確認する	

RCサーボモータ故障	電池電圧4.5V未満	システム状態制御モジュール	システム状態制御処理ユニット	電池消耗モータ駆動電圧低下4.5V未満	モータ駆動電圧が4.5V未満でモータ電源を遮断しない	電池電圧を検知し,4.5V未満であれば,ロボットの姿勢を正立にした後,モータへの電源供給を遮断する	電池電圧が4.5V未満になれば,ロボットの姿勢を正立にした後,モータへの電源供給を遮断することを確認する	BD3
			動作モードの変更処理ユニット					
		電池電圧入力検知モジュール	電池電圧検知初期化処理ユニット		モータ駆動電圧を正しく検知しない			
			A/D電圧コンパレータ動作許可処理ユニット					
			電池電圧入力検知処理ユニット					
			A/D変換割込み処理ユニット					
		モータ電源供給・遮断制御モジュール	モータ電源供給・遮断初期化処理ユニット		モータ電源を遮断しない			
			モータ電源供給・遮断制御処理ユニット					
		タスク切替え制御モジュール	タスク切替え処理ユニット		電池電圧検知,遮断関連ユニットの呼出しもれ			
	電池電圧6.0V超え	システム状態制御モジュール	システム状態制御処理ユニット	異電池装着モータ駆動電圧高電圧6.0V超え	モータ駆動電圧が6.0V超えでモータ電源を遮断しない	電池電圧を検知し,6.0Vを超えれば,モータへの電源供給を遮断し,待機状態にする	電池電圧が6.0Vを超えれば,モータへの電源供給が遮断され,待機状態になることを確認する	BD4
			動作モードの変更処理ユニット					
		電池電圧検知モジュール	電池電圧検知初期化処理ユニット		モータ駆動電圧を正しく検知しない			
			A/D電圧コンパレータ動作許可処理ユニット					
			電池電圧入力検知処理ユニット					
			A/D変換割込み処理ユニット					
		モータ電源供給・遮断制御モジュール	モータ電源供給・遮断初期化処理ユニット		モータ電源を遮断しない			
			モータ電源供給・遮断制御処理ユニット					
		タスク切替え制御モジュール	タスク切替え処理ユニット		電池電圧検知,遮断関連ユニットの呼出しもれ			
	パルスデータ設定誤り	歩行動作シーケンス制御モジュール	歩行状態制御処理ユニット　停止,ダンス	—	駆動データ設定誤り(左右の足の干渉によるモータロック)	すべてのパルスデータが正しく設定されていることを検証する	すべての動作で左右の足の干渉によるモータロックがないことを確認する	BD5
			歩行中次ステップ右・左足制御処理ユニット　前進・右回転・後退・左回転					
		単位ステップシーケンス制御モジュール	ポジション初期化処理ユニット					
			単位ステップシーケンス開始処理ユニット					
			単位ステップシーケンス制御処理ユニット					
		単位ステップシーケンスデータモジュール						
		モータ駆動制御モジュール	定周期生成タイマ割込み処理ユニット					
		タスク切替え制御モジュール	タスク切替え処理ユニット		制御パルス幅初期設定の未実施	ポジション初期化処理ユニットを正しく呼び出す	制御パルス幅初期設定が実施されていることを確認する	
	パルス逆転	モータ駆動制御モジュール	モータ駆動制御初期化処理ユニット	—	パルス回路の設定誤りによる不正な出力パルス発生	パルス回路の設定に誤りがないことを確認する	駆動パルスが正しく出力されていることを確認する	BD6
			定周期生成タイマ割込み処理ユニット					
			パルス幅作成タイマ割込み処理ユニット					

第7章　具体例によるワンチップマイコンソフトウェア設計プロセスの解説

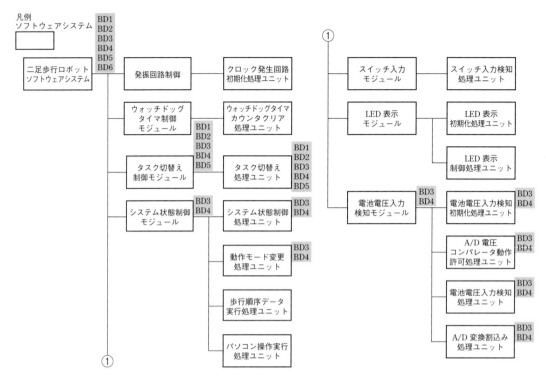

■ 図7.41　ソフトウェアアイテムの分割とリスクの割当て（1）

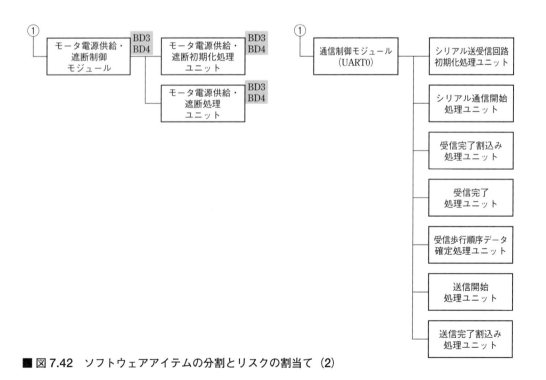

■ 図7.42　ソフトウェアアイテムの分割とリスクの割当て（2）

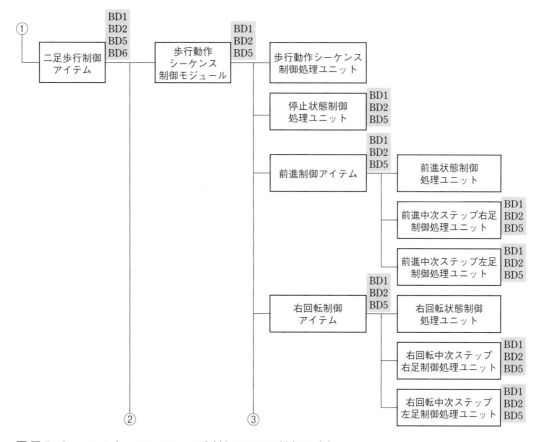

■ 図 7.43　ソフトウェアアイテムの分割とリスクの割当て（3）

7.9　ソフトウェア詳細設計

ユニットが明確になりましたので，ユニットの詳細を設計します．

紙面の都合上，本書では，システム状態制御モジュールと二足歩行に関わるモジュールのソフトウェア詳細設計のみ紹介します．他のモジュールについては，オーム社の Web サイトを参照してください．

1　システム状態制御モジュール（M1）

システム状態制御モジュールはシステムの状態を制御します．そこで，各ユニットの詳細を設計する前に，システムの状態を明確にしておきます．

システムのモードは以下の通りです．
- 内蔵プログラム動作モード
- 受信プログラム動作モード

第7章 具体例によるワンチップマイコンソフトウェア設計プロセスの解説

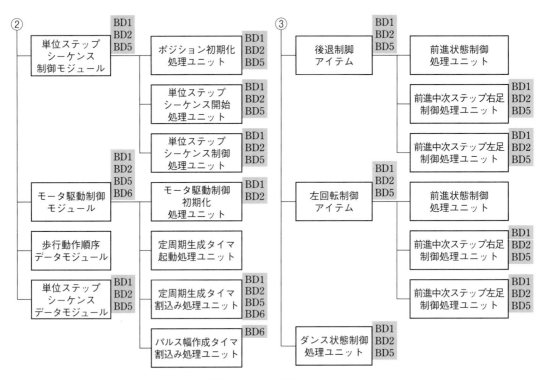

■ 図 7.44 ソフトウェアアイテムの分割とリスクの割当て（4）

■ 表 7.15 システムの状態遷移表

- パソコン操作モード
- 電池電圧異常モード

電池電圧異常モード以外では，以下のサブ状態を設けます．

- 歩行動作している実行状態
- 歩行動作を停止している停止状態
- 動作モード移行状態

停止状態では，以下のサブ状態を設けます．

- 歩行動作シーケンス完了状態
- 歩行動作シーケンス未了状態

動作モード移行状態と停止状態のサブ状態とを設ける理由は次の通りです．

歩行動作中に，他の動作モードへ移行する条件が発生した場合，システム状態制御モジュールは，歩行動作シーケンス制御モジュールへ歩行停止指示をし，動作モードを停止状態とします．しかし，歩行終了のための単位ステップシーケンスを実行する必要があるため，動作をすぐには停止できません．また，歩行動作中に歩行停止の指示があった場合も同様です．そのため，動作モード移行状態と停止状態のサブ状態としての歩行動作シーケンス未了状態と完了状態を設けます．

上記状態の定義とソフトウェア要求仕様からシステムの状態遷移図（**図7.45**）と状態遷移表（**表7.15**）を作成します．

| 受信プログラム動作モード | | | | パソコン操作モード | | | | | | 電池電圧異常モード |
| 実行状態 | パソコン操作モードへ移行中 | 内蔵プログラム動作モードへ移行中 | 電池電圧異常モードへ移行中 | 停止状態 歩行シーケンス完了 | 停止状態 歩行シーケンス未了 | 実行状態 | 内蔵プログラム動作モードへ移行中 | 受信プログラム動作モードへ移行中 | 電池電圧異常モードへ移行中 | 電池電圧異常モード |
2-3	2-4	2-5	2-6	3-1	3-2	3-3	3-4	3-5	3-6	4
0	0	0	0	0	0	0	0	0	0	0
2-2 歩行動作指示停止	–	–	–			3-2 歩行動作指示停止	–	–	–	1-1
										–
2-5 変更モード記憶	2-5 変更モード記憶	–	–	1-1	3-4 変更モード記憶	3-4 変更モード記憶		3-4 変更モード記憶		
2-2 変更モード記憶	2-2 変更モード記憶	2-2 変更モード記憶	–	2-1	3-5 変更モード記憶	3-5 変更モード記憶	3-5 変更モード記憶			
2-4 変更モード記憶	–	2-4 変更モード記憶	–	–	–	3-2 変更モード記憶	3-2 変更モード記憶	3-2 変更モード記憶		
2-6 電池電圧異常記憶	2-6 電池電圧異常記憶	2-6 電池電圧異常記憶		4	3-6 電池電圧異常記憶	3-6 電池電圧異常記憶	3-6 電池電圧異常記憶	3-6 電池電圧異常記憶		
2-1						3-3				
2-1										
		1-1					1-1			
								2-1		
	3-1				3-1					
			4						4	
–	–	–	–	3-3	–	– 歩行動作指示記憶	–	–	–	–
–	–	–	–	–	3-2 停止指示記憶	3-2 停止指示記憶	–	–	–	–

第7章 具体例によるワンチップマイコンソフトウェア設計プロセスの解説

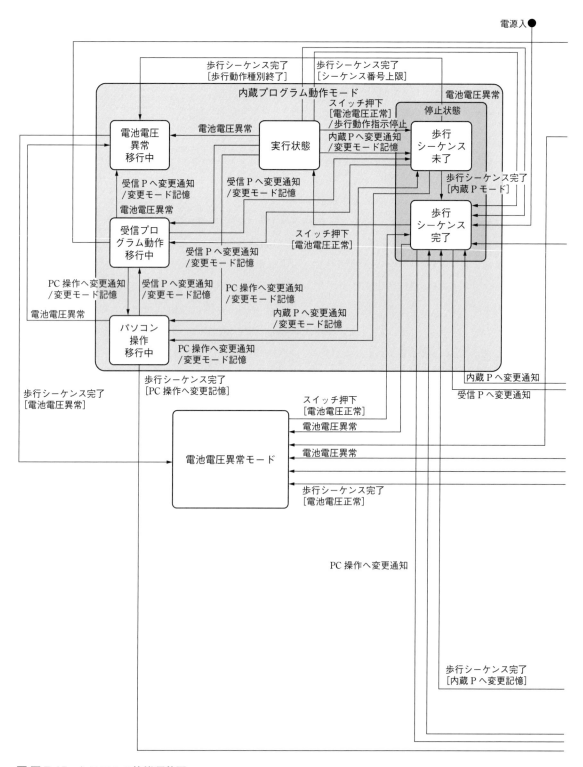

■ 図 7.45　システムの状態遷移図

7.9 ソフトウェア詳細設計

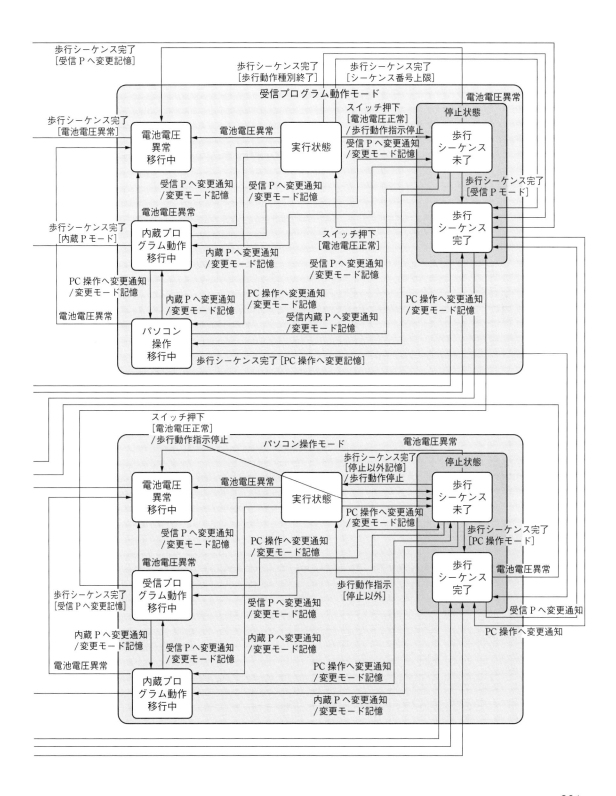

第 7 章　具体例によるワンチップマイコンソフトウェア設計プロセスの解説

以下に，システム状態制御モジュールの各ユニットの詳細設計を示します．

システム状態制御処理ユニット（DD1-1）

このユニットはシステムの動作モードの切替えと各動作モードの停止・実行状態の管理を行います．

各動作モードにおける処理を以下のようにします．

内蔵プログラム動作モード（DD1-1-1）

- 電池電圧入力検知モジュールから電池電圧異常の通知があれば，動作モード変更処理ユニットを呼び出し，電池電圧異常モードへ切り替えます．（BD3, 4）
- 通信制御モジュールから受信プログラム動作モードまたはパソコン操作モードへの変更指示があれば，動作モード変更処理ユニットを呼び出し，動作モードを変更します．

【停止状態】

停止状態で行う処理は，動作モードの変更，動作状態への変更，LED 表示の消灯です．

- 歩行動作シーケンス制御モジュールから歩行動作シーケンスの完了通知を受けているときに，スイッチ入力検知モジュールからスイッチ押下確定の通知があれば，通信制御モジュールへ動作モード変更否を通知します．そして，シーケンス番号を初期化して実行状態に変更します．
- 歩行動作シーケンスの完了通知を受けているときに，スイッチ押下確定の通知がなければ，通信制御モジュールへ動作モード変更可を通知し，LED 表示制御モジュールへ消灯を指示します．

【実行状態】

実行状態で行う処理は，歩行動作順序データ実行処理ユニットの呼出し，停止状態への変更，LED 表示のパルス点灯です．

- 歩行動作シーケンス制御モジュールから，歩行動作シーケンスの完了通知があれば，内蔵歩行動作順序データを指定し，歩行動作順序データ実行処理ユニットを呼び出します．
- スイッチ入力検知モジュールからスイッチ押下確定が通知されれば，歩行動作制御モジュールへ歩行動作停止を指示し，歩行動作シーケンスの完了通知を消去し，目標歩数を歩数カウントしない設定とし，停止状態に変更します．
- LED 表示制御モジュールへパルス点灯を指示します．

受信プログラム動作モード（DD1-1-2）

- 電池電圧入力検知モジュールから電池電圧異常の通知があれば，動作モード変更処理ユニットを呼び出し，電池電圧異常モードへ切り替えます．（BD3, 4）
- 通信制御モジュールから内蔵プログラム動作モードまたはパソコン操作モードへの変更指示があれば，動作モード変更処理ユニットを呼び出し，動作モードを変更します．

202

【停止状態】

停止状態で行う処理は，動作モードの変更，動作状態の変更，LED 表示の消灯です．

- 歩行動作シーケンス制御モジュールから歩行動作シーケンスの完了通知を受けているときに，スイッチ入力検知モジュールから，スイッチ押下確定の通知があれば，通信制御モジュールへ動作モード変更否を通知します．そして，シーケンス番号を初期化して実行状態に変更します．
- 歩行動作の完了通知を受けているときに，スイッチ押下確定の通知がなければ，通信制御モジュールへ動作モード変更可を通知し，LED 表示制御モジュールへ消灯を指示します．

【実行状態】

実行状態で行う処理は，歩行動作順序データ実行処理ユニットの呼出し，停止状態への変更，LED 表示のパルス点灯です．

- 歩行動作シーケンス制御モジュールから，歩行動作シーケンスの完了通知があれば，受信した歩行動作順序データを指定し，歩行動作順序データ実行処理ユニットを呼び出します．
- スイッチ入力検知モジュールからスイッチ押下確定が通知されれば，歩行動作制御モジュールへ歩行動作停止を指示し，歩行動作シーケンスの完了通知を消去し，目標歩数を歩数カウントしない設定とし，停止状態に変更します．
- LED 表示制御モジュールへパルス点灯を指示します．

パソコン操作モード（DD1-1-3)

- 電池電圧入力検知モジュールから電池電圧異常の通知があれば，動作モード変更処理ユニットを呼び出し，電池電圧異常モードへ切り替えます．（BD3, 4）
- 通信制御モジュールから受信プログラム動作モードまたはパソコン操作モードへの変更指示があれば，動作モード変更処理ユニットを呼び出し，動作モードを変更します．

【停止状態】

停止状態で行う処理は，停止以外の歩行動作の指示による実行状態への移行と，LED 表示の消灯です．

- 通信制御モジュールから停止以外の歩行動作の指示を受けたら，歩行動作シーケンスの完了通知を消去し実行状態に変更します．
- 歩行動作の完了通知を受けているときに，通信制御モジュールへ動作モード変更可を通知し，LED 表示制御モジュールへ消灯を指示します．

【実行状態】

実行状態で行う処理は，停止指示による停止状態への変更とパソコン操作実行処理ユニットの呼出し，LED 表示のパルス点灯です．

第 7 章　具体例によるワンチップマイコンソフトウェア設計プロセスの解説

- スイッチ入力検知モジュールから，スイッチ押下確定の通知があれば，歩行動作シーケンス制御モジュールへ歩行停止イベントを発行し，歩行動作シーケンスの完了通知を消去し，停止状態に変更します．
- スイッチ押下確定の通知がなければ，パソコン操作実行処理ユニットを呼び出します．LED 表示制御モジュールへパルス点灯を指示します．

電池電圧異常モード（DD1-1-4）（BD3, 4）

このモードで行う処理は，LED 表示の速い点滅と電池電圧異常解除時の内蔵プログラム動作モードへの復帰です．

- LED 表示制御モジュールへ速い点滅を指示します．
- 電池電圧入力検知モジュールから電池電圧低電圧と高電圧が共に解除されたときに，スイッチ入力検知モジュールからスイッチ押下確定の通知を受けると，電池電圧異常通知と肯定応答未送信を消去し，モータ電源供給・遮断モジュールへモータ電源供給を指示し，通信制御モジュールへ動作モード変更可能を通知し，動作モード変更処理ユニットを呼び出し，内蔵プログラム動作モードへ変更します．
- そうでなければ，モータ電源供給・遮断モジュールへモータ電源遮断を指示し，スイッチ入力検知モジュールのスイッチ押下確定の通知を消去します．

動作モード変更処理ユニット（DD1-2）

このユニットは動作モード変更時にシステム状態制御処理ユニットから呼び出されて，指定された動作モードへ変更します．

- 歩行動作シーケンス制御モジュールから歩行動作シーケンスの完了が通知されていなければ，歩行動作シーケンス制御モジュールへ 1 回だけ歩行動作停止を指示し，歩行動作シーケンスの完了通知を待ちます．そして，歩行動作シーケンス制御モジュールから歩行動作シーケンスの完了が通知されると，通信制御モジュールの動作モード変更要求（指示）と歩行動作シーケンスの完了通知，歩行動作指示の記憶を消去し，目標歩数をカウントしない設定としたのち，以下の処理を実施します．
- 歩行動作シーケンス制御モジュールから歩行動作シーケンスの完了が通知されていれば，すぐに以下の処理を実施します．
- 指定された動作モードに変更します．
- パソコン操作モードへの変更であれば，シリアル通信制御処理ユニットへパソコンからの歩行動作指示有効を通知し，そうでなければ，無効を通知します．
- 電池電圧異常モードへの変更であれば，動作モード変更可と肯定応答未送信の通知を消去し，そうでなければ，停止状態とします．（BD3, 4）
- 通信制御モジュールから肯定応答未送信の通知がされていたら，通信制御モジュールの動作モード変更完了の送信開始処理ユニットを呼び出します．

歩行動作順序データ実行処理ユニット（DD1-3）

このユニットは，指定された歩行動作順序データを参照し，歩行動作を順次実行します．

- システム状態制御処理ユニットは，シーケンス番号を初期化し，歩行動作順序データを指定してこのユニットを呼び出します．このユニットは，指定された歩行動作順序データからシーケンス番号にあたる歩行動作の種類と目標歩数を取得し，歩行動作シーケンス制御モジュールへ該当の歩行動作指示と目標歩数を通知します．そして，シーケンス番号をカウントアップします．

- 歩行動作シーケンスの完了が通知されたときに，歩行動作順序データの歩行動作の種類がシーケンス終了（0x00）であるか，シーケンス番号が32となれば，歩行動作シーケンス制御モジュールへ歩行動作停止を指示し，歩数をカウントしない設定にし，現状の動作モードの停止状態にします．そうでなければ，歩行動作順序データからのデータの取得と歩行動作シーケンス制御モジュールへの歩行動作指示と目標歩数の通知，シーケンス番号のカウントアップを繰り返します．

パソコン操作実行処理ユニット（DD1-4）

通信制御モジュールから通知された歩行動作指示データにより，歩行動作シーケンス制御モジュールへ歩行動作を指示します．

- 通信制御モジュールから通知された歩行動作指示データにより，歩行動作シーケンス制御モジュールへ歩行動作を指示し，通信制御モジュールから通知された歩行動作指示データをクリアします．歩行動作種別が停止のときは，歩行動作シーケンス制御モジュールへ歩行停止を指示し，パソコン操作モードの停止状態とします．

2　二足歩行制御アイテム（M2）

(1) 歩行動作シーケンス制御モジュール（M2-1）

このモジュールでは，システム状態制御モジュールからの歩行動作指示により，開始する歩行ステップシーケンス配列とその姿勢数を指定し，歩行ステップシーケンス制御モジュールの歩行ステップシーケンス開始処理を順次呼び出すことで，前進，右回転，後退，左回転，ダンスなどの歩行動作を実現します．

なお，各歩行動作の単位ステップシーケンスを制御するため，前進または右回転，後退，左回転の各歩行状態に以下のサブ状態を設けます．

- 歩行開始右足移動状態
- 歩行開始左足移動状態
- 歩行継続右足移動状態
- 歩行継続左足移動状態
- 歩行終了右足移動状態
- 歩行終了左足移動状態

歩行動作シーケンス制御処理ユニット（DD2-1-1）

歩行状態により，各歩行状態の制御処理ユニットを呼び出します.

- 歩行状態が停止状態であれば，停止状態制御処理ユニットを呼び出します.
- 歩行状態が前進または右回転，後退，左回転，ダンス状態で，単位ステップシーケンスの完了が通知されると，単位ステップシーケンスの完了の通知をクリアし，各歩行状態の制御処理ユニットを呼び出します.

以下に，歩行動作シーケンス制御モジュールの各ユニットの詳細設計を示します.

停止状態制御処理ユニット（DD2-1-2-6）

停止状態制御処理ユニットは，停止時間を計数したり，歩行指示に応じて歩行動作状態や歩行ステップの状態を変更し，次の単位ステップシーケンスを開始したりします.

- 停止時間をカウントする設定では，停止時間が目標停止時間に達していなければ，停止時間をカウントアップし，目標停止時間に達すれば，歩行動作シーケンス完了を通知します.
- 停止時間をカウントしない設定では，記憶した歩行動作の指示があれば，歩行動作の指示を発行します.
- このユニットが発行した歩行動作の指示またはシステム状態制御モジュールから通知された歩行動作の指示により，歩行サブ状態を該当の歩行状態の右足歩行開始状態にします. ただし，左回転の場合は左足歩行開始状態にします. 次に，要求目標歩数を目標歩数に設定し，歩数カウンタをクリアします. そして，該当の歩行動作開始の単位ステップシーケンスデータ配列を指定し，単位ステップシーケンス制御モジュールの単位ステップシーケンス開始処理ユニットを呼び出します.

前進または右回転，後退，左回転の歩行状態制御処理ユニット

歩行状態制御処理ユニットは，現在の歩行ステップの状態に応じて次に実施する該当の歩行中次ステップ右または左足制御処理ユニットを起動します.

前進，右回転，後退，左回転の歩行動作は同様の歩行ステップシーケンスで構成されます. その歩行動作とは，歩行動作開始ステップ（右足または左足），歩行継続ステップ（右足または左足），歩行終了ステップ（右足または左足）です. そのため，制御内容もほぼ同様になります. 代表として，前進状態制御処理ユニットの処理内容を説明します.

前進状態制御処理ユニット（DD2-1-2-1）

- 前進開始右足移動サブ状態では，前進中次ステップ左足制御処理ユニットを呼び出します.
- 前進開始左足移動サブ状態では，前進中次ステップ右足制御処理ユニットを呼び出します.
- 前進継続右足移動サブ状態では，前進中次ステップ左足制御処理ユニットを呼び出します.

- 前進継続左足移動サブ状態では，前進中次ステップ右足制御処理ユニットを呼び出します．
- 前進終了右足移動サブ状態または前進終了左足移動サブ状態では，歩行状態を待機状態にします．歩数をカウントする設定では歩行動作シーケンス完了を通知し，歩数をカウントしない設定では，前進でない歩行動作が指示されると歩行動作の指示を記憶します．

他の３つの歩行状態制御処理ユニットも同様の制御とします．

ダンス状態制御処理ユニット（DD2-1-2-5)

この制御処理ユニットでは単位ステップシーケンスが１つなので，次のように制御します．

- 歩数をカウントしない設定では，システム状態制御モジュールがダンスと異なる歩行動作を指示したら，歩行動作の指示を記憶し，歩行状態を待機状態にします．
- 歩数をカウントする設定では，歩数が目標歩数に達するか，歩行動作停止が指示されるとシステム状態制御モジュールへ歩行動作シーケンス完了を通知し，歩行状態を待機状態にします．
- それ以外では，ダンスの歩行動作開始の単位ステップシーケンスデータ配列を指定し，単位ステップシーケンス制御モジュールの単位ステップシーケンス開始処理ユニットを呼び出します．

前進，右回転，後退，左回転の歩行状態制御処理ユニットはそれぞれ以下の該当歩行動作の処理ユニットを呼び出します．

- 前進中次ステップ右足制御処理ユニット（DD2-1-2-1-1)
- 右回転中次ステップ右足制御処理ユニット（DD2-1-2-2-1)
- 後退中次ステップ右足制御処理ユニット（DD2-1-2-3-1)
- 左回転中次ステップ右足制御処理ユニット（DD2-1-2-4-1)
- 前進中次ステップ左足制御処理ユニット（DD2-1-2-1-2)
- 右回転中次ステップ左足制御処理ユニット（DD2-1-2-2-2)
- 後退中次ステップ左足制御処理ユニット（DD2-1-2-3-2)
- 左回転中次ステップ左足制御処理ユニット（DD2-1-2-4-2)

以上の処理ユニットの制御内容は，ほぼ同様になります．概要の制御内容は，歩行指示を監視し，次の歩行状態と単位ステップシーケンスを決定することです．代表として，前進中次ステップ右足制御処理ユニットの処理内容を説明します．

- 歩数をカウントしない設定において，歩行動作シーケンス制御モジュールから前進以外の歩行動作指示があれば，歩行動作指示を記憶し，前進終了右足移動のサブ状態とし，前進終了右足移動の単位ステップシーケンスデータ配列と姿勢数を指定し，単位ステップシーケンス制御モジュールの単位ステップシーケンス開始処理ユニットを呼び出します．歩行動作指示がなければ，前進継続右足移動のサブ状態とし，前進継続

右足移動の単位ステップシーケンスデータ配列と姿勢数を指定し，単位ステップシーケンス制御モジュールの単位ステップシーケンス開始処理ユニットを呼び出します．

- 歩行カウントする設定において，歩数が目標歩数に達するか，停止の歩行動作指示があれば，前進終了右足移動のサブ状態とし，前進終了右足移動の単位ステップシーケンスデータ配列と姿勢数を指定し，単位ステップシーケンス制御モジュールの単位ステップシーケンス開始処理ユニットを呼び出します．それ以外では，前進継続右足移動のサブ状態とし，前進継続右足移動の単位ステップシーケンスデータ配列とその姿勢数を指定し，単位ステップシーケンス制御モジュールの単位ステップシーケンス開始処理ユニットを呼び出します．

(2) 単位ステップシーケンス制御モジュール（M2-2）

このモジュールでは，単位ステップシーケンスの概要で説明した，目標姿勢のモータ駆動差分パルス幅データ配列（表7.12）と単位ステップシーケンスデータ配列，姿勢数（表7.11）を利用し，単位ステップシーケンスを実現します．

このモジュールのソフトウェア制御手順の概要は以下の通りです．

① 電源が入れられたら，姿勢を正立（ホームポジション）にします．

② 歩行動作シーケンス制御モジュールから，実施する単位ステップシーケンスの実行テーブルの先頭番地（配列へのポインタ）を取得します．

③ 単位ステップシーケンスの姿勢数と実行テーブルの先頭要素から実施するシーケンスの目標姿勢番号，継続回数を取得します．

④ 目標姿勢のモータ駆動差分パルス幅一覧表（表7.12）から実行する目標姿勢番号に対応する差分のパルス幅を取得し，正立姿勢のパルス幅との和を目標姿勢のパルス幅とします．

⑤ 姿勢継続時間（継続回数×20 ms）経過したら実行要素番号を+1し，実行要素番号が姿勢数に達していなければ，実施する単位ステップシーケンス実行テーブルの次の要素を取得し，④に戻り，次の要素を実行します．実行要素番号が姿勢数に達したら単位ステップシーケンスを終了し，歩行動作シーケンス制御モジュールへ単位ステップシーケンスの完了を通知します．

⑥ メインループの周期（20 ms）ごとに，目標姿勢のパルス幅を実行姿勢のパルス幅に設定し，モータ駆動制御モジュールへ渡します．

ポジション初期化処理ユニットは①を実行します．単位ステップシーケンス開始処理ユニットは②から④を実行します．単位ステップシーケンス制御処理ユニットは④から⑥を実行します．

以上の処理手順のイメージを**図7.46**に示します．丸数字は上記手順に対応します．

以下に，単位ステップシーケンス制御モジュールの各ユニットの詳細設計を示します．

7.9 ソフトウェア詳細設計

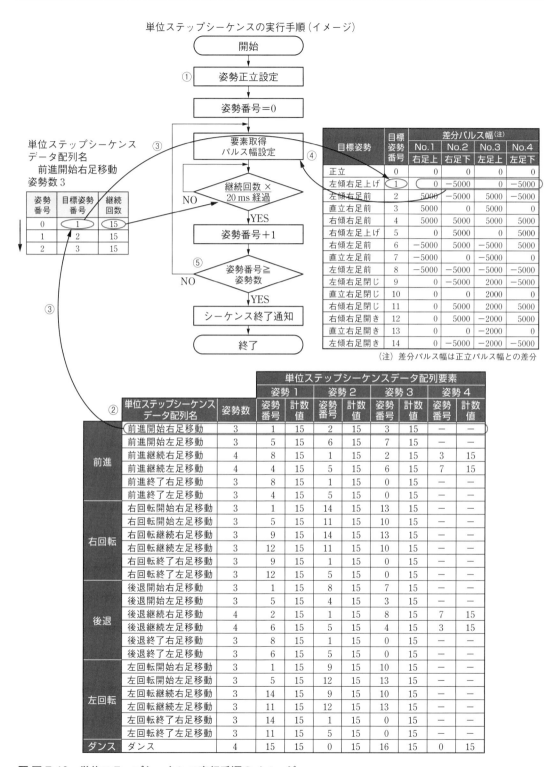

■ 図 7.46 単位ステップシーケンス実行手順のイメージ

第7章　具体例によるワンチップマイコンソフトウェア設計プロセスの解説

単位ステップシーケンス開始処理ユニット（DD2-2-1）

このユニットは，歩行動作シーケンス制御モジュールから，単位ステップシーケンスデータ配列と姿勢数を指定されて呼び出されます．このユニットの処理内容は以下の通りです．

- 単位ステップシーケンス制御処理ユニットがデータを参照できるようにするために，指定された単位ステップシーケンスデータ配列のアドレスと姿勢数を記憶し，実行要素番号をクリアします．指定された単位ステップシーケンスデータ配列の先頭要素から目標姿勢番号を取得し，目標姿勢のモータ駆動差分パルス幅データ配列から，該当する目標姿勢番号の4つのモータパルス幅の差分を取得し，正立のパルスに加算し，目標パルス幅配列に格納します．（BD5）
- 単位ステップシーケンスデータ配列の先頭要素からステップの継続時間を取得し，姿勢継続時間として記憶します．

単位ステップシーケンス制御処理ユニット（DD2-2-2）

このユニットは，定周期（20 ms）ごとに呼び出され，単位ステップシーケンスを以下のように実行します．モータ駆動制御モジュールとの目標パルス幅配列のデータアクセスの競合を避けるため，データ設定中は割込みを禁止します．

- メイン周期ごとに姿勢移行時間の計数カウンタをダウンカウントします．
- 姿勢移行時間が経過したら（カウンタが0になる），実行要素番号が姿勢数に達していなければ，実行要素番号をカウントアップし，単位ステップシーケンスデータ配列の実行要素番号の目標姿勢番号と姿勢の移行時間を取得します．次に，目標姿勢のモータ駆動差分パルス幅データ配列から，目標姿勢番号に当たる4つのモータの差分パルス幅を取得します．モータ駆動差分パルス幅を正立のパルス幅に加算し，目標パルス幅配列に格納します．（BD5）
- 実行要素番号が姿勢数と等しくなれば，実行要素番号をカウントアップし，歩行動作シーケンス制御処理ユニットへ単位ステップシーケンス完了通知をします．

以下の処理はメイン周期ごとに実行します．

- 割込みを禁止します．
- 目標パルス幅配列の値を，実行姿勢のパルス幅配列に格納します．（BD5）
- 実行姿勢のパルス幅が上限（2 100 μs）を超えれば上限値を実行姿勢のパルス幅とし，実行姿勢のパルス幅が下限（500 μs）を下回れば下限値を実行姿勢のパルス幅とします．（BD1, 2）
- 割込みを許可します．

実行姿勢のパルス幅を用いて，モータ駆動制御モジュールがモータの角度を制御します．

ポジション初期化処理ユニット（DD2-2-3）

このユニットは，マイコンリセット直後に，タスク切替え処理ユニットから呼び出されロボットの姿勢を正立にします．処理内容は以下の通りです．

- 正立のパルス幅を目標パルス幅配列と実行姿勢のパルス幅配列に格納します．（BD1, 2, 5）

3 モータ駆動制御モジュール（M3）

モータ駆動制御初期化処理ユニット（DD3-1）

5 ms 定周期タイマとパルス幅生成タイマのタイマユニットとモータ出力ポートを設定します．（BD6）

① タイマアレイユニットの制御回路にクロックを供給します．
② 定周期タイマを 5 ms インターバルタイマモード，駆動クロック 12 MHz に設定します．（BD1, 2）
③ パルス幅生成タイマをインターバルタイマモード，駆動クロック 24 MHz に設定します．
④ タイマ割込みを許可します．

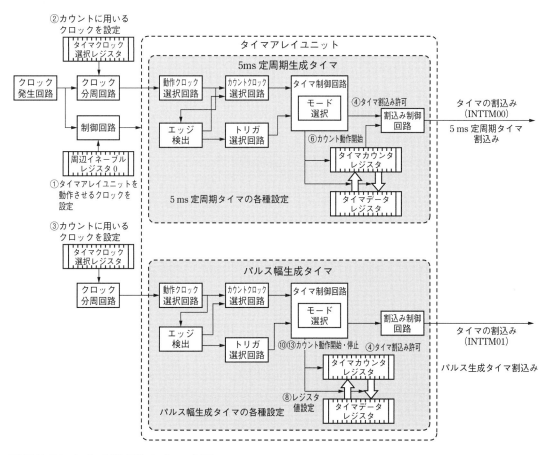

■ 図 7.47 タイマ制御回路のブロック図

第7章　具体例によるワンチップマイコンソフトウェア設計プロセスの解説

⑤　モータパルス出力ポートを Low とし，ディジタル出力ポートに設定します．

定周期生成タイマ起動処理ユニット（DD3-2）

⑥　5 ms 定周期タイマを起動します．

定周期生成タイマ割込み処理ユニット（DD3-3）

⑦　モータ番号が 0 のとき，20 ms 定周期到達情報をタスク切替え制御モジュールへ通知します．

⑧　モータ番号に対応する実行姿勢のパルス幅をパルス幅生成タイマのタイマデータレジスタに設定します．（SE4，BD1,2,6）

⑨　対応するモータ出力ポートを High に設定します．

⑩　パルス幅生成タイマを開始します．

⑪　モータ番号をカウントアップし，4 になったら 0 に設定します．

パルス幅生成タイマ割込み処理ユニット（DD3-4）（BD6）

⑫　モータ出力をすべて停止します．

⑬　パルス幅生成タイマを停止します．

タイマ制御回路の関連部分の制御手順をタイマ制御回路のブロック図に対応する番号で示します（**図 7.47**）．

7.10　トレーサビリティ

ユニットが明確になりましたので，トレーサビリティを明確にします．ここで示すトレーサビリティは安全要求とソフトウェア要求仕様，および，ソフトウェア要求仕様とソフトウェアアーキテクチャのトレーサビリティです．今回は，安全性に関わるリスクがないので，リスクとソフトウェア要求仕様のトレーサビリティは，モータ故障に関わるリスクとソフトウェア要求仕様とのトレーサビリティとします．

紙面の都合上，ソフトウェア詳細設計のトレーサビリティはソフトウェアユニットの単位とします．また，ソフトウェアシステム試験とソフトウェアユニット試験についても省略します．

モータ故障に関わるリスクとソフトウェア要求仕様のトレーサビリティは**表 7.16** の通りです．

ソフトウェア要求仕様とソフトウェアアーキテクチャのトレーサビリティは**表 7.17** の通りです．

ここで，トレーサビリティを利用した仕様変更の例を示します．

実際におもちゃのロボットを動作させると，一歩の動作において，足の着地時点で若干衝撃が発生します．また，歩行動作もぎこちないものになります．そこで，衝撃を緩和し，歩行動作を滑らかにするために，ある目標姿勢から次の目標姿勢へ移行するときに，実行姿勢のパルス幅を次の目標姿勢のパルス幅へ徐々に近づけていくものとします．

■ 表7.16　モータ故障に関わるリスクとソフトウェア要求仕様のトレーサビリティ

		システム状態 (SR1)							二足歩行制御 (SR2, 3)				通信制御 (SR4)						周辺回路制御										
		電子回路図	内蔵プログラム動作モード	受信プログラム動作モード	パソコン操作モード	電池電圧異常モード	動作モードの切替え	電源投入時の状態	歩行動作の実現	一歩の動作の実現	モータ駆動制御	モータ駆動制御の手順	パケット通信	動作モード変更	歩行動作指示	歩行動作順序データ	UARTの通信パラメータ	通信制御の手順	スイッチ入力検知	LED表示制御	LED表示制御の手順	電池電圧入力検知	電池電圧入力検知の手順	モータ電源供給・遮断	モータ電源供給・遮断の手順	タスク切替え制御	マイコン発振回路	マイコン暴走対策	未使用端子の設定
	識別番号	(SR0)	(SR1-1)	(SR1-2)	(SR1-3)	(SR1-4)	(SR1-5)	(SR1-6)	(SR2-1)	(SR2-2)	(SR3)(SR9)	(SR3-1)	(SR4-1)	(SR4-2)	(SR4-3)	(SR4-4)	(SR4-5)	(SR4-6)	(SR5)	(SR6)	(SR6-1)	(SR7)	(SR7-1)	(SR8)	(SR8-1)	(SR10)	(SR11)	(SR12)	(SR13)
モータ駆動制御パルス幅下限未達	(BD1)								◎	◎	◎															◎			
モータ駆動制御パルス幅上限超え	(BD2)								◎	◎	◎															◎			
電池低電圧 (BD3)	(BD3)					◎	◎															◎	◎	◎	◎				
電池高電圧 (BD4)	(BD4)					◎	◎															◎	◎						
パルスのデータ設定誤り	(BD5)								◎	◎	◎	◎														◎			
パルスの波形の逆転	(BD6)										◎	◎																	

（モータ故障リスク）

この仕様追加は，ソフトウェア要求仕様の一歩の動作の実現（SR2-2）の仕様追加になると考えられます．そこで，SR2-2に次の仕様を追加します．

- 姿勢の変更は，モータの制御角度をある歩行姿勢のモータ制御角度から，次の姿勢のモータ制御角度へメイン周期（20 ms）ごとに漸次近づけていくことで実現します．
- そのとき毎回の角度の変更量は1.4度とします．

ここで，移行時間内に目標姿勢へほぼ到達できるように，パルス幅変更量は目標姿勢のモータ駆動差分パルス幅の最大値21度を目標姿勢移行時間の計数値15で除した値1.4度としました．

一歩の動作の実現（SR2-2）とトレーサビリティが確保されるユニットとモジュールは，トレーサビリティマトリクスを参照すると，単位ステップシーケンス開始処理ユニット（U2-2-1）と単位ステップシーケンス制御処理ユニット（U2-2-2），ポジション初期化処理ユニット（U2-2-3），単位ステップシーケンスデータモジュール（M2-4）であることが分かります．ただし，制御パルス幅の変更に関わるユニットは単位ステップシーケンス制御処理ユニット（U2-2-2）ですので，このユニットの詳細設計（DD2-2-3）を以下のように変更します．

【変更前】

- メイン周期ごとに姿勢移行時間の計数カウンタをダウンカウントします．
- 姿勢移行時間が経過したら（カウンタが0になる），実行要素番号が姿勢数に達していなければ，実行要素番号をカウントアップし，単位ステップシーケンスデータ配列

第7章 具体例によるワンチップマイコンソフトウェア設計プロセスの解説

■ 表7.17 ソフトウェア要求仕様とソフトウェアアーキテクチャのトレーサビリティマトリクス

モジュール（ソフトウェアアーキテクチャ）の処理ユニット一覧：

モジュール	処理ユニット（識別番号）
システム状態制御（M1）	システム状態制御（U1-1）／動作モード変更制御（U1-2）／歩行動作順序データ実行（U1-3）／パソコン操作実行（U1-4）
歩行制御（M2-1）	歩行動作シーケンス制御（U2-1-1）／前進状態制御（U2-1-2-1）／右回転状態制御（U2-1-2-2）／後退状態制御（U2-1-2-3）／左回転状態制御（U2-1-2-4）／ダンス状態制御（U2-1-2-5）／停止状態制御（U2-1-2-6）／前進中次ステップ右足制御（U2-1-2-1-1）／右回転中次ステップ右足制御（U2-1-2-2-1）／後退中次ステップ右足制御（U2-1-2-3-1）／左回転中次ステップ右足制御（U2-1-2-4-1）／前進中次ステップ左足制御（U2-1-2-1-2）／右回転中次ステップ左足制御（U2-1-2-2-2）／後退中次ステップ左足制御（U2-1-2-3-2）／左回転中次ステップ左足制御（U2-1-2-4-2）
単位ステップ制御（M2-2）	単位ステップシーケンス開始（U2-2-1）／単位ステップシーケンス制御（U2-2-2）／ポジション初期化（U2-2-3）
単位ステップシーケンスデータモジュール（M2-4）	（M2-4）
歩行動作シーケンスデータモジュール（M2-3）	（M2-3）
モータ駆動制御（M9）	モータ駆動制御モジュール初期化（U3-1）／定周期生成タイマ起動（U3-2）／定周期生成タイマ割込み（U3-3）／パルス幅生成タイマ割込み（U3-4）
通信制御（M4）	シリアル送受信設定初期化（U4-1）／シリアル通信開始（U4-2）／受信完了割込み（U4-3）／受信完了（U4-4）／送信開始（U4-5）／送信開始（モード変更完了）（U4-6）／送信完了割込み（U4-7）／受信順序データ確定（U4-8）
スイッチ入力検知（M5）	スイッチ入力検知（U5-1）
LED表示制御（M6）	LED表示初期化（U6-1）／LED表示制御（U6-2）
電池電圧入力検知（M7）	電池電圧入力検知初期化（U7-1）／A／D電圧コンパレータの動作許可（U7-2）／電池電圧入力検知（U7-3）／A／D変換割込み（U7-4）
モータ電源供給・遮断制御（M8）	モータ電源供給・遮断初期化（U8-1）／モータ電源供給・遮断制御（U8-2）
タスク切替え（M10）	タスク切替え（U10-1）
マイコン発振回路制御（M11）	クロック発生回路初期化（U11-1）
マイコン暴走停止（M12）	ウォッチドッグタイマカウンタクリア（U12-1）
未使用端子設定（M13）	未使用端子設定（U13-1）

ソフトウェア要求仕様（処理ユニット）とトレーサビリティ：

識別番号	要求仕様	対応する処理ユニット
SR1-1	内蔵プログラム動作モード	U1-1, U1-2
SR1-2	受信プログラム動作モード	U1-1, U1-2
SR1-3	パソコン操作モード	U1-4
SR1-4	電池電圧異常モード	U1-2
SR1-5	動作モードの切替え	U1-2
SR1-6	電源投入時の状態	U1-1
SR2-1	歩行動作の実現	U1-3, U2-1-1
SR2-2	一歩の動作の実現	U2-1-2-1, U2-1-2-2, U2-1-2-3, U2-1-2-4, U2-1-2-5, U2-1-2-6, U2-1-2-1-1, U2-1-2-2-1, U2-1-2-3-1, U2-1-2-4-1, U2-1-2-1-2, U2-1-2-2-2, U2-1-2-3-2, U2-1-2-4-2, U2-2-1, U2-2-2, U2-2-3, M2-4, M2-3
SR3	モータの駆動制御	U3-1, U3-2, U3-3
SR3-1	モータ駆動制御の手順	U3-1, U3-2, U3-3, U3-4
SR9	メインループの周期	U3-3
SR4-1	パケット通信	U4-4
SR4-2	動作モード変更	U4-6
SR4-3	歩行動作指示	U4-4
SR4-4	歩行動作順序データ	U4-8
SR4-5	UARTの通信手順	U4-3, U4-5, U4-7
SR4-6	通信制御の手順	U4-1, U4-2, U4-3, U4-4, U4-5, U4-6, U4-7, U4-8
SR5	スイッチ入力検知	U5-1
SR6	LED表示制御	U6-2
SR6-1	LED表示制御の手順	U6-1, U6-2
SR7	電池電圧入力検知	U7-3, U7-4
SR7-1	電池電圧入力検知の手順	U7-1, U7-2, U7-3, U7-4
SR8	モータ電源供給・遮断	U8-2
SR8-1	モータ電源供給・遮断の手順	U8-1, U8-2
SR10	タスク切替え制御	U10-1
SR11	マイコン発振回路	U11-1
SR12	マイコン暴走対策	U12-1
SR13	未使用端子の設定	U13-1

■図7.48 ぎこちない動きを，滑らかにします．

の実行要素番号の目標姿勢番号と姿勢の移行時間を取得します．次に，目標姿勢のモータ駆動差分パルス幅データ配列から，目標姿勢番号にあたる4つのモータの差分パルス幅を取得します．モータ駆動差分パルス幅を正立のパルス幅に加算し，目標パルス幅配列に格納します．

- 実行要素番号が姿勢数と等しくなれば，実行要素番号をカウントアップし，歩行動作シーケンス制御処理ユニットへ単位ステップシーケンス完了通知をします．

以下の処理はメイン周期ごとに実行します．

- 割込みを禁止します．
- **目標パルス幅配列の値を，実行姿勢のパルス幅配列に格納します．**
- 実行姿勢のパルス幅が上限を超えれば上限値を実行姿勢のパルス幅とし，実行姿勢のパルス幅が下限を下回れば下限値を実行姿勢のパルス幅とします．
- 割込みを許可します．

太字部分が変更箇所です．

【変更後】

- メイン周期ごとに姿勢移行時間の計数カウンタをダウンカウントします．
- 姿勢移行時間が経過したら（カウンタが0になる），実行要素番号が姿勢数に達していなければ，実行要素番号をカウントアップし，単位ステップシーケンスデータ配列の実行要素番号の目標姿勢番号と姿勢の移行時間を取得します．次に，目標姿勢のモータ駆動差分パルス幅データ配列から，目標姿勢番号にあたる4つのモータの差分パルス幅を取得します．モータ駆動差分パルス幅を正立のパルス幅に加算し，目標パルス幅に格納します．
- 実行要素番号が姿勢数と等しくなれば，実行要素番号をカウントアップし，歩行動作シーケンス制御処理ユニットへ単位ステップシーケンス完了通知をします．

以下の処理はメイン周期ごとに実行します．

- 割込みを禁止します．

第7章　具体例によるワンチップマイコンソフトウェア設計プロセスの解説

- 実行姿勢のパルス幅が目標姿勢のパルス幅－（パルス幅変更量／2）よりも小さければ，実行姿勢のパルス幅にパルス幅変更量を加算します．

- 実行姿勢のパルス幅が目標姿勢のパルス幅＋（パルス幅変更量／2）よりも大きければ，実行姿勢のパルス幅からパルス幅変更量を減算します．

- 実行姿勢のパルス幅が上限を超えれば上限値を実行姿勢のパルス幅とし，実行姿勢のパルス幅が下限を下回れば下限値を実行姿勢のパルス幅とします．

- 割込みを許可します．

　つまり，変更は以下のように目標姿勢のパルス幅を用いて実行姿勢のパルス幅の値を徐々に目標姿勢のパルス幅へ近づけていくものです．

　実行姿勢のパルスを設定するときに実行姿勢のパルス幅が目標姿勢のパルス幅よりも大きければ，実行姿勢のパルス幅からパルス幅変更量を減算します．実行姿勢のパルス幅が目標姿勢のパルス幅よりも小さければ，実行姿勢のパルス幅へパルス幅変更量を加算します．目標値付近で，実行姿勢のパルス幅が振動しないように，実行姿勢のパルス幅が目標姿勢のパルス幅±パルス幅変更量÷2以内であれば実行姿勢のパルス幅を変更しません．

　変更前後の部分をソースコード7.1とソースコード7.2に示します．

■ ソースコード7.1　変更前の単位ステップシーケンス制御処理ユニット

```c
/* unit_sequence.c */
..............................................................
/* 単位ステップシーケンス制御処理ユニット */
void unit_sequence_control(void){
    auto int i = 0;                              /* 局所カウンタ変数 */
    /* 目標姿勢のパルス幅の設定 */
    if(u16_posture_duration_counter == 0){       /* 姿勢移行時間終了 */
        if(u16_sequence_number_max == 0){
            /* 何もしない */
        }else if(u16_sequence_step_number < (u16_sequence_number_max - 1)){
            u16_sequence_step_number++;              /* 単位ステップシーケンスの姿勢番号加算 */
            /* 単位ステップシーケンス完了でなければ次の目標姿勢のパルス幅をセット */
            for(i = 0;i < 4;i++){
                u16_pulse_width_target[i] = u16_pulse_homeposition[i]
                    + s16_pulse_width[u16_sequence_unit[u16_sequence_step_number][0]][i];
            }
            /* 姿勢移行時間 ( 回数× 20ms) をセット */
            u16_posture_duration_counter = u16_sequence_unit[u16_sequence_step_number][1];
        }else if(u16_sequence_step_number == (u16_sequence_number_max - 1)){
            /* 単位ステップシーケンス完了 */
            u16_sequence_step_number++;              /* 次回のループで無処理とするため */
            f_us.complete = 1;                       /* 単位ステップシーケンス完了フラグセット */
        }else{
            /* 処理なし */
        }
    }else{                                       /* 姿勢移行時間終了を待つ */
        u16_posture_duration_counter--;
    }
    /* モータ駆動制御モジュールへの実行姿勢のパルス幅の設定 */
```

216

7.10 トレーサビリティ

```c
    for(i = 0;i < 4;i++){
        /* 割込み処理と u16_pulse_width[i] へのアクセスの競合が発生しないように割込み禁止 */
        __DI();
        /* 目標姿勢のパルス幅を実行姿勢のパルス幅に設定 */
        u16_pulse_width[i] = u16_pulse_width_target[i];
        /* 範囲外値が設定されないようにする */
        if(u16_pulse_width[i] > M0UPPERLIMIT){
            u16_pulse_width[i] = M0UPPERLIMIT;
        }
        if(u16_pulse_width[i] < M0LOWERLIMIT){
            u16_pulse_width[i] = M0LOWERLIMIT;
        }
        __EI();
    }
}
```

■ ソースコード 7.2　変更後の単位ステップシーケンス制御処理ユニット

```c
/* unit_sequence.c */
/* ...................................................... */
/* 単位ステップシーケンス制御ユニット */
void unit_sequence_control(void){
    auto int i = 0;                             /* 局所カウンタ変数 */
    /* 目標姿勢のパルス幅の設定 */
    if(u16_posture_duration_counter == 0){      /* 姿勢移行時間終了 */
        if(u16_sequence_number_max == 0){
            /* 何もしない */
        }else if(u16_sequence_step_number < (u16_sequence_number_max - 1)){
            u16_sequence_step_number++;             /* 単位ステップシーケンスの姿勢番号加算 */
            /* 単位ステップシーケンス完了でなければ次の目標姿勢のパルス幅をセット */
            for(i = 0;i < 4;i++){
                u16_pulse_width_target[i] = u16_pulse_homeposition[i]
                    + s16_pulse_width[u16_sequence_unit[u16_sequence_step_number][0]][i];
            }
            /* 姿勢移行時間 ( 回数 × 20ms) をセット */
            u16_posture_duration_counter = u16_sequence_unit[u16_sequence_step_number][1];
        }else if(u16_sequence_step_number == (u16_sequence_number_max - 1)){
            /* 単位ステップシーケンス完了 */
            u16_sequence_step_number++;                 /* 次回のループで無処理とする */
            f_us.complete = 1;                          /* 単位ステップシーケンス完了フラグセット */
        }else{
            /* 処理なし */
        }
    }else{      /* 姿勢移行時間終了を待つ */
        u16_posture_duration_counter--;
    }
    /* モータ駆動制御モジュールへの実行姿勢のパルス幅の設定 */
    for(i = 0;i < 4;i++){
        /* 割込み処理と u16_pulse_width[i] へのアクセスの競合が発生しないように割込み禁止 */
        __DI();
        /* 実行姿勢のパルス幅を徐々に目標パルス幅に近づけていく */
        if(u16_pulse_width[i] < (u16_pulse_width_target[i] - (DELTA_PULSE/2))){
            u16_pulse_width[i] += DELTA_PULSE;
        }else if(u16_pulse_width[i] > (u16_pulse_width_target[i]) + (DELTA_PULSE/2)){
            u16_pulse_width[i] -= DELTA_PULSE;
        }
```

ここが変更箇所です.

217

第7章　具体例によるワンチップマイコンソフトウェア設計プロセスの解説

```
    /* 範囲外値が設定されないようにする */
    if(u16_pulse_width[i] > M0UPPERLIMIT){
        u16_pulse_width[i] = M0UPPERLIMIT;
    }
    if(u16_pulse_width[i] < M0LOWERLIMIT){
        u16_pulse_width[i] = M0LOWERLIMIT;
    }
    __EI();
  }
}
```

太字部分が変更箇所です．ただし，パルス幅変更量を表す定数 DELTA_PULSE は unit_sequence.c の先頭部分で以下のように定義しています．

　　　#define DELTA_PULSE　333　　 /* パルス幅変更量 */

ここで，変更による影響を検討します．変更は，単位ステップシーケンス制御処理ユニットの部分的な変更のみで，単位ステップシーケンス制御処理ユニットのソースコードの変更は仕様通りであり，ユニット内での他の処理への悪影響はないと考えられます．

ソフトウェアアーキテクチャ設計図で，他のユニットへの影響を検討します．

ソフトウェアアーキテクチャ設計図の図 7.39 と図 7.40 から単位ステップシーケンス制御処理ユニットとポジション初期化処理ユニットが定周期生成タイマ割込み処理ユニットへ実行姿勢のパルス幅を設定していることが分かります．ソースコードの検索（grep）でもその配列の利用箇所の確認をしても，実行姿勢のパルス幅の配列 u16_pulse_width[i] が関係しているのは，それらのユニットのみであることが確認できます．

他のユニットとはインタフェースを形成していない，つまり，他のユニットは実行姿勢のパルス幅の配列を利用していませんので，影響はないと考えられます．

定周期生成タイマ割込み処理ユニットの処理内容は，実行姿勢のパルス幅のパルス幅生成タイマのカウンタレジスタへの代入です．このユニットは単に実行姿勢のパルス幅をレジスタへ代入しているだけで，変更もありませんから，影響はないと考えられます．

以上のように，トレーサビリティとソフトウェアアーキテクチャ設計図を用いると，容易に，仕様の変更からユニットの変更箇所が明確になり，変更による他への影響も確認することができ，変更効率が向上します．

ソフトウェアアーキテクチャ設計図などを作成しない開発であれば，これらの内容は開発担当者の頭の中にだけに存在します．レビュアはソースコードを読み下すことで，ソフトウェアアーキテクチャやトレーサビリティを理解し，レビューすることとなり，大変な労力を費やします．そのため，変更が及ぼす悪影響を見落とすことにもつながります．

医療機器や車載機器のソフトウェア開発でソフトウェアアーキテクチャ設計と設計のトレーサビリティが要求されているのも，リスクがソフトウェアアイテムのどこと関連しているかを明確にし，リスクの管理を確実にするためです．

また，ソフトウェアアイテムの分割とリスクの割り当ての図 7.41 から図 7.44 において，

218

変更に関連するユニットは単位ステップシーケンス制御処理ユニットと定周期生成タイマ割込み処理ユニットであり，これらは，故障リスクに関わるユニットであることが分かります．もしこれが安全性のリスクに関するものであれば，医療機器や車載機器のソフトウェア開発では，ここで検討したような内容の記録が，ソフトウェア変更のリスクマネジメントのエビデンスの一部として要求されます．

7.11　設計の文書化について

　この章では，顧客要求の明確化から詳細設計までを，おもちゃの二足歩行ロボットを題材に，その設計のブレークダウンの過程も明確にしながら説明してきました．今回示した文書は，読み物の性格があるため記述が冗長になっています．設計のブレークダウンの過程も示しましたので，文書が膨大になっています．

　作成する設計資料は，各設計現場により大きく異なると思います．設計根拠やその過程も含め，可能な限りの資料を残しておくことで，設計のメンテナンスや新商品での活用，他の設計者への引き継ぎが効率的になるでしょう．しかしながら，設計現場ではそのような余裕がないのも現実です．

　安全規格などによって義務づけられていない製品においても，実際の開発現場の設計資料として，ソフトウェア要求仕様書，状態遷移図または状態遷移表，ソフトウェアアーキテクチャ設計図（図のみ），ソフトウェア詳細設計書を残しておくことをお薦めします．それだけでも，その後のソフトウェア開発の設計効率化に大きく役立つでしょう．

7.12　おもちゃの二足歩行ロボットのパソコンの通信プログラム概要

　今回紹介したおもちゃの二足歩行ロボットのパソコン側の通信用サンプルプログラムの概要を説明します．プログラム自体はオーム社のWebサイトに掲載します．

　プログラムは，動作確認用の極めて簡素なものです．腕に覚えのある方は，ご自身で作成するか，サンプルプログラムを改良し，さらに使いやすいものにしてください．

(1) 実行環境の準備

　第1章1.3節「開発環境の整備」の3「パソコンのソフトウェア開発環境（Visual Studio：Visual Basic）の導入」を参考にパソコンにマイクロソフトのVisual Studio Communityの無償版をインストールしてください．

　次に，オーム社のWebサイトに掲載したプログラム「VBforWalk」をダウンロードしてください．

(2) パソコンのサンプルプログラムの操作仕様

　パソコンのサンプルプログラムの概要の操作仕様を説明します．

おもちゃのロボットを操作するためのパソコンのソフトウェアの仕様は次の通りです．
操作画面はロボットの操作モードごとに次の3画面とします（図7.49）．

　　　内蔵シーケンス実行モード
　　　送信シーケンス実行モード
　　　パソコン操作モード

- 操作画面の右上部のボタン押下で操作モードを変更します．
- 操作画面の下部にロボットから返信されたパケットデータを16進表示します．
- 送信シーケンス実行モードでは歩行動作シーケンスデータをボタン押下で送信します．
- 肯定応答の返信があれば送信完了を表示します．
- パソコン操作モードでは，各歩行動作に対応したボタン押下で歩行開始指示データを送信します．
- 肯定応答があれば該当ボタンを水色に表示します．

操作画面の表示仕様を図7.49に示します．

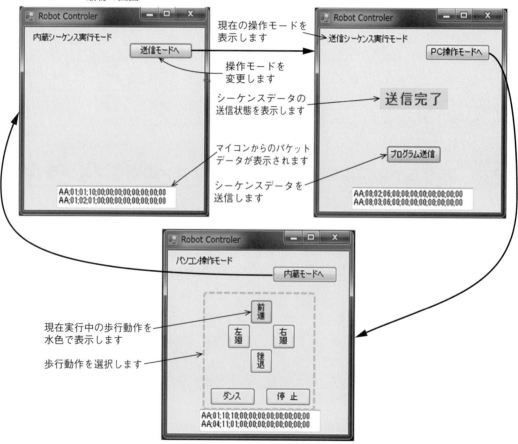

■図7.49　パソコン操作画面の表示仕様

付録 おもちゃの二足歩行ロボットのメカの作成について

ここでは，おもちゃの二足歩行ロボットのメカの作成の概要について説明します[1]．
ワンチップマイコンのプログラミングを習得するには，実際にプログラミングし，動かしてみるのが一番の近道です．制御基板の制作はとても大変ですが，オーム社の Web サイトに関連情報を掲載しますのでチャレンジしてみてください．

■ ロボット製作に必要なものについて

ロボット製作に必要なものを示します．
- パソコン（Windows 7　8.1　10）　※　USB ポート必要
- E2 エミュレータ Lite（E1 エミュレータも利用可）

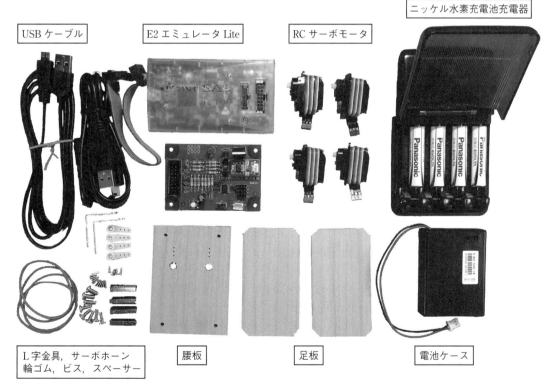

■ 図 A.1　必要部材（パソコンを除く）

---

[1] 写真の図は，実際のものとは外観や仕様が一部異なる可能性があります．

付録　おもちゃの二足歩行ロボットのメカの作成について

- ロボットメカの構成部品
- ニッケル水素充電器セット（単 4 形 × 4 本付)
- 工具一式（半田付け，ハンドドリル，ピンバイス，木工用糸鋸，ドライバーなど)
- 強力両面テープや輪ゴムなど

パソコンを除き必要な部材は**図 A.1** の通りです．

※　macOS，Linux 等では動作しません（統合開発環境 CS+ の動作環境にもとづくため)．
　　https://www.renesas.com/jp/ja/products/software-tools/system-requirements.html

部材以外に，以下のソフトウェアも必要です．入手先は，本書の第 1 章の「1.3 開発環境の整備」やオーム社の Web サイトに掲載している「関連資料」を参考にしてください．

- サンプルプログラム（オーム社 Web サイトに掲載)
- 統合開発環境 CS+ for CC（V7.00.00）無償評価版
- Visual Studio Community（Visual Studio 2017）無償版
- 超小型 USB - シリアル変換モジュール（MPL2303SA）のデバイスドライバ

■ 部品などの入手について

パソコンと工具を除き，掲載した部材の費用は送料や消費税抜きで約 19,000 円（2019 年 3 月調査）です．詳細は巻末に掲載している部品リストを参考にしてください．ただし，部品などの価格は購入時期や購入先によっても変わりますので，購入前にインターネットなどで確認してください．

コンデンサ，抵抗などの汎用部品や，充電器セット（単 4 形 × 4 本付）や USB ケーブルは同等仕様のものであれば，他のメーカーの入手しやすいものを購入してください．工具リストも巻末に示しますが，現在お持ちのものを利用したり，入手しやすいものを購入したりしてください．ただし，後で示す「二足歩行ロボット制御基板（マイコンのみ実装済)」を利用する場合は，組み付けに問題が生じないよう，実装部品の寸法など（リード線径含む）は同じものを使用したほうが無難です．

工具リストも巻末に掲載しましたが，掲載した工具は一例です．作業に適した，すでにお持ちの工具や入手し易い工具を揃えてください．

■ ロボットの標準的な製作期間について

ロボットの標準的な製作期間は丸 2 日程度です（二足歩行ロボット制御基板（マイコンのみ実装済）を利用したとき)．ただし，半田付けや板の切断・穴開け加工，CS+ などの開発環境の習熟度による個人差は大きいです．

■ 関連資料やサンプルプログラムの入手について

関連資料やサンプルプログラムは，オーム社のホームページの「書籍・雑誌検索」で「組

込みソフトの安全設計」と入力し，表示された書籍ページのダウンロードタブから入手してください．

■ **制御基板の製作について**

制御基板は第 1 章の図 1.2「電子回路図」を参考に制作して下さい．プリント配線基板の作成は，次のような方法があります．

- 二足歩行ロボット制御基板（マイコンのみ実装済）を利用する方法（販売：マルツエレック株式会社）
- ユニバーサル基板と SOP IC 変換基板（マイコン実装用）を利用する方法
- プリント配線基板を感光基板製作キット等で自作する方法

■ **腰板，足板，金具について**

腰板，足板は自作が必要です．筆者は，ホームセンターで入手が可能で，軽く，バルサ材に比べて強度があり，加工がしやすいことから，腰板，足板をアガチス材にしました．アガチス材が入手困難であれば，他の材料を検討してみてください．板の厚さは 3 mm がよいでしょう．

板を切断する工具や穴開け用のドリルやピンバイスなどが必要です．板の切断は，比較的安価な木工用 糸鋸で可能です．紙ヤスリ #80 があれば，切断面のバリが取れます．ドリル刃は 1.2 mφ，3.0 mmφ，6.0 mmφ のものが必要です．サーボホーンが取付けられるように，穴開けの位置精度に留意してください．

L 字金具は加工済のもの（DB-A）が，有限会社浅草ギ研やマルツエレック株式会社の Web サイトの BOM 見積りからも入手可能です．L 字金具は，ある程度の寸法精度が必要ですので，加工済品を使用したほうが無難です．腕に覚えのある方は，アルミ板（板厚 1.0 mm）か

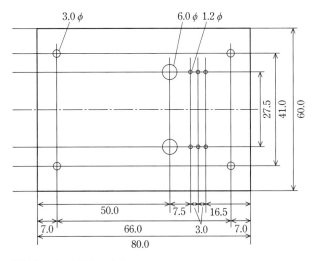

■ 図 A.2　腰板　t3.0

付録　おもちゃの二足歩行ロボットのメカの作成について

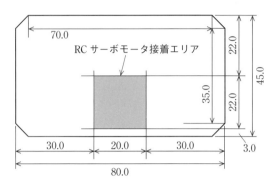

■ 図A.3　足板　t3.0

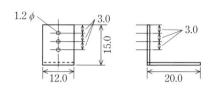

■ 図A.4　L字金具　t1.0

ら切り出し，曲げ，ドリル加工して作成するのもよいでしょう．

腰板，足板，金具の寸法図を掲示します（図A.2，図A.3，図A.4）．

■ **ロボットの組み立てについて**

ロボットの組み立て手順の概要（①〜⑫）を示します．詳細は，オーム社のWebサイトの「おもちゃの二足歩行ロボットのメカの作成方法」を参考にしてください．

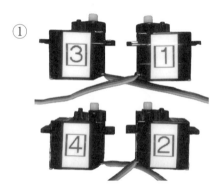

■ 図A.5　モータに番号を表示

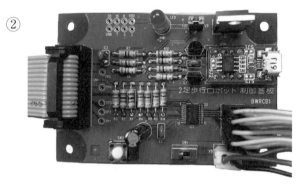

■ 図A.6　モータ軸位置を調整

■ 図A.7　L字金具にサーボホーンを組付け

■ 図A.8　RCサーボモータへL字金具を組付け

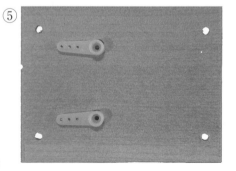

■ 図A.9　腰板へサーボホーンを取付け

224

付録　おもちゃの二足歩行ロボットのメカの作成について

⑥

■ 図A.10　腰板へRCサーボモータを取付け

⑦

■ 図A.11　RCサーボモータへ両面テープ貼付け

⑧

■ 図A.12　足板へRCサーボモータを貼付け

⑨

■ 図A.13　脚の組付け

⑩
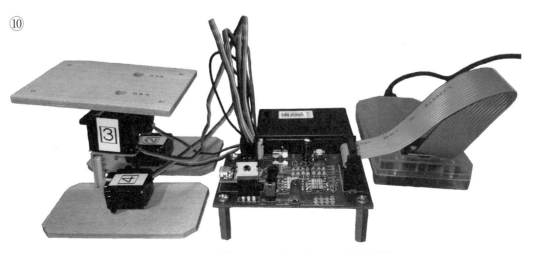

■ 図A.14　RCサーボモータのホームポジションのパルス幅による姿勢調整

225

付録　おもちゃの二足歩行ロボットのメカの作成について

⑪

■図A.15　電池ケースの取付け

■ 完成図

完成図を図A.16に示します．

⑫

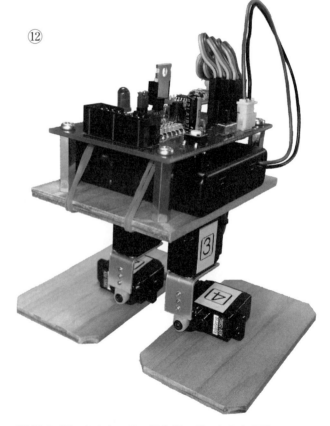

■図A.16　おもちゃの二足歩行ロボットの完成図

部品・工具リスト

部品・工具リスト　（部品リスト）

品　目	品　番	単価	個数	小計	購入先	メーカー
RCサーボモータ	ASV-15-A	¥700	4	¥2,800	浅草ギ研(注)	浅草ギ研
ダンボットL字金具2個セット	DB-A	¥700	1	¥700	浅草ギ研(注)	浅草ギ研
E2エミュレータLite	RTE0T0002LKCE00000R	¥7,980	1	¥7,980	マルツエレック	ルネサスエレクトロニクス
充電器セット（単4形×4本付）	K-KJ83MLE04	¥2,020	1	¥2,020	ヨドバシカメラ	パナソニック
超小型USB-シリアル変換モジュール	MPL2303SA	¥851	1	¥851	マルツエレック	マルツエレック
極細Micro-USB（A-MicroB）ケーブル 2.0 m	KU-SLAMCB20	¥648	1	¥648	ヨドバシカメラ	サンワサプライ
MOSFET	EKI04047	¥95	1	¥95	マルツエレック	サンケン電気
NPN型トランジスタ	KSC1815YTA	¥45	2	¥90	マルツエレック	オンセミコンダクタ
5φ赤色カラーレンズLED	503VD2E-V1-1A	¥19	1	¥19	マルツエレック	Linkman
小形アルミニウム電解コンデンサ 47μF 25V	25PK47MEFC	¥24	1	¥24	マルツエレック	Ruby-con
セラミックコンデンサ 0.1μF 50V（ラジアルリード）	RDER71H104K0P1H03B	¥62	3	¥186	マルツエレック	村田製作所
カーボン抵抗300Ω 1/4W（アキシャルリード）	（GB-CFR-1/4W-301）		1		マルツエレック	GB
カーボン抵抗1kΩ 1/4W（アキシャルリード）	（GB-CFR-1/4W-102）		2		マルツエレック	GB
カーボン抵抗4.7kΩ 1/4W（アキシャルリード）	（RC044K70JT）		1		マルツエレック	Linkman
カーボン抵抗2.2kΩ 1/4W（アキシャルリード）	（RC042K20JT）		1		マルツエレック	Linkman
カーボン抵抗7.5kΩ 1/4W（アキシャルリード）	（GB-CFR-1/4W-752）		1		マルツエレック	GB
カーボン抵抗10kΩ 1/4W（アキシャルリード）	（RC0410K0JT）		8		マルツエレック	Linkman
ボックスヘッダ14P（基板取付け）	217014SE	¥85	1	¥85	マルツエレック	Linkman
ナイロンコネクタ2ピン	ZL2504-2PS	¥33	1	¥33	マルツエレック	Linkman
ピンヘッダ（3ピン×1列、2.54mmピッチ）	2130S1*3GSE	¥10	4	¥40	マルツエレック	Linkman
ピンヘッダ（2ピン×1列、2.54mmピッチ）	（GB-SPH-252）		1		マルツエレック	GB
ジャンパーピン 2.54mmピッチ	（GB-JMP-25B）		1		マルツエレック	GB
小型スライドスイッチ1回路2接点	GB-SSW-SPDT-SIP	¥22	1	¥22	マルツエレック	GB
タクタイルスイッチ	B3F1000	¥47	1	¥47	マルツエレック	OMRON
電池ケース（単4×4本）	GB-BHS-4X4C-LW	¥120	1	¥120	マルツエレック	GB
黄銅スペーサー（20mm、M3）	ASB320E	¥60	4	¥240	マルツエレック	廣杉計器
ビス（M3、8mm）［4本入り×2袋］	MT3-8N	¥60	2	¥120	マルツエレック	タカチ電機工業
アガチス材（腰板・足板用）	縦600×横60×厚さ3（mm）	¥268	1	¥268	ホームセンター	
強力両面テープ	PV-TYT	¥462	1	¥462	ヨドバシカメラ	スコッチ
輪ゴム						
（専用基板を使用するとき）						
二足歩行ロボット制御基板（マイコンのみ実装済）	BWRCB1	¥980	1	¥980	マルツエレック(注)	
（市販基板などを使用するとき）						
ユニバーサル基板 両面72×47	LUPCB-7247W	¥113	1	¥113	マルツエレック	サンハヤト
SOP IC変換基板 0.65mmピッチ MAX32ピン用	SSP61	¥750	1	¥750	マルツエレック	サンハヤト
マイコン RL78/G12	R5F1026AGSP#V5	¥210	1	¥210	マルツエレック	ルネサスエレクトロニクス
SOP IC変換基板－ユニバーサル基板接続用ピン・コネクタ						
丸ピンプラグ［40ピン×1列］2.54mmピッチ	GB-ICP-SGL40R	¥158	1	¥158	マルツエレック	GB
丸ピンICソケット シングルソケット［40ピン×1列］	21501*40E	¥170	1	¥170	マルツエレック	Linkman
（L字金具を自作するとき）						
アルミ板 HA1013（L型金具用）	縦300×横100×厚さ1.0（mm）	¥318	1	¥318	ホームセンター	

【注】　基板としては（専用基板を使用するとき）または（市販基板などを使用するとき）の部品が必要です.
　価格は2019年3月に調査したものです. 単価は税抜き価格です. 別途, 送料なども必要です.
　また, 価格は変更される場合があります. インターネットで検索するなどして, 新しい情報を入手してください.
　コンデンサやカーボン抵抗などは, 同等仕様であれば, 他のメーカー, 品番でも可能です. ただし, 「二足歩行ロボット制御基板（マイコンのみ実装済）」を利用する場合は, 組み付けに問題が生じないよう, 寸法など（リード線径含む）は同じものを使用したほうが無難です.
　品番が（）で囲まれた部品は, 複数個を袋入りして販売していますので, 金額は表示しませんでした.
　(注) 二足歩行ロボット制御基板（マイコンのみ実装済）, RCサーボモータ, ダンボットL字金具2個セットはマルツエレックのBOM見積りからも購入できます.

付録　おもちゃの二足歩行ロボットのメカの作成について

部品・工具リスト　（工具リスト）

品　目	品　番	単価	個数	購入先	メーカー
木工用　糸鋸セット	T-1001	¥429	1	ホームセンター	DCM
ハンドドリル（6 mmφまで可能なもの）	SH-20	¥1,625	1	ホームセンター	藤原産業
ピンバイス（1.2 mmφが可能なもの）	K-502	¥750	1	マルツエレック	HOZAN
コバルト木工ドリル 6.0×93 mm ストレートシャンク	61600600	¥237	1	マルツエレック	ALPEN
コバルト木工ドリル 3.0×61 mm ストレートシャンク	61600300	¥225	1	マルツエレック	ALPEN
ドリル 1.2 mm	TD-12	¥380	1	マルツエレック	エンジニア
☐　紙ヤスリ #80	#80 カミペーパー	¥41	1	マルツエレック	三共理化学
電線・部品用はんだ付けセット	FX511-01	¥900	1	マルツエレック	HOZAN
☐　こて先クリーナー	ST30	¥340	1	マルツエレック	太洋電機産業
☐　無洗浄プリント基板用フラックス 20 mL	BS75B	¥430	1	マルツエレック	太洋電機産業
☐　リードベンダー リード部品用 簡易折り曲げ器	RB-5	¥560	1	マルツエレック	サンハヤト
スタビードライバー プラス #2	DST-02	¥270	1	マルツエレック	エンジニア
プラス精密ドライバー #0	DM-24	¥180	1	マルツエレック	エンジニア
プラス精密ドライバー #000	DM-22	¥120	1	マルツエレック	エンジニア
ラジオペンチ					
ニッパー					
☐　低価格ピンセット	P-87	¥200	1	マルツエレック	HOZAN

工具の品番は一例です．作業に適した，すでにおもちの工具や入手しやすい工具をそろえてください．
価格は 2019 年 3 月に調査したものです．部品の価格等は変更される場合があります．
インターネットで検索するなどして，新しい情報を入手してください．
また，単価は税抜き価格です．別途，送料等も必要です．
工具は，しっかりしたものであれば 100 円ショップの工具でも使えます．
☐を表示した工具は，あれば便利なものです．

索　引

ア　行

アクション	61
アクティビティ	61
アセンブルリストファイル	10
安全度水準	22
イベント	60
イベントドリブン	67
インクルードガード	106
インタフェース	29, 53
インテル拡張ヘキサファイル	10
ウォータフォールモデル	27
ウォッチドッグタイマ	71, 154
オブジェクトファイル	9
オールペア法	101
オンチップデバッギングエミュレータ	6

カ　行

回帰試験	36
ガイドワード	18
外部スコープ	103
ガード条件	61
関　数	13
繰返しモデル	27
グローバル変数	108
決定論的原因故障	16
堅牢性	39
コンパイル	9

コンポジット状態	62

サ　行

識別子	12
状　態	60
状態遷移図	60
状態遷移表	60
進展的モデル	27
スタートアップルーチン	10
スタートコード	149
スタートビット	132
ステートドリブン	67
ストップビット	133
静歩行	130
ソフトウェアアイテム	28, 52
ソフトウェアアーキテクチャ	52
ソフトウェアアーキテクチャ設計	25, 29
ソフトウェア安全クラス	27
ソフトウェア開発のV字モデル	26
ソフトウェア開発のライフサイクル	26
ソフトウェア結合試験	26
ソフトウェアシステム	27, 52
ソフトウェアシステム試験	26
ソフトウェア詳細設計	25
ソフトウェア統合開発環境	4
ソフトウェアモジュール	51
ソフトウェアユニット	28, 52
ソフトウェアユニット試験	26
ソフトウェアユニットの実装	25
ソフトウェア要求事項分析	25
ソフトウェア要求仕様	38

229

タ 行

代入演算子	14
チャタリング	35
調歩同期式通信	132
直交表	101
デグレード	40
特殊機能レジスタ	12
トレーサビリティ	27, 29, 77
トレーサビリティツール	43

ハ 行

パケット通信	149
ハザード	77
ハードウェアアイテム	29, 52
パリティビット	133
非機能試験	100
ビットレート	132
ビルド	9
ファイルスコープ	103
プリプロセッサ指令	12
ブロックスコープ	103
文	13
分散型システム	2
ポート	13

マ 行

メインループ	36
モジュール	29, 107

ヤ 行

有効範囲	103

ラ 行

ライブラリファイル	9
リスクアセスメント	48
リスク管理	18
リスクコントロール手段	19
リスクの評価	22
リスク分析	18
リンク	9
ロードモジュールファイル	9
ロバスト性	101

ワ 行

割込み処理	36

英 字

ASIL	23
Automotive SPICE	79
BCC	149
CAN	2
ECU	1
extern	103
FMEA	15, 18
FTA	15, 18
HAZOP	15, 18
IEC 62304	15
ISO 26262	15
LIN	2
LSB ファースト	133
OS	3
RC サーボモータ	130
static	103
switch case 文	64
UML	61

〈著者略歴〉

杉 山　　肇（すぎやま　はじめ）
岡山大学 大学院工学研究科 修士課程修了（電子工学専攻）後，
松下電工株式会社に勤務．合併により，パナソニック株式会社
アプライアンス社に移行し，定年退職．

● イラスト：一撃堂 土屋

- 本書の内容に関する質問は，オーム社書籍編集局「（書名を明記）」係宛に，書状または FAX（03-3293-2824），E-mail（shoseki@ohmsha.co.jp）にてお願いします．お受けできる質問は本書で紹介した内容に限らせていただきます．なお，電話での質問にはお答えできませんので，あらかじめご了承ください．
- 万一，落丁・乱丁の場合は，送料当社負担でお取替えいたします．当社販売課宛にお送りください．
- 本書の一部の複写複製を希望される場合は，本書扉裏を参照してください．
  JCOPY ＜出版者著作権管理機構 委託出版物＞

組込みソフトの安全設計
－基礎から二足歩行ロボットによる実践まで－

2019 年 5 月 15 日　　第 1 版第 1 刷発行

著　者　杉 山　　肇
発 行 者　村 上 和 夫
発 行 所　株式会社 オ ー ム 社
　　　　　郵便番号　101-8460
　　　　　東京都千代田区神田錦町 3-1
　　　　　電 話　03（3233）0641（代表）
　　　　　URL　https://www.ohmsha.co.jp/

© 杉山　肇 2019

組版 新生社　印刷 中央印刷　製本 協栄製本
ISBN978-4-274-22374-7　Printed in Japan

関連書籍のご案内

ARMマイコンによる組込みプログラミング入門 ロボットで学ぶC言語 《改訂2版》

ロボット実習教材研究会 ● 監修
ヴイストン株式会社 ● 編

B5変判・176頁
定価(本体2500円【税別】)

「習うより慣れろ」で課題をこなしてCのプログラムを身につけよう！

　本書は、2011年に発行した『ARMマイコンによる組込みプログラミング入門 ―ロボットで学ぶC言語』の改訂版です。

　プログラミング初心者が、実際にテキストに従って環境構築やサンプルプログラムを作成していくことで、C言語を学べる内容になっています。組込み業界でも世界的に使用されているARMマイコンを使うというコンセプトはそのまま、開発環境のバージョンアップによる内容の改訂と、応用編の内容は、現状に即した開発事例に変更しています。

　具体的には、基本編は教材用のライントレースロボットを題材として使用し、ロボットを制御するプログラムを作成しながらC言語を学んでいきます。応用編では、ロボットの無線化、タブレットとの連携等を取り上げていきます。

主要目次

はじめに
学習の前に
第1章　C言語プログラミングの環境構築
第2章　C言語プログラミングをはじめよう
第3章　ロボットをC言語で動かしてみよう
第4章　拡張部品でロボットをステップアップさせてみよう
付録1　ARM Cortex-M3 LPC1343　仕様
付録2　VS-WRC103LV
付録3　プログラムマスター解説

もっと詳しい情報をお届けできます．
◎書店に商品がない場合または直接ご注文の場合も右記宛にご連絡ください．

ホームページ　https://www.ohmsha.co.jp/
TEL／FAX　TEL.03-3233-0643　FAX.03-3233-3440

（定価は変更される場合があります）

C-1905-155